滤子理论与可导映射研究

Research on Filter Theory and Derivable Mapping

刘莉君　著

科学出版社
北　京

内 容 简 介

本书集中研究逻辑代数上滤子理论和算子代数上可导映射,主要是作者近年研究工作的总结,同时也介绍了与之相关的国内外众多学者的最新成果. 全书共 7 章,涉及两大部分的内容: 第一部分(第 1—4 章)逻辑代数上的滤子理论,主要研究剩余格上各种滤子的系统结构,获得这些滤子间相互等价的条件,建立逻辑代数上滤子的表示理论; 第二部分(第 5—7 章)主要研究三角代数上的可导映射,并给出所得结果的若干应用.

本书适合作为数学和计算机等专业的本科生或研究生教材,还可作为相关专业读者的参考书.

图书在版编目(CIP)数据

滤子理论与可导映射研究/刘莉君著. —北京: 科学出版社,2018.6
ISBN 978-7-03-057257-8

Ⅰ. ①滤⋯　Ⅱ. ①刘⋯　Ⅲ. ①滤子-理论研究②映射-研究　Ⅳ. ①O144
②O189

中国版本图书馆 CIP 数据核字 (2018) 第 083802 号

责任编辑: 周　涵 / 责任校对: 王　瑞
责任印制: 张　伟 / 封面设计: 无极书装

科学出版社 出版
北京东黄城根北街 16 号
邮政编码: 100717
http://www.sciencep.com

北京虎彩文化传播有限公司 印刷
科学出版社发行　各地新华书店经销
*
2018 年 6 月第 一 版　开本: 720 × 1000　B5
2018 年 6 月第一次印刷　印张: 12
字数: 250 000

定价: 89.00 元
(如有印装质量问题, 我社负责调换)

前　　言

算子代数理论产生于 20 世纪 30 年代, 随着这一学科的迅速发展, 已成为现代数学中的一个热门分支, 与量子力学、非交换几何、线性系统、控制理论, 甚至数论以及其他一些重要数学分支都有着密切的联系. 非自伴算子代数又是算子代数的一个重要分支. 而在非自伴算子代数研究中, 三角代数是一个重要的研究方向, 三角代数的概念由 Cheung 引入后, 吸引了一大批数学家投身其中, 对这一概念的研究提出了许多新的问题, 极大地推动了三角代数的发展, 进而也推动了非自伴算子代数的研究. 导子是一类非常重要的变换, 在理论及应用上都有很重要的意义, 近年来, 关于三角代数上的导子的研究也一直受到国内外学者的广泛关注.

在信息科学、计算机科学、控制理论、人工智能等很多领域中, 逻辑代数是其推理机制的代数基础. 为给不确定信息处理理论提供可靠且合理的逻辑基础, 许多学者提出并研究了非经典逻辑系统. 同时, 作为非经典逻辑语义系统的各种逻辑代数也被广泛研究. 目前, 大多数学者都认同剩余格为一种最广泛的逻辑代数结构, 而滤子理论是非经典代数研究领域的一个重要概念, 它们对各种逻辑系统及与之匹配的逻辑代数的完备性问题的研究发挥着极其重要的作用.

由此可以看出, 出版一部集中讨论剩余格上的滤子理论和算子代数上的可导映射的书籍是十分必要的.

本书集中研究逻辑代数上滤子理论和算子代数上可导映射, 主要是作者近年研究工作的总结, 同时也介绍了与之相关的国内外众多学者的最新成果. 全书共 7 章, 涉及两大部分的内容: 第一部分 (第 1—4 章) 逻辑代数即滤子理论部分, 主要介绍格与剩余格的基本概念和性质, 利用区间模糊集的方法原理, 研究剩余格 (可交换剩余格与非交换剩余格) 上各种滤子的系统结构, 获得这些滤子间相互等价的条件, 建立逻辑代数上滤子的表示理论; 第二部分 (第 5—7 章) 算子代数即可导映射部分, 主要介绍非自伴算子代数, 特别是三角代数的相关概念和性质特征, 并在三角代数上研究可导映射和与可导映射有关的函数方程的 Hyers-Ulam-Rassias 稳定性问题, 最后给出所得结果的若干应用. 本书可作为数学和计算机等专业的本科生或研究生教材, 对前述相关领域的科研人员具有一定的参考价值.

本书的相关研究工作得到了陕西省教育厅专项科学研究项目和陕西理工大学

科学研究项目的资助, 在编写的过程中得到了作者所在单位陕西理工大学的领导及同行的大力支持, 在此一并表示感谢.

虽经多次修改, 但由于作者的水平有限, 书中不当之处在所难免, 敬请专家和读者批评指正.

作 者

2018 年 3 月

目　　录

前言

第 1 章　格论的基本概念 ·· 1

　1.1　偏序集合 ··· 1

　1.2　格 ·· 3

　　1.2.1　格的基本概念 ·· 3

　　1.2.2　格的性质 ··· 4

　　1.2.3　几类特殊的格 ·· 5

　1.3　布尔代数 ··· 7

　　1.3.1　基本概念 ··· 7

　　1.3.2　几类特殊的布尔代数 ·· 8

　1.4　布尔代数上的三重 δ-导子 ·· 10

　　1.4.1　基本概念 ·· 10

　　1.4.2　布尔代数上的三重 δ-导子的性质与特征 ································· 12

第 2 章　剩余格的基本概念 ·· 17

　2.1　可交换剩余格的引入 ·· 17

　2.2　可交换剩余格与几类蕴涵代数系统的关系 ·· 22

　　2.2.1　可交换剩余格与 MV 代数 ·· 23

　　2.2.2　可交换剩余格与格蕴涵代数 ·· 23

　　2.2.3　剩余格与布尔代数 ·· 24

　　2.2.4　剩余格与 R_0 代数 ·· 26

　2.3　可交换剩余格上的导子及性质 ·· 28

第 3 章　可交换剩余格上的滤子与 n-重滤子 ·· 34

　3.1　可交换剩余格上几类滤子间的关系 ·· 34

　　3.1.1　可交换剩余格上滤子的概念及性质 ·· 34

　　3.1.2　可交换剩余格上的蕴涵滤子 ·· 35

　　3.1.3　可交换剩余格上的正蕴涵滤子 ·· 36

　　3.1.4　可交换剩余格上的极滤子 ·· 39

　　3.1.5　可交换剩余格上的布尔滤子 ·· 42

　3.2　可交换剩余格上 n-重正蕴涵滤子的特征及刻画 ····································· 44

　　3.2.1　可交换剩余格上 n-重蕴涵滤子及其特征 ····································· 44

3.2.2　可交换剩余格上 n-重正蕴涵滤子及其特征 ·························· 45
　　　3.2.3　可交换剩余格上 n-重蕴涵滤子与 n-重正蕴涵滤子的结构及刻画 ······· 46
　3.3　可交换剩余格上 n-重滤子的相互关系 ···························· 48
　　　3.3.1　可交换剩余格上几类 n-重滤子的概念 ························ 48
　　　3.3.2　可交换剩余格上几类 n-重滤子的结构与关系 ················ 49
　3.4　可交换剩余格上几类模糊滤子的相互关系 ························ 54
　　　3.4.1　可交换剩余格上模糊滤子的概念及结构 ···················· 54
　　　3.4.2　可交换剩余格上的模糊正规滤子 ·························· 54
　　　3.4.3　可交换剩余格上的模糊极滤子 ···························· 55
　　　3.4.4　可交换剩余格上的模糊蕴涵滤子 ·························· 57
　　　3.4.5　可交换剩余格上的模糊正蕴涵滤子 ························ 59
　　　3.4.6　可交换剩余格上的模糊布尔滤子 ·························· 61
　3.5　可交换剩余格上几类 n-重模糊滤子之间的相互关系 ·············· 62
　　　3.5.1　可交换剩余格上几类 n-重模糊滤子的基本概念 ·············· 63
　　　3.5.2　可交换剩余格上几类 n-重模糊滤子的结构及刻画 ··········· 63
第 4 章　非交换剩余格上的滤子及模糊滤子 ···························· 70
　4.1　非交换剩余格上的相关概念 ································· 70
　4.2　非交换剩余格上的滤子 ····································· 71
　　　4.2.1　非交换剩余格上滤子的基本概念 ·························· 72
　　　4.2.2　非交换剩余格上的正规滤子与布尔滤子 ···················· 73
　　　4.2.3　非交换剩余格上的蕴涵滤子 ······························ 75
　　　4.2.4　非交换剩余格上的正蕴涵滤子 ···························· 76
　　　4.2.5　非交换剩余格上的固执滤子与子正蕴涵滤子 ················ 79
　　　4.2.6　非交换剩余格上的弱蕴涵滤子 ···························· 80
　　　4.2.7　非交换剩余格上的极滤子 ······························· 82
　4.3　非交换剩余格上模糊滤子的性质特征 ·························· 86
　　　4.3.1　非交换剩余格上模糊滤子的概念及相关性质 ················ 86
　　　4.3.2　非交换剩余格上的模糊子正蕴涵滤子与模糊极滤子 ··········· 88
　　　4.3.3　非交换剩余格上的模糊蕴涵滤子 ·························· 92
　　　4.3.4　非交换剩余格上的模糊正蕴涵滤子 ························ 94
第 5 章　非自伴算子代数的基本概念 ································· 97
　5.1　Banach 空间及其对偶空间 ·································· 97
　5.2　Hilbert 空间及 $B(H)$ 上的拓扑 ····························· 99
　5.3　非自伴算子代数 ·· 100

第 6 章　三角代数上的初等映射与结构特征 ·············· 105
　6.1　三角代数上的有限秩算子 ························ 105
　6.2　极大三角算子代数上的代数同构 ················· 114
　6.3　三角代数上的等距映射 ·························· 117
　6.4　三角代数上的初等映射 ·························· 125
　6.5　三角代数上 Jordan 三重初等映射及 Jordan 同构 ······· 130
　6.6　三角代数上的非线性可交换映射 ················· 137
第 7 章　三角代数上的可导映射及其扰动分析 ············ 146
　7.1　三角代数上可导映射的基本概念 ················· 146
　7.2　三角代数上 Jordan 内导子 ······················ 147
　7.3　三角代数上的广义 Jordan 导子 ·················· 151
　7.4　三角代数上广义 Jordan 左导子 ·················· 154
　7.5　三角代数上广义双导子的等价刻画 ··············· 158
　7.6　三角代数上的高阶 Jordan 导子系 ················ 164
　　7.6.1　基本概念 ······························· 164
　　7.6.2　三角代数上的高阶导子系的等价刻画 ········· 165
　7.7　三角代数上与高阶导子有关的函数方程 Hyers-Ulam-Rassias
　　　稳定性 ··································· 172
　　7.7.1　基本概念 ······························· 172
　　7.7.2　三角代数上与高阶导子有关的函数方程的稳定性 ······· 173
参考文献 ······································ 182

第 1 章　格论的基本概念

19 世纪上半叶, 乔治·布尔试图形式化命题逻辑, 导致了布尔代数的产生. 19 世纪后期, 在研究布尔代数公理化的过程中, Charles Peirce 和 Ernst Schroder 发现引入格的概念是很有用的. 虽然已经有几个数学家, 特别是 Edward Huntington 等, 他们早期工作的一些结果已经非常漂亮, 但那些结果并没有引起数学界的重视. 而对许多数学科目来讲, 格论之所以能变得越来越重要并引起关注, 应归功于 Garrent Birkhoff 在 20 世纪上半叶所做的工作.

1.1　偏　序　集　合

实数集 $\mathbf{R}$ 的算术性质可以用加法和乘法的术语来表述, 因而拓扑的性质即用序关系的术语来表达, 这种关系的基本性质是:

(1) 对于任意实数 $a \in \mathbf{R}$, 有 $a \leqslant a$ 成立, 即 $\leqslant$ 是自反的;

(2) 对于任意实数 $a, b \in \mathbf{R}$, 若 $a \leqslant b$ 且 $b \leqslant a$, 则必有 $a = b$, 即 $\leqslant$ 是反对称性的;

(3) 对于任意实数 $a, b, c \in \mathbf{R}$, 若 $a \leqslant b$ 且 $b \leqslant c$, 则必有 $a \leqslant c$, 即 $\leqslant$ 是传递的;

(4) 对于任意实数 $a, b \in \mathbf{R}$, 如果 $a \leqslant b$ 或 $b \leqslant a$, 即 $\leqslant$ 是完全的或线性的.

具有性质 (1)—(4) 的二元关系的例子有许多, 而具有性质 (1)—(3) 的例子则更多. 仅这一事实或许还提不出正当的理由去引入一个新的概念. 然而, 它却已显示出许多基本的概念和性质实际是依赖于 (1)—(3) 的. 这就使得不管在任何时候当具有一个满足 (1)—(3) 的关系时, 都有利于我们能够使用这些基本的概念和性质. 因此将满足 (1)—(3) 的关系, 称为偏序关系 (partial ordering relation). 将具有这种关系的集合, 称为偏序集合, 简称偏序集.

定义 1.1.1[1]　设 R 是非空集合 P 上的关系, 如果 R 满足自反性、反对称性和传递性, 则称 R 是 A 上的偏序关系, 把定义了偏序关系 $\leqslant$ 的集合 P 称为偏序集, 记作 $(P, \leqslant)$.

如果偏序集 $(P, \leqslant)$ 还满足条件 (4), 则称其为一条链或一个完全的 (或线性的) 序集. 其中如果 $a \leqslant b$, 则称 a 和 b 是可比较的; 否则, 称 a 和 b 是不可比的. 本节首先让我们回顾偏序集中一些特殊元素, 并且设 $(P, \leqslant)$ 是一偏序集, 其中 $A \subseteq P$ 且 $a \in P$.

定义 1.1.2[1]　设 $(P, \leqslant)$ 是偏序集, 集合 $A \subseteq P$, 对于 A 中的一个元素 a, 若 A 中不存在任何不等于 a 的元素 x, 使得 $a \leqslant x$, 则称 a 是 A 的一个极大元 (maximal element). 同理, 对于 $a \in A$, 若 A 中不存在任何不等于 a 的元素 x, 使得 $x \leqslant a$, 则称 a 是 A 的一个极小元 (minimal element).

例 1.1.1　若 $A = \{2, 3, 4, 6, 8\}$, 偏序关系是整除关系, 则 6 和 8 是 A 的极大元, 2 和 3 是 A 的极小元.

从本例中可知, 极大元和极小元不是唯一的.

定义 1.1.3　设 $(P, \leqslant)$ 是偏序集, 集合 $A \subseteq P$, 若存在 $a \in A$, 使得 A 中任意元素 x 都有 $x \leqslant a$, 则称 a 是 A 的最大元 (greatest element). 同理, 若存在 $a \in A$, 使得 A 中任意元素 x 都有 $x \geqslant a$, 则称 a 是 A 的最小元 (smallest element).

注　(1) 通俗地讲, 最大元是 "比其他元素都大的元素", 最小元是 "比其他元素都小的元素", 即最大 (小) 元必须与其他元素都有关系, 且比其他元素都 "大"("小"); 极大元是 "没有比它大的元素", 极小元是 "没有比它小的元素", 即极大 (小) 元要么与其他元素没关系, 要么比其他元素 "大"("小");

(2) 关于偏序关系 $(P, \leqslant)$, P 的非空子集 A 的最大元、最小元不一定存在, 如果存在, 则由反对称性, 它一定是唯一的. 如果 A 是有限集合, A 的极大元、极小元一定存在, 但却可以不唯一.

例 1.1.2　若 $A = \{2, 3, 4, 6, 8\}$, 偏序关系是整除关系, 因为对整除关系来说, A 中所有元素的 (最小) 公分母和 (最大) 公约数均不属于 A, 所以 A 中既没有最大元, 也没有最小元.

(3) 一般地, 极大 (小) 元不一定是最大 (小) 元, 但最大 (小) 元一定是极大 (小) 元.

定义 1.1.4　设 $(P, \leqslant)$ 是偏序集, 非空子集 $A \subseteq P$, 如果 P 中存在某个元素 a, 使得对于任意的 $x \in A$, 都有 $x \leqslant a$, 则称 a 是 A 的一个上界 (upper bound). 如果对于任意的 $x \in A$, 都有 $a \leqslant x$, 则称 a 是 A 的一个下界 (lower bound). 如果 a 是 A 的所有上界的最小元素, 则称 a 是 A 的上确界 (least upper bound), 记为 $a = \sup A$. 如果 a 是 A 的所有下界的最大元素, 则称 a 是 A 的下确界 (greatest lower bound), 记为 $b = \inf A$.

注　(1) A 的上界、下界、上确界和下确界都在 P 中, 但不一定在 A 中.

(2) A 的上界、下界不一定存在; 若存在, 不一定唯一.

(3) A 的上确界、下确界不一定存在; 若存在, 必定唯一.

定理 1.1.1　设 $(P, \leqslant)$ 是偏序集, 非空子集 $A \subseteq P$.

(1) 若 a 是 A 的最大元 (最小元), 则 a 必定是 A 的上确界 (下确界);

(2) 若 a 是 A 的上界 (下界), 且 $a \in A$, 则 a 必定是 A 的最大元 (最小元).

证明略, 感兴趣的读者可根据其定义自行证明.

定义 1.1.5 若偏序集 $(P, \leqslant)$ 的任一元素 a, b 之间必有关系, 即或者 $a \leqslant b$, 或者 $b \leqslant a$, 则称 $(P, \leqslant)$ 是一个全序集 (或线序集).

定义 1.1.6 若偏序集 $(P, \leqslant)$ 的任一非空子集都存在最小元素, 则称 $(P, \leqslant)$ 为良序集.

定理 1.1.2 每一个良序集一定是全序集.

证明 设 $(P, \leqslant)$ 为良序集, 则 P 中任一对 x, y 构成的子集 $\{x, y\}$ 必有最小元, 即必有 $x \leqslant y$ 或 $y \leqslant x$, 从而得 $(P, \leqslant)$ 是一个全序集. 证毕.

定理 1.1.3 每一个有限的全序集一定是良序集.

证明 反证法 设 $P = \{a_1, a_2, \cdots, a_n\}$, $(P, \leqslant)$ 是一个全序集, 假设 $(P, \leqslant)$ 不是良序集, 则存在 P 的子集 A, 使 A 中没有最小元. 由于 A 是有限的, 必然最少存在 A 中的元素 x 和 y, 使 x 和 y 没有关系 $\leqslant$, 这与 $(P, \leqslant)$ 是一个全序集矛盾. 因此可得 $(P, \leqslant)$ 是一个良序集. 证毕.

1.2 格

在 1.1 节中, 我们已经对偏序集的子集引入了上确界和下确界的概念, 但并非每个子集都有上确界或下确界. 然而, 当某子集的上确界、下确界存在时, 这个上确界、下确界是唯一确定的. 由此引入格的概念. 格是重要的代数学研究对象, 但它也是偏序结构的自然产物. 因此, 格的概念的引入经常有两种典型的方式, 即代数学的方式和序结构的方式. 本节我们将重点讨论格的概念及性质.

1.2.1 格的基本概念

定义 1.2.1[2] 设 L 是非空子集, 若对于任意的 $a, b \in L$, 如果 $\sup(a, b)$ 和 $\inf(a, b)$ 总存在, 则称偏序集 $(L, \leqslant)$ 为一个格 (lattice). 其中用 $a \wedge b = \inf(a, b)$ 表示 a 与 b 的最大下界; 用 $a \vee b = \sup(a, b)$ 表示 a 与 b 的最小上界.

例 1.2.1 设 S 是一个集合, 若 $P(S)$ 为 S 的一个幂集, 则称偏序集 $\langle P(S), \subseteq \rangle$ 是一个格. 因为对于任意的 $A, B \subseteq S$, 存在 A, B 的最小上界为 $A \bigcup B$ 和 A, B 的最大下界为 $A \bigcap B$.

容易验证格具有下列性质: 设偏序集 $(L, \leqslant)$ 是一个格, 当且仅当对于任意的 $A \subseteq L$, 满足 $A \neq \varnothing$(即集合 A 非空), 则 $\inf A$ 和 $\sup A$ 存在.

定义 1.2.2 设 $(L, \oplus, \otimes)$ 是一个代数系统, 如果 $\otimes, \oplus$ 满足

(1) 交换律: $a \otimes b = b \otimes a$, $a \oplus b = b \oplus a$;

(2) 结合律: $a \otimes (b \otimes c) = (a \otimes b) \otimes c$, $a \oplus (b \oplus c) = (a \oplus b) \oplus c$;

(3) 吸收律: $a \otimes (a \oplus b) = a$, $a \oplus (a \otimes b) = a$.

则称 $(L, \oplus, \otimes)$ 为代数格. 如果 $S \subseteq L$, 且 $(S, \oplus, \otimes)$ 是代数格, 则称 S 为 L 的子格.

定理 1.2.1　设 $(P(S), \bigcap, \bigcup)$ 是一个代数格, 定义格上的自然偏序 $\leqslant$ 如下: $a \leqslant b$ 当且仅当 $a \otimes b = a$, 则 $(L, \leqslant)$ 是一个偏序格.

证明　(1) 由于幂等律 $a \otimes a = a$, 即 $a \leqslant a$, 故反身性成立;

设 $a \leqslant b, b \leqslant a$, 则 $a = a \otimes b = b \otimes a = b$, 即反对称性成立;

设 $a \leqslant b, b \leqslant c$, 则 $a \otimes c = (a \otimes b) \otimes c = a \otimes (b \otimes c) = a \otimes b = a$, 即传递性成立.

(2) 设任意的 $a, b \in L$, $a \otimes (a \otimes b) = (a \otimes a) \otimes b = a \otimes b$, 即 $a \otimes b \leqslant a$; 同理, $(a \otimes b) \otimes b = a \otimes (b \otimes b) = a \otimes b$, 即 $a \otimes b \leqslant b$, 所以 $a \otimes b$ 是 $\{a, b\}$ 的下界.

假设 c 是 $\{a, b\}$ 的另一下界, 则 $c \otimes (a \otimes b) = (c \otimes a) \otimes b = c \otimes b = c$, 从而 $\inf(a, b) = a \otimes b$.

(3) 在 (2) 的证明中把运算 $\otimes$ 换成 $\oplus$, $\leqslant$ 换成 $\geqslant$, 下界换成上界, $\inf$ 换成 $\sup$, 即可得 $\sup(a, b) = a \oplus b$. 综上所述, 定理成立. 证毕.

定理 1.2.2　设 $(L, \leqslant)$ 是一个偏序格, 定义格上的自然运算 $\otimes$ 和 $\oplus$ 如下: $\inf(a, b) = a \otimes b$ 和 $\sup(a, b) = a \oplus b$, 则 $(L, \oplus, \otimes)$ 是一个代数格.

证明　运算 $\otimes$ 和 $\oplus$ 显然满足交换律和结合律. 因为 $\inf(a, b) \leqslant a \leqslant \sup(a, b)$, 而且有

$$a \otimes (a \oplus b) = \inf(a, \sup(a, b)) = a, \quad a \oplus (a \otimes b) = \sup(a, \inf(a, b)) = a.$$

综上可知, 定理得证. 证毕.

注　根据定理 1.2.1 和定理 1.2.2 可知: 偏序格和代数格是等价的. 今后只统称格而不再区分偏序格和代数格, 并根据需要选取方便的形式.

1.2.2　格的性质

性质 1.2.1[2]　设偏序集 $(L, \leqslant)$ 是一个格, 定义在 L 上的二元运算 $\wedge$ 和 $\vee$: $a \wedge b = \inf(a, b)$ 和 $a \vee b = \sup(a, b)$, 则对于任意的 $a, b \in L$, 格具有下列的基本性质:

(1) 幂等性: $a \wedge a = a$ 且 $a \vee a = a$;

(2) 交换性: $a \wedge b = b \wedge a$ 且 $a \vee b = b \vee a$;

(3) 结合性: $a \wedge (b \wedge c) = (a \wedge b) \wedge c$ 且 $a \vee (b \vee c) = (a \vee b) \vee c$;

(4) 吸收律: $a \wedge (a \vee b) = a$ 且 $a \vee (a \wedge b) = a$.

定理 1.2.3　设 $(L, \leqslant)$ 是一个格, 且满足 $a \wedge b = \inf(a, b)$ 和 $a \vee b = \sup(a, b)$, 则有

$$a \leqslant b \Leftrightarrow a \wedge b = a \Leftrightarrow a \vee b = b.$$

证明　(1) 若 $a \leqslant b$, 则 $a \leqslant a \wedge b$; 另一方面, 因为 $a \wedge b = \inf(a, b)$, 故 $a \wedge b \leqslant a$, 因此有 $a \wedge b = a$.

(2) 若 $a = a \wedge b$, 则 $a \vee b = (a \wedge b) \vee b$, 即 $a \vee b = b$.

(3) 设 $b = a \vee b$, 那么由 $a \vee b = \sup(a, b)$, 故 $a \leqslant a \vee b$, 即 $a \leqslant b$.

综上可知, 定理得证. 证毕.

定理 1.2.4 设 $(L, \leqslant)$ 是一个格, 且满足 $a \wedge b = \inf(a, b)$ 和 $a \vee b = \sup(a, b)$, 则对于任意的 $a, b, c \in L$, 有

(1) 保序性: 若 $b \leqslant c$, 则 $a \wedge b \leqslant a \wedge c$, 且 $a \vee b \leqslant a \vee c$;

(2) 分配不等式: $a \wedge (b \vee c) \geqslant (a \wedge b) \vee (a \wedge c)$, $a \vee (b \wedge c) \geqslant (a \vee b) \wedge (a \vee c)$;

(3) 模不等式性: $a \leqslant c \Leftrightarrow a \vee (b \wedge c) \leqslant (a \vee b) \wedge c$.

证明 (1) 若 $b \leqslant c$, 因为 $a \wedge b \leqslant b$, 所以 $a \wedge b \leqslant c$, 从而 $a \wedge b \leqslant a \wedge c$. 同理可证 $a \vee b \leqslant a \vee c$.

(2) 因为 $a \leqslant a \vee b$, $a \leqslant a \vee c$, 故 $a \leqslant (a \vee b) \wedge (a \vee c)$; 又因为 $b \wedge c \leqslant b \leqslant a \vee b$ 和 $b \wedge c \leqslant c \leqslant a \vee c$, 从而有 $b \wedge c \leqslant (a \vee b) \wedge (a \vee c)$. 结合两方面可得

$$a \vee (b \wedge c) \geqslant (a \vee b) \wedge (a \vee c).$$

(3) 设 $a \leqslant c$, 则 $a \vee c = c$, 代入 (2) 式可得 $a \vee (b \wedge c) \leqslant (a \vee b) \wedge c$.

反之, 设 $a \vee (b \wedge c) \leqslant (a \vee b) \wedge c$, 由于 $a \leqslant a \vee (b \wedge c)$, $(a \vee b) \wedge c \leqslant c$, 因此可得 $a \leqslant c$. 证毕.

1.2.3 几类特殊的格

1. 分配格与模格

定义 1.2.3 设 $(L, \leqslant, \wedge, \vee)$ 是格, 若对于任意的 $a, b, c \in L$, 满足下列条件:

$$a \wedge (b \vee c) = (a \wedge b) \vee (a \wedge c) \quad \text{和} \quad a \vee (b \wedge c) = (a \vee b) \wedge (a \vee c),$$

即运算满足分配律, 则称 $(L, \leqslant, \wedge, \vee)$ 是分配格 (distributive lattice).

定义 1.2.4 设 $(L, \leqslant, \wedge, \vee)$ 是格, 若对于任意的 $a, b, c \in L$, 当 $a \leqslant b$ 时必有

$$a \vee (b \wedge c) = b \wedge (a \vee c),$$

则称 $(L, \leqslant, \wedge, \vee)$ 是模格 (modular lattice).

定理 1.2.5 分配格一定是模格.

证明 设 $(L, \leqslant, \wedge, \vee)$ 是分配格, 对于任意的 $a, b, c \in L$, 如果 $a \vee b = b$, 由分配律得

$$a \vee (b \wedge c) = (a \vee b) \wedge (a \vee c) = b \wedge (a \vee c).$$

故 $(L, \leqslant, \wedge, \vee)$ 是一个模格. 证毕.

定理 1.2.6 在分配格中, 若元素 a 有补元, 则补元必唯一.

证明 反证法 设 b 和 c 都是 a 的补元, 则

$$b = b \wedge 1 = b \wedge (a \vee c) = (b \wedge a) \vee (b \wedge c) = 0 \vee (b \wedge c)$$

$$= (a \wedge c) \vee (b \wedge c) = (a \vee b) \wedge c = 1 \wedge c = c.$$

综上可知定理成立. 证毕.

定理 1.2.7　设 $(L, \wedge, \vee)$ 是一个具有两个代数运算的代数系统, 如果对于任意的 $a, b, c \in L$, 满足

(1) $a \wedge a = a$;

(2) 在 L 中存在一个元素 1, 使得 $a \vee 1 = 1 \vee a = 1$, $a \wedge 1 = 1 \wedge a = 1$;

(3) $a \wedge (b \vee c) = (a \wedge b) \vee (a \wedge c)$, $(b \vee c) \wedge a = (b \wedge a) \vee (c \wedge a)$,

则 $(L, \wedge, \vee)$ 是一个具有单位元 1 的分配格.

证明留作练习, 读者自证.

2. 有界格、补格和布尔格

定义 1.2.5　设 $(L, \leqslant)$ 是一个格, 如果存在一个元素 $a \in L$, 对于任意的 $x \in L$, 均有 $x \leqslant a$, 则称 a 是格 L 的一个上界 (或全上界). 如果存在一个元素 $b \in L$, 对于任意的 $x \in L$, 均有 $b \leqslant x$, 则称 a 是格 L 的一个下界 (或全下界).

注　这里格 $(L, \leqslant)$ 的上界 (下界) 的概念即为偏序集合中的最大元 (最小元), 由最大元和最小元的唯一性, 可有下列定理.

定理 1.2.8　若格 $(L, \leqslant)$ 有下界, 则下界一定是唯一的; 若格 $(L, \leqslant)$ 有上界, 则上界一定是唯一的.

定义 1.2.6　若格 $(L, \leqslant)$ 是有界的, 则称 L 是有界格 (bounded lattice). 下界记为 0, 上界记为 1.

定义 1.2.7　若格 $(L, \leqslant, \wedge, \vee)$ 是有界格, 对于 L 中的元素 a, 若存在元素 b, 使得 $a \wedge b = 0$ 和 $a \vee b = 1$, 则称 b 是 a 的补元, 记作 $b = a^*$; 在有界格中, 若每个元素都有补元, 则称此格为有补格 (complemented lattice).

一个格既是分配格又是有补格, 则此格称为有补分配格 (complemented distributive lattice).

定义 1.2.8　若 $(L, \leqslant, \wedge, \vee, 0, 1)$ 是有补分配格, 则称其为布尔格 (Boolean lattice).

定理 1.2.9　设 $(L, \wedge, \vee, 0, 1)$ 是有界分配格, 若 $a \in L$, 且 a 存在补元 b, 则 b 是 a 的唯一补元.

证明　设 $c \in L$ 也是 a 的补元, 则有 $a \vee c = 1$, $a \wedge c = 0$. 又因 b 是 a 的补元, 故 $a \wedge b = 0$, $a \vee b = 1$. 于是 $a \vee c = a \vee b$, $a \wedge c = a \wedge b$. 由于 L 是分配格, 故可得 $b = c$. 证毕.

显然, 在有界格中, 0 是 1 的唯一补元, 1 是 0 的唯一补元.

定理 1.2.10　设偏序集 $(L, \leqslant)$ 是一个有界分配格, 如果对于任意的 $a, b \in L$,

元素 a 有补, 记为 a^*, 元素 b 有补, 记为 b^*, 则 $a \wedge b$ 和 $a \vee b$ 分别有补, 并记为 $a^* \vee b^*$ 和 $a^* \wedge b^*$.

证明 设偏序集 $(L, \leqslant)$ 是一个有界分配格, 且对于任意的 $a, b \in L$, 有

$$
\begin{aligned}
(a \wedge b) \vee (a^* \vee b^*) &= (a \vee (a^* \vee b^*)) \wedge (b \vee (a^* \vee b^*)) \\
&= ((a \vee a^*) \vee b^*) \wedge ((b \vee b^*) \vee a^*) \\
&= (1 \vee b^*) \wedge (1 \vee a^*) \\
&= 1 \wedge 1 = 1.
\end{aligned}
$$

推论 1.2.1 对于任意的 $a, b \in L$, 一个有补的分配格满足德·摩根公式的下列等式:

$$
(a \wedge b)^* = a^* \vee b^* \quad 且 \quad (a \vee b)^* = a^* \wedge b^*.
$$

1.3 布 尔 代 数

1.3.1 基本概念

布尔代数是人们利用数学方法研究人类思维规律所得到的一个重要成果, 它与数理逻辑有着极其密切的联系. 1904 年, Huntington 就已经给出了布尔代数的良好性质, 一个布尔代数 $(B, \vee, \wedge, *)$ 由一个非空集 B, B 上的两个二元运算 $\vee$ 和 $\wedge$, 以及 B 上的一个一元运算 $*$ 和两个零元运算 0 和 1 组成, 满足下列独立的定义.

定义 1.3.1[2] 若集合 B 至少包含两个元素 (分别记为 0 和 1), 且对 B 中的任意元素 a, b 和 c, 代数系统 $(B, \vee, \wedge, *, 0, 1)$ 上的三种运算 (其中 $\vee$ 和 $\wedge$ 都是二元运算, $*$ 是一元运算) 具有下列性质:

(B1) 交换律: $a \vee b = b \vee a, a \wedge b = b \wedge a$;

(B2) 分配律: $a \vee (b \wedge c) = (a \vee b) \wedge (a \vee c), a \wedge (b \vee c) = (a \wedge b) \vee (a \wedge c)$;

(B3) 同一律: $a \vee 0 = a, a \wedge 1 = a$;

(B4) 补余律: $a \vee a^* = 1, a \wedge a^* = 0$,

则称 $(B, \vee, \wedge, *, 0, 1)$ 为布尔代数 (Boolean algebra), 其中 0 和 1 分别称为 B 的最小元和最大元.

布尔代数 $(B, \vee, \wedge, *, 0, 1)$ 有时也记为 $(B, \vee, \wedge, *)$. 或当 B 为有限集时, 称布尔代数 B 为有限布尔代数. 在分配格中, 若元素存在补元, 则补元是唯一的, 因此在布尔代数中每个元都有唯一的补元.

容易验证, 一个布尔代数 $(B, \vee, \wedge, *)$ 满足下列性质.

性质 1.3.1[2] 设 $(B, \vee, \wedge, *, 0, 1)$ 为布尔代数, 对于 B 中的任意元素 a, b 和 c, 则 B 上的三种运算具有下列性质:

(1) 结合律: $a \vee (b \vee c) = (a \vee b) \vee c$, $a \wedge (b \wedge c) = (a \wedge b) \wedge c$;

(2) 幂等律: $a \vee a = a$, $a \wedge a = a$;

(3) 吸收律: $a \vee (a \wedge b) = a$, $a \wedge (a \vee b) = a$;

(4) 复原律: $(a^*)^* = a$;

(5) $0^* = 1$, $1^* = 0$;

(6) 德·摩根对偶律: $(a \vee b)^* = a^* \wedge b^*$, $(a \wedge b)^* = a^* \vee b^*$;

(7) 补运算是逆序的, 即 $a \leqslant b \Leftrightarrow b^* \leqslant a^*$, 其中此处的序关系相应地可以定义为 $a \leqslant b \Leftrightarrow a \wedge b = a \Leftrightarrow a \vee b = b$;

(8) $a \leqslant b \Leftrightarrow a^* \vee b = 1 \Leftrightarrow a \wedge b^* = 0$;

(9) $a \leqslant b$ 且 $c \leqslant d \Leftrightarrow a \wedge c \leqslant b \wedge d$ 且 $a \vee c \leqslant b \vee d$.

将代数系统间的同态与同构的概念应用于布尔代数就有布尔同态与布尔同构的概念.

定义 1.3.2 若 $(A, \otimes, \oplus, *, 0, 1)$ 和 $(B, \wedge, \vee, ', \alpha, \beta)$ 是两个布尔代数, 且从 A 到 B 存在函数 f, 如果在 f 的作用下能够保持所有的运算, 且常数相对应, 以及对于任意的 $a, b \in A$, 有

$$f(a \oplus b) = f(a) \wedge f(b), \quad f(a \oplus b) = f(a) \vee f(b), \quad f(a^*) = (f(a))',$$

$$f(0) = \alpha, \quad f(1) = \beta,$$

则称 f 是一个布尔同态. 当布尔同态是双射时, 称之为布尔同构.

定理 1.3.1 对于每个正整数 n, 必存在含有 2^n 个元素的布尔代数; 反之, 任一有限元素的布尔代数, 它的元素个数必为 2 的幂次.

定理 1.3.2 任何一个具有 2^n 个元素的有限布尔代数都是同构的.

1.3.2 几类特殊的布尔代数

例 1.3.1 设 $B = \{0, 1\}$, B 上的运算 $\wedge, \vee$ 分别是 0,1 之间的布尔乘和布尔加, 并且规定 $0^* = 1$, $1^* = 0$, 不难验证 $(B, \vee, \wedge, *, 0, 1)$ 是布尔代数, 习惯上称为开关 (电路) 代数. 其运算表如表 1.3.1 所示.

例 1.3.2 对于任意非空集合 A, 设 $P(A)$ 为 A 的幂集, $\wedge, \vee, *$ 分别表示集合的交、并和补运算. 因为 $(P(A), \bigcap, \bigcup, *, \varnothing, A)$ 是有补分配格, 所以 $(P(A), \bigcap, \bigcup, *, \varnothing, A)$ 是布尔代数, 称为集合代数. 特别地, 当 $A = \{a\}$ 时, $P(A) = \{\varnothing, A\}$, 运算表如表 1.3.2 所示.

构造 $\{\varnothing, A\} \to \{0, 1\}$ 的双射函数: $f(\varnothing) = 0$, $f(A) = 1$, 则三种运算是保持的, 所以集合代数 $(\{\varnothing, A\}, \bigcap, \bigcup, *, \varnothing, A)$ 与开关代数 $(\{0, 1\}, \bigcap, \bigcup, *, 0, 1)$ 同构.

表 1.3.1　开关代数运算表

x	y	$\wedge$	$\vee$	$*$
0	0	0	0	1
0	1	0	1	1
1	0	0	1	0
1	1	1	1	0

表 1.3.2　集合代数运算表

X	Y	$X \bigcap Y$	$X \bigcup Y$	$*$
$\varnothing$	$\varnothing$	$\varnothing$	$\varnothing$	A
$\varnothing$	A	$\varnothing$	A	A
A	$\varnothing$	$\varnothing$	A	$\varnothing$
A	A	A	A	$\varnothing$

例 1.3.3　二值逻辑代数.

设 A 为命题集合, 一个命题是指一个陈述句, 它不是真 (T) 就是假 (F). 二值逻辑可作为命题集合的一个分类, 它是从 A 到集合 $\{T, F\}$ 的一个映射. 这一映射由每一个 A 中的命题 P 自身的真值来规定. 元命题可以用逻辑联结 (¬: 否定; ∨: 逻辑和; ∧: 逻辑积) 形成组合命题, 这种组合命题的真值由下列的所谓真值来定义, 如表 1.3.3—表 1.3.5 所示.

表 1.3.3　¬ 运算

P	$\neg P$
T	F
F	T

表 1.3.4　∨ 运算

P	Q	$P \vee Q$
T	T	T
T	F	T
F	T	T
F	F	F

表 1.3.5　∧ 运算

P	Q	$P \wedge Q$
T	T	T
T	F	F
F	T	F
F	F	F

剔除命题, 得到下列在可能真值集合 $A = \{T, F\}$ 上应用于传统二值逻辑中的一元和二元运算 $\neg T = F$ 和 $\neg F = T$. 易知 $(A, \vee, \wedge, \neg)$ 构成一个布尔代数, 其最小元是 F, 最大元是 T, 如表 1.3.6 和表 1.3.7 所示.

表 1.3.6 $\vee$ 运算

$\vee$	T	F
T	T	T
F	T	F

表 1.3.7 $\wedge$ 运算

$\wedge$	T	F
T	T	F
F	F	F

1.4 布尔代数上的三重 δ-导子

19 世纪 40 年代, 布尔 (George Boole) 为了使传统逻辑更为精确和便于计算, 引入了一系列数学符号和运算法则, 创立了布尔代数. 目前, 关于布尔代数的研究已取得了一系列的研究成果. 而导子的概念来源于分析学理论, 近些年来国内外大批学者开始在各种代数结构上研究导子理论, 在代数系统中引入导子理论有助于研究代数系统的结构和性质. 本节利用格与布尔代数的关系, 在布尔代数上引入了三重 δ-导子的概念, 获得三重 δ-导子的一些性质和特征, 特别给出了保序的三重 δ-导子的刻画定理, 其研究结果为研究格上的导子结构特征提供了理论基础.

下面先给出将用到的定义.

1.4.1 基本概念

定义 1.4.1[3,4] 若集合 B 至少包含两个元素 (分别记为 0 和 1), 且对 B 中任意元素 a, b 和 c, 代数系统 $(B, *, \circ, ', 0, 1)$ 上的三种运算 (其中 $*$ 和 $\circ$ 是二元运算, $'$ 是一元运算) 具有下列性质:

(1) 交换律: 即对于任意的 $a, b \in B$, 有 $a * b = b * a, a \circ b = b \circ a$;

(2) 分配律: 即对于任意的 $a, b, c \in B$, 有

$$a * (b \circ c) = (a * b) \circ (a * c), \quad a \circ (b * c) = (a \circ b) * (a \circ c);$$

(3) 同一律: 对于任意的 $a \in B$, 有 $a * 0 = a, a \circ 1 = a$;

(4) 互补律 (补元律): 对于任意的 $a \in B$, 存在 $a' \in B$, 使 $a * a' = 1, a \circ a' = 0$, 则称 $(B, *, \circ, ', 0, 1)$ 为布尔代数, 0 和 1 分别称为 B 的最小元和最大元.

性质 1.4.1 设 $B = (B, *, \circ, ', 0, 1)$ 为布尔代数, 对于任意的 $a, b, c, d \in B$, 则下列性质成立:

(1) 幂等律: $a * a = a, a \circ a = a$;

(2) 零律: $a * 1 = 1, a \circ 0 = 0$;

(3) 吸收律: $a * (a \circ b) = a, a \circ (a * b) = a$;

(4) 结合律: $a * (b * c) = (a * b) * c, a \circ (b \circ c) = (a \circ b) \circ c$;

(5) 若 $a \leqslant b$ 当且仅当 $a * b = b$ 当且仅当 $a \circ b = a$;

(6) 若 $a \leqslant b, c \leqslant d$, 则 $a * c \leqslant b * d, a \circ c \leqslant b \circ d$.

定义 1.4.2[3,4] 设 L 是一个格, $D : L \times L \times L \to L$ 是一个自映射, 对于任意的 $x, y, z, \omega \in L$, 若 D 满足

$$D(x \wedge \omega, y, z) = (D(x, y, z) \wedge \omega) \vee (x \wedge D(\omega, y, z)),$$

则称映射 D 是格 L 上的三重导子. 同理可有

$$D(x, y \wedge \omega, z) = (D(x, y, z) \wedge \omega) \vee (y \wedge D(x, \omega, z)),$$

$$D(x, y, z \wedge \omega) = (D(x, y, z) \wedge \omega) \vee (z \wedge D(x, y, \omega)).$$

利用格与布尔代数的关系, 我们将给出布尔代数上三重 δ-导子的概念.

定义 1.4.3[5] 设 $B = (B, *, \circ, ', 0, 1)$ 为布尔代数, $f : B \times B \times B \to B$ 是一个自映射, 对于任意的 $x, y, z, \omega \in B$, 若存在映射 $\delta : B \to B$, 使得 f 满足

$$f(x \circ \omega, y, z) = (f(x, y, z) \circ \omega) * (x \circ f(\omega, y, z)),$$

则称 f 为布尔代数 B 上的三重 δ-导子.

定义 1.4.4[5] 设 $B = (B, *, \circ, ', 0, 1)$ 为布尔代数, 映射 f 是 B 上的三重 δ-导子, 对于任意的 $u, v, y, z \in B$, 当 $u \leqslant v$ 时, 如果恒有 $f(u, y, z) \leqslant f(v, y, z)$, 则称 f 是布尔代数 B 上保序的三重 δ-导子.

例 1.4.1 设 $B = \{0, a, b, 1\}$, 且 $0 < a < b < 1$, 在 B 中定义二元运算 $*$ 和 $\circ$ 以及一元运算 $()'$, 由表 1.4.1—表 1.4.3 给出.

表 1.4.1 $*$ 运算

$*$	0	a	b	1
0	0	a	b	1
a	a	a	b	1
b	b	b	b	1
1	1	1	1	1

表 1.4.2 ○ 运算

○	0	a	b	1
0	0	0	0	0
a	0	a	a	a
b	0	a	b	b
1	0	a	b	1

表 1.4.3 补运算

()′	0	a	b	1
	1	b	a	1

则 $B = (B, *, \circ, 0, 1)$ 构成一个布尔代数, 在该布尔代数上定义映射 $f : B \to B$, 映射 $\delta : B \to B$ 为 $f(0, y, z) = 0, f(a, y, z) = f(b, y, z) = f(1, y, z) = b$(其中任意的 $y, z \in \{0, a, b, 1\}$); $\delta(0) = 0, \delta(a) = b, \delta(b) = a, \delta(1) = 1$, 则容易验证 f 是布尔代数 B 上的三重 δ-导子, 同时也验证 f 是布尔代数 B 上的保序的三重 δ-导子.

1.4.2 布尔代数上的三重 δ-导子的性质与特征

性质 1.4.2 设 $B = (B, *, \circ, ', 0, 1)$ 为布尔代数, 映射 f 是布尔代数 B 上的三重 δ-导子, 对于任意的 $x, y, z, \omega \in B$, 则下列结论成立:

(1) $f(x, y, z) \leqslant \delta(x), f(x, y, z) \leqslant \delta(y), f(x, y, z) \leqslant \delta(z)$;

(2) $f(x, y, z) \circ f(\omega, y, z) \leqslant f(x \circ \omega, y, z) \leqslant f(x, y, z) * f(\omega, y, z)$;

(3) 若 $\delta(x) = 0$, 则 $f(x, y, z) = 0$;

(4) 若 $\delta(1) = 1, \delta(x) \leqslant f(1, y, z)$, 则 $f(x, y, z) = \delta(x)$;

(5) 若 $\delta(1) = 1, \delta(x) \geqslant f(1, y, z)$, 则 $f(x, y, z) \geqslant f(1, y, z)$;

(6) 若 $\delta(x * \omega) = \delta(x) * \delta(\omega)$, 则 $f(x, y, z) = f(x, y, z) * (f((x * \omega), y, z) \circ \delta(x))$;

(7) 若 f 是 B 上保序的三重 δ-导子, 则有

$$f(x, y, z) = f(x, y, z) * (\delta(x) \circ f(x * \omega, y, z)).$$

证明 (1) 对于任意的 $x \in B$, 由性质 1.4.1 可得 $x \circ x = x, x * x = x$, 因此

$$f(x, y, z) = f(x \circ x, y, z) = (f(x, y, z) \circ \delta(x)) * (\delta(x) \circ f(x, y, z))$$
$$= f(x, y, z) \circ \delta(x),$$

即 $f(x, y, z) = f(x, y, z) \circ \delta(x)$, 故可得 $f(x, y, z) \leqslant \delta(x)$.

同理可得 $f(x, y, z) \leqslant \delta(y), f(x, y, z) \leqslant \delta(z)$. 结论成立.

(2) 一方面, 由 (1) 式可知 $f(x, y, z) \leqslant \delta(x), f(\omega, y, z) \leqslant \delta(\omega)$. 因此

$$f(x, y, z) \circ f(\omega, y, z) \leqslant \delta(x) \circ f(\omega, y, z),$$
$$f(x, y, z) \circ f(\omega, y, z) \leqslant \delta(\omega) \circ f(x, y, z).$$

从而由性质 1.4.1 可得

$$[f(x,y,z) \circ f(\omega,y,z)] * [f(x,y,z) \circ f(\omega,y,z)]$$
$$\leqslant [\delta(x) \circ f(x,y,z)] * [\delta(\omega) \circ f(x,y,z)],$$

即

$$f(x,y,z) \circ f(\omega,y,z) \leqslant [\delta(x) \circ f(x,y,z)] * [\delta(\omega) \circ f(x,y,z)]$$
$$= f(x \circ \omega, y, z).$$

而另一方面, 由性质 1.4.1 和定义 1.4.3 可得

$$f(x,y,z) * f(\omega,y,z) = [f(x,y,z) * (f(x,y,z) \circ \delta(\omega))] * [f(\omega,y,z) * (f(\omega,y,z) \circ \delta(x))]$$
$$= [(f(x,y,z) \circ \delta(\omega)) * (f(\omega,y,z) \circ \delta(x))] * (f(x,y,z) * f(\omega,y,z))$$
$$= f(x \circ \omega, y, z) * (f(x,y,z) * f(\omega,y,z)).$$

因此

$$f(x \circ \omega, y, z) \leqslant f(x,y,z) * f(\omega,y,z).$$

综上可知

$$f(x,y,z) \circ f(\omega,y,z) \leqslant f(x \circ \omega, y, z) \leqslant f(x,y,z) * f(\omega,y,z).$$

即结论成立.

(3) 对于任意的 $x,y,z \in B$, 当 $\delta(x) = 0$ 时, 有

$$f(x,y,z) = f(x \circ x, y, z) = (f(x,y,z) \circ \delta(x)) * (\delta(x) \circ f(x,y,z))$$
$$= 0 * 0 = 0,$$

即 $f(x,y,z) = 0$. 结论成立.

(4) 对于任意的 $x,y,z \in B$, 则由定义 1.4.3 可得

$$f(x,y,z) = f(x \circ 1, y, z) = (f(x,y,z) \circ \delta(1)) * (\delta(x) \circ f(1,y,z)).$$

又因为 $\delta(1) = 1$ 和 $\delta(x) \leqslant f(1,y,z)$, 将其代入上式可得 $f(x,y,z) = f(x,y,z) * \delta(x)$, 从而 $\delta(x) \leqslant f(x,y,z)$, 而另一方面, $f(x,y,z) \leqslant \delta(x)$, 故综上可知 $f(x,y,z) = \delta(x)$. 结论成立.

(5) 对于任意的 $x,y,z \in B$, 当 $\delta(1) = 1, \delta(x) \geqslant f(1,y,z)$ 时, 由定义 1.4.3 可得

$$f(x,y,z) = f(x \circ 1, y, z) = (f(x,y,z) \circ \delta(1)) * (\delta(x) \circ f(1,y,z))$$

$$= f(x,y,z) * f(1,y,z).$$

从而 $f(x,y,z) \geqslant f(1,y,z)$. 结论成立.

(6) 因为由 (1) 可知 $f(x,y,z) \leqslant \delta(x)$, 故 $f(x,y,z) \circ \delta(x) = f(x,y,z)$, 因此当 $\delta(x*\omega) = \delta(x) * \delta(\omega)$ 时, 可得

$$
\begin{aligned}
f(x,y,z) &= f((x*\omega) \circ x, y, z) \\
&= (f(x*\omega, y, z) \circ \delta(x)) * (\delta(x*\omega) \circ f(x,y,z)) \\
&= (f(x*\omega, y, z) \circ \delta(x)) * [(\delta(x) * \delta(\omega)) \circ f(x,y,z)] \\
&= (f(x*\omega, y, z) \circ \delta(x)) * [(\delta(x) \circ f(x,y,z)) * (\delta(\omega) \circ f(x,y,z))] \\
&= (f(x*\omega, y, z) \circ \delta(x)) * [f(x,y,z) * (\delta(\omega) \circ f(x,y,z))] \\
&= (f(x*\omega, y, z) \circ \delta(x)) * f(x,y,z),
\end{aligned}
$$

即 $f(x,y,z) = f(x,y,z) * (f(\omega,y,z) \circ \delta(x))$. 结论成立.

(7) 设 B 为布尔代数, 映射 f 是 B 上保序的三重 δ-导子, 则当 $x \leqslant \omega$, 即 $x*\omega = \omega$ 时, 由定义 1.4.4 可得 $f(x,y,z) \leqslant f(\omega,y,z)$, 而由 (1) 式可知 $f(\omega,y,z) \leqslant \delta(\omega)$, 因此 $f(x,y,z) \leqslant \delta(\omega)$, 即 $f(x,y,z) \circ \delta(\omega) = f(x,y,z)$, 从而

$$
\begin{aligned}
f(x,y,z) &= f((x*\omega) \circ x, y, z) \\
&= (f(x*\omega, y, z) \circ \delta(x)) * (\delta(x*\omega) \circ f(x,y,z)) \\
&= (f(\omega, y, z) \circ \delta(x)) * (\delta(\omega) \circ f(x,y,z)) \\
&= (f(\omega, y, z) \circ \delta(x)) * f(x,y,z),
\end{aligned}
$$

即 $f(x,y,z) = f(x,y,z) * (f(\omega,y,z) \circ \delta(x))$. 故综上可知, 当 f 是布尔代数 B 上的保序的三重 δ-导子时, 则有 $f(x,y,z) = f(x,y,z) * (f(x*\omega, y, z) \circ \delta(x))$. 结论成立. 证毕.

定理 1.4.1　设 $B = (B, *, \circ, ', 0, 1)$ 为布尔代数, 映射 f 是布尔代数 B 上的三重 δ-导子, 对于任意的 $x, y, z \in B$, 若映射 $\delta : B \to B$ 是保序的, 且 $\omega \leqslant x$ 和 $f(x,y,z) = \delta(x)$ 时, f 也是 B 上保序的三重 δ-导子.

证明　因为映射 $\delta : B \to B$ 是保序的, 则当 $\omega \leqslant x$ 时, 就有 $\omega \circ x = \omega$ 和 $\delta(\omega) \leqslant \delta(x)$, 又由性质 1.4.2 中 (1) 可知 $f(\omega,y,z) \leqslant \delta(\omega)$, 即 $f(\omega,y,z) * \delta(\omega) = \delta(\omega)$, 因此当 $f(x,y,z) \leqslant \delta(x)$ 时可得

$$
\begin{aligned}
f(\omega,y,z) &= f(x \circ \omega, y, z) = (f(x,y,z) \circ \delta(\omega)) * (\delta(x) \circ f(\omega,y,z)) \\
&= (\delta(x) \circ \delta(\omega)) * (\delta(x) \circ f(\omega,y,z)) \\
&= \delta(x) \circ (\delta(\omega) * f(\omega,y,z))
\end{aligned}
$$

$$= \delta(x) \circ \delta(\omega) = \delta(\omega).$$

综上可知: 当 $\omega \leqslant x$ 和 $f(x,y,z) = \delta(x)$ 时, 就有 $f(\omega,y,z) \leqslant f(x,y,z)$, 因此由定义 1.4.4 可知 f 也是 B 上保序的三重 δ-导子. 结论成立. 证毕.

定理 1.4.2 设 $B = (B, *, \circ, ', 0, 1)$ 为布尔代数, 映射 f 是布尔代数 B 上的三重 δ-导子, 对于任意的 $x, y, z \in B$, 当 $\delta(x \circ \omega) = \delta(x) \circ \delta(\omega)$ 时, 则下列条件等价:

(1) f 是布尔代数 B 上保序的三重 δ-导子;

(2) $f(x,y,z) = \delta(x) \circ f(1,y,z)$;

(3) $f(x \circ \omega, y, z) = f(x,y,z) \circ f(\omega,y,z)$.

证明 (1)$\Rightarrow$(2) 设 B 为布尔代数, 映射 f 是布尔代数 B 上保序的三重 δ-导子, 由定义 1.4.1 可知 1 是布尔代数 B 上的最大元, 即对于任意的 $x \in B$, 都有 $x \leqslant 1$, 进而可得 $f(x,y,z) \leqslant f(1,y,z)$, 又因为 $f(x,y,z) \leqslant \delta(x)$, 从而

$$f(x,y,z) \circ f(x,y,z) \leqslant \delta(x) \circ f(1,y,z),$$

即 $f(x,y,z) \leqslant \delta(x) \circ f(1,y,z)$. 而另一方面, 由性质 1.4.2 中 (7) 式可知, 当映射 f 是布尔代数 B 上保序的三重 δ-导子时, $f(x,y,z) = f(x,y,z) * (f(x * \omega, y, z) \circ \delta(x))$, 故在该式中令 $\omega = 1$, 可得 $f(x,y,z) = f(x,y,z) * (f(1,y,z) \circ \delta(x))$, 即

$$f(1,y,z) \circ \delta(x) \leqslant f(x,y,z).$$

综上可知: $f(x,y,z) = \delta(x) \circ f(1,y,z)$. 结论成立.

(2)$\Rightarrow$(3) 由 (2) 式可知, 对于任意的 $x \in B$, 有 $f(x,y,z) = \delta(x) \circ f(1,y,z)$, 因而有 $f(x \circ \omega, y, z) = \delta(x \circ \omega) \circ f(1,y,z)$, 又因为 $\delta(x \circ \omega) = \delta(x) \circ \delta(\omega)$, 故可得

$$\begin{aligned}
f(x \circ \omega, y, z) &= (\delta(x \circ \omega) \circ f(1,y,z)) = (\delta(x) \circ \delta(\omega)) \circ f(1,y,z) \\
&= (\delta(x) \circ f(1,y,z)) \circ (\delta(\omega) \circ f(1,y,z)) \\
&= f(x,y,z) \circ f(\omega,y,z),
\end{aligned}$$

即 $f(x \circ \omega, y, z) = f(x,y,z) \circ f(\omega,y,z)$. 结论成立.

(3)$\Rightarrow$(1) 设 $B = (B, *, \circ, ', 0, 1)$ 为布尔代数, 映射 f 是 B 上的三重 δ-导子, 对于任意的 $x, y, z, \omega \in B$, 设 $x \leqslant \omega$, 则 $x \circ \omega = x$, 因此可得

$$f(x,y,z) = f(x \circ \omega, y, z) = f(x,y,z) \circ f(\omega,y,z),$$

即 $f(x,y,z) \leqslant f(\omega,y,z)$. 从而当 $x \leqslant \omega$ 时, 有 $f(x,y,z) \leqslant f(\omega,y,z)$ 成立, 即由定义 1.4.4 可知映射 f 是布尔代数 B 上保序的三重 δ-导子. 结论成立. 证毕.

定理 1.4.3 设 $B = (B, *, \circ, ', 0, 1)$ 为布尔代数, 映射 f 是 B 上的三重 δ-导子, 对于任意的 $x, y, z, \omega \in B$, 当 $\delta(x * \omega) = \delta(x) * \delta(\omega)$ 时, 映射 f 是 B 上保序的三重 δ-导子的充分必要条件是 $f(x * \omega, y, z) = f(x, y, z) * f(\omega, y, z)$.

证明 (1) 必要性 设映射 f 是布尔代数 B 上保序的三重 δ-导子, 由定义 1.4.4 可知, 当 $\omega \leqslant x$, 即 $\omega \leqslant \omega * x$ 时, 恒有 $f(\omega, y, z) \leqslant f(\omega * x, y, z)$ 成立, 进而

$$f(\omega, y, z) * f(\omega * x, y, z) = f(\omega * x, y, z).$$

另一方面, 由性质 1.4.2 中 (7) 式可得

$$\begin{aligned}
f(\omega, y, z) &= f(\omega, y, z) * (\delta(\omega) \circ f(x * \omega, y, z)) \\
&= (f(\omega, y, z) * \delta(\omega)) \circ (f(\omega, y, z) * f(x * \omega, y, z)) \\
&= \delta(\omega) \circ f(x * \omega, y, z).
\end{aligned}$$

同理可得: $f(x, y, z) = \delta(x) \circ f(x * \omega, y, z)$. 因此结合上面两式可得

$$\begin{aligned}
f(x, y, z) * f(\omega, y, z) &= (\delta(x) \circ f(x * \omega, y, z)) * (\delta(\omega) \circ f(x * \omega, y, z)) \\
&= (\delta(x) * \delta(\omega)) \circ f(x * \omega, y, z) \\
&= \delta(x * \omega) \circ f(x * \omega, y, z) \\
&= f(x * \omega, y, z),
\end{aligned}$$

即 $f(x * \omega, y, z) = f(x, y, z) * f(\omega, y, z)$. 结论成立.

(2) 充分性 设 $B = (B, *, \circ, ', 0, 1)$ 为布尔代数, 映射 f 是 B 上的三重 δ-导子, 对于任意的 $x, y, z, \omega \in B$, 设 $x \leqslant \omega$, 由性质 1.4.1 可得 $x * \omega = \omega$, 因此

$$f(\omega, y, z) = f(x * \omega, y, z) = f(x, y, z) * f(\omega, y, z),$$

即 $f(x, y, z) \leqslant f(\omega, y, z)$, 从而综上可知: 当 $x \leqslant \omega$ 时, 有 $f(x, y, z) \leqslant f(\omega, y, z)$ 成立, 因此由定义 1.4.4 可知映射 f 是布尔代数 B 上保序的三重 δ-导子.

综上可知: 对于任意的 $x, y, z, \omega \in B$, 当 $\delta(x * \omega) = \delta(x) * \delta(\omega)$ 时, 映射 f 是布尔代数 B 上保序的三重 δ-导子的充分必要条件是 $f(x * \omega, y, z) = f(x, y, z) * f(\omega, y, z)$. 证毕.

第 2 章　剩余格的基本概念

本章在第 1 章的基础上, 将专题介绍剩余格 (residuated lattice). 在抽象代数中, 剩余格是有着特定的简单性质的格, 根据剩余格中的二元运算 $\otimes$ 是否可交换, 因此也就将剩余格分为可交换剩余格和非交换剩余格. 本章共三节, 2.1 节引入了可交换剩余格的概念, 并给出几类常见的剩余格, 以及剩余格上的相关性质; 2.2 节介绍了可交换剩余格与几类蕴涵代数的关系; 2.3 节主要以可交换剩余格为研究对象, 研究了剩余格上导子的特征及性质.

2.1　可交换剩余格的引入

可交换剩余格是由美国学者 Ward 和 Dilworth 于 1939 年为研究交换环的全体理想的格结构时首次引入的, 它是子结构命题逻辑的语义代数. 例如, MTL 代数、BL 代数、MV 代数、R_0 代数以及 Heyting 代数都是具有某种特殊代数结构的剩余格, 本节也将重点介绍这几类具有特殊代数结构的剩余格及其他们的基本性质.

定义 2.1.1[6]　设 P 是偏序集, $\otimes$ 和 $\to$ 分别为 P 上的两个二元运算, 称 $(\otimes, \to)$ 为 P 上的伴随对, 如果下列条件成立:

(1) $\otimes : P \times P \to P$ 关于两个变量都是单调递增的;

(2) 对任意的 $x, y, z \in P, x \otimes y \leqslant z$ 当且仅当 $x \leqslant y \to z$.

命题 2.1.1　若 $(\otimes, \to)$ 为偏序集 P 上的伴随对, 则二元运算 $\to : P \times P \to P$ 关于第一变量不增, 关于第二变量不减.

证明　对于任意的 $x, y, z \in P$, 设 $x \leqslant y$. 因为 $y \to z \leqslant y \to z$, 以及由定义 2.1.1 中的 (1) 和 (2) 可得 $(y \to z) \otimes x \leqslant (y \to z) \otimes y$ 和 $(y \to z) \otimes y \leqslant z$. 于是由 (2) 知 $y \to z \leqslant x \to z$. 而另一方面, 根据 $z \to x \leqslant z \to x$ 可得 $(z \to x) \otimes z \leqslant x$, 所以 $(z \to x) \otimes z \leqslant y$, 从而可得 $z \to x \leqslant z \to y$. 证毕.

定义 2.1.2[7]　称 $(2, 2, 2, 2, 0, 0)$- 型代数 $L = (M, \wedge, \vee, \otimes, \to, 0, 1)$ 为可交换剩余格, 简称为剩余格, 若以下条件成立:

(1) $(M, \wedge, \vee, 0, 1)$ 为有界格, 0 和 1 分别记作 L 的最大元和最小元;

(2) $(M, \otimes, 1)$ 是交换的幺半群, 其中对于任意的 $x \in M, 1 \otimes x = x$, 换句话说, 1 是半群运算 $\otimes$ 的单位元;

(3) L 上的二元运算 $\otimes$ 和 $\rightarrow$ 满足伴随性质, 即对于任意的 $x, y, z \in M$, 则有

$$x \otimes y \leqslant z \Leftrightarrow x \leqslant y \rightarrow z.$$

可交换剩余格 L 上的二元运算 $\otimes$ 和 $\rightarrow$ 分别称为乘法 (multiplication) 和剩余 (residue), 对于任意的 $a, b \in L$, 其中称 $(\otimes, \rightarrow)$ 为伴随对, 也有时称其为格上的逻辑结构. 称运算 $a \rightarrow b$ 为 b 关于 a 的剩余, 也有的学者称二元运算 $\otimes$ 为张量积 (tensor product), 而称二元运算 $\rightarrow$ 为蕴涵或蕴涵运算 (implication), 本书将使用后者.

定义 2.1.3　设 $L = (M, \wedge, \vee, \otimes, \rightarrow, 0, 1)$ 为剩余格, 如果对于任意的 $x, y \in L$, 则下列结论成立:

(1) 如果 $(x \rightarrow y) \rightarrow y = (y \rightarrow x) \rightarrow x$, 则称剩余格 L 为正规剩余格;

(2) 如果 $(x \rightarrow y) \vee (y \rightarrow x) = 1$, 则称剩余格 L 为预线性剩余格;

(3) 如果 $x \wedge y = x \otimes (x \rightarrow y)$, 则称剩余格 L 为可除剩余格;

(4) 如果 $x'' = x$, 其中 $x' = x \rightarrow 0$, 则称剩余格 L 为正则剩余格;

(5) 如果 $(x'' \rightarrow x)'' = 1$, 则称剩余格 L 为一个 Glivenko 代数;

(6) 如果剩余格 L 为可除的预线性剩余格, 则称剩余格 L 为 BL 代数;

(7) 如果剩余格 L 为可除的正则剩余格, 则称剩余格 L 为 MV 代数.

例 2.1.1　设 $L = (M, \wedge, \vee, ', 0, 1)$ 为布尔代数 (即有补有界分配格), 对于任意的 $x, y \in M$, 规定 $\otimes = \wedge$; $x \rightarrow y = x' \vee y$, 则 $L = (M, \wedge, \vee, \otimes, \rightarrow, 0, 1)$ 构成剩余格.

例 2.1.2　设 $(M, \leqslant, 0, 1)$ 是完备格, 且满足第一无限分配律: $x \wedge \left(\bigvee_{i \in I} y_i \right) = \bigvee_{i \in I} (x \wedge y_i)$, 其中 $x, y_i \in M, i \in I$. 在 M 中定义运算 $\otimes = \wedge$, 而且定义 $\rightarrow$ 运算为

$$x \rightarrow y = \vee \{z \in M \,|\, x \wedge z \leqslant y\}, \quad \text{其中} x, y \in M,$$

则 $(M, \wedge, \vee, \otimes, \rightarrow, 0, 1)$ 构成可交换剩余格, 称为完备的 Heyting 代数.

例 2.1.3　设 $R = (R, +, \cdot, 0, 1)$ 是带单位元 1 的交换环, $I(R)$ 是 R 中的理想按包含序所成之完备格. 在 $I(R)$ 上定义 $\otimes$ 和 $\rightarrow$ 运算如下:

$$I \otimes J = \left\{ \sum_{i=1}^{n} x_i \cdot y_i \,\Big|\, x_i \in I, y_i \in J, i = 1, \cdots, n, n \in \mathbf{N} \right\},$$

$$I \rightarrow J = \{y \in \mathbf{R} | \text{对任意} x \in I, \text{都有} x \cdot y \in J\}.$$

另外, $I \wedge J = I \bigcap J, I \vee J$ 为由 $I \bigcap J$ 生成的理想, 则可验证 $(I(R), \wedge, \vee, \otimes, \rightarrow, \{0\}, R)$ 构成剩余格, 这是剩余格的最初模型 (参考文献 [8],[9]).

例 2.1.4　设 $M = \{0, a, b, c, d, 1\}$, 其中 $0 \leqslant a < b < c < d \leqslant 1$, 令 $x \wedge y = \min\{x, y\}$, $x \vee y = \max\{x, y\}$, 且在 M 中定义二元运算 $\rightarrow$ 和 $\otimes$ 如下表所示.

→	0	a	b	c	d	1
0	1	1	1	1	1	1
a	0	1	b	c	c	1
b	c	1	1	c	c	1
c	b	1	b	1	a	1
d	b	1	b	1	1	1
1	0	a	b	c	d	1

⊗	0	a	b	c	d	1
0	0	0	0	0	0	0
a	0	a	b	d	d	a
b	0	b	b	0	0	b
c	0	d	0	d	d	c
d	0	d	0	d	d	d
1	0	a	b	c	d	1

则 $L = (M, \wedge, \vee, \otimes, \rightarrow, 0, 1)$ 构成一个可交换剩余格.

定义 2.1.4 设 $L = (M, \wedge, \vee, \otimes, \rightarrow, 0, 1)$ 为可交换剩余格, $(\otimes, \rightarrow)$ 是 L 上的伴随对, 则

(1) 规定对于任意的 $a, b \in L$, 若有 $a \leftrightarrow b = (a \rightarrow b) \wedge (b \rightarrow a)$, 则称由上述定义的二元运算 $\leftrightarrow: L \times L \rightarrow L$ 为 L 上的双剩余运算 (double residue operation), 或双蕴涵运算;

(2) 规定对于任意的 $a \in L$, 若有 $\neg a = a \rightarrow 0$, 则称由上述定义的一元运算 $\neg: L \rightarrow L$ 为 L 上的否定运算, 或简称否定, 元 $\neg a$ 称作元 a 的否定 (negation);

(3) 对非负整数 $n, a \in L$, a 的 n 次幂的意义归纳定义如下: $a^0 = 1$ 和 $a^{n+1} = a^n \otimes a$.

为书写简便, 今后约定可交换剩余格 L 中运算的优先等级依次为 $\neg, \otimes, \wedge(\vee), \rightarrow$, 其中运算 $\wedge$ 与 $\vee$ 的优先级相同, 并且除特别声明外, 本节中的等式及不等式均指对可交换剩余格 L 中的任意元都成立, 下面给出可交换剩余格的一些基本性质.

性质 2.1.1[9] 设 $L = (M, \wedge, \vee, \otimes, \rightarrow, 0, 1)$ 是可交换剩余格, 对于任意的 $x, y, z \in L$, 则以下结论成立:

(1) $0 \rightarrow x = x \rightarrow 1 = x \rightarrow x = 1$;

(2) $1 \rightarrow x = x, x \otimes 0 = 0$;

(3) $x \leqslant y \Leftrightarrow x \rightarrow y = 1$;

(4) 若 $x \leqslant y$, 则 $x \otimes z \leqslant y \otimes z$;

(5) 若 $x \leqslant y$, 则 $y \rightarrow z \leqslant x \rightarrow z, z \rightarrow x \leqslant z \rightarrow y$;

(6) $x \otimes y \leqslant x \wedge y \leqslant (x \rightarrow y) \wedge (y \rightarrow x)$;

(7) $x \otimes (x \to y) \leqslant x \wedge y, y \leqslant x \to x \otimes y, y \leqslant x \to y$;

(8) $x \to (y \to z) = x \otimes y \to z = y \to (x \to z)$;

(9) $x \leqslant y \to z \Leftrightarrow y \leqslant x \to z, x \vee y \leqslant (x \to y) \to y$;

(10) $x \to y = ((x \to y) \to y) \to y$;

(11) $x \to y \leqslant (y \to z) \to (x \to z), x \to y \leqslant (z \to x) \to (z \to y)$;

(12) $x \to y \leqslant x \circ z \to y \circ z$, 其中 $\circ \in \{\wedge, \vee, \otimes\}$;

(13) $x \otimes \left(\bigvee_{i \in I} y_i \right) = \bigvee_{i \in I} x \otimes y_i$;

(14) $\bigvee_{i \in I} x_i \to y = \bigwedge_{i \in I} (x_i \to y), x \to \bigwedge_{i \in I} y_i = \bigwedge_{i \in I} (x \to y_i)$;

(15) $x \vee y \to y = x \to y = x \to x \wedge y$;

(16) $\bigwedge_{i \in I} x_i \to y \geqslant \bigvee_{i \in I} (x_i \to y), x \to \bigvee_{i \in I} y_i \geqslant \bigvee_{i \in I} (x \to y_i)$;

(17) $\neg 1 = 0, \neg 0 = 1, x \leqslant \neg\neg x, \neg\neg\neg x = \neg x, x \otimes \neg x = 0$;

(18) $x \leqslant \neg x \to y, \neg x \leqslant x \to y, x \to y \leqslant \neg y \to \neg x \leqslant \neg\neg x \to \neg\neg y$;

(19) $\neg(x \otimes y) = x \to \neg y = y \to \neg x, x \to \neg y = \neg\neg x \to \neg y$;

(20) $\neg x \to \neg y = \neg\neg y \to \neg\neg x = y \to \neg\neg x$;

(21) $\neg\neg(x \to \neg y) = x \to \neg y, \neg\neg(x \to y) \leqslant \neg\neg x \to \neg\neg y$;

(22) $\neg(x \otimes y) = \neg(\neg\neg x \otimes y) = \neg(\neg\neg x \otimes \neg\neg y)$;

(23) $x \leqslant \neg y \Leftrightarrow x \otimes y = 0 \Leftrightarrow \neg\neg x \otimes y = 0 \Leftrightarrow \neg\neg x \otimes \neg\neg y = 0$;

(24) $\neg(x \vee y) = \neg x \wedge \neg y, \neg(x \wedge y) \geqslant \neg x \vee \neg y, \neg\neg(x \vee y) \geqslant \neg\neg x \vee \neg\neg y$.

证明　仅证明 (21) 式, 其余留给读者自行证明. 由 (18) 式可知 $x \to \neg y \leqslant$ $\neg\neg(x \to \neg y)$. 而另一方面, 由 (8) 式与 (19) 式可得

$$\neg\neg(x \to \neg y) \to (x \to \neg y) = x \to (\neg\neg(x \to \neg y) \to \neg y)$$
$$= x \to ((x \to \neg y) \to \neg y)$$
$$= (x \to \neg y) \to (x \to \neg y) = 1,$$

即可得 $\neg\neg(x \to \neg y) \leqslant x \to \neg y$, 所以 (21) 式中 $\neg\neg(x \to \neg y) = x \to \neg y$ 成立. 再由 (5) 式、(17) 式、(13) 式及 (19) 式可得

$$\neg\neg(x \to y) \leqslant \neg\neg(x \to \neg\neg y) = x \to \neg\neg y = \neg\neg x \to \neg\neg y.$$

综上可知结论成立. 证毕.

定理 2.1.1　设 L 是一个格, $\wedge$ 与 $\vee$ 分别记为 L 上的交运算和并运算. 若 $\otimes: L \times L \to L$ 与 $\to: L \times L \to L$ 是格 L 上的二元运算, 则 L 关于伴随对 $(\otimes, \to)$ 是可交换剩余格当且仅当下列等式成立:

(1) 存在元 $1, 0 \in L$, 使得 $x \vee 1 = 1, x \wedge 0 = 0$.

(2) 满足下列运算定律:

    ① 结合律: $(x \otimes y) \otimes z = x \otimes (y \otimes z)$;

    ② 交换律: $x \otimes y = y \otimes x$;

    ③ 单位律: $x \otimes 1 = 1$.

(3) $(x \otimes y) \to z = x \to (y \to z)$.

(4) $(x \otimes (x \to y)) \vee y = y$.

(5) $x \to (x \vee y) = 1$.

证明 **必要性** 若 L 是一个格, 由定义 2.1.1 可知 L 必是有界格, 故存在元 $1, 0 \in L$, 使得 $x \vee 1 = 1, x \wedge 0 = 0$, 即 (1) 式成立. 同理由定义 2.1.1 及性质 2.1.1 可得 (2)—(5) 式成立.

充分性 对于任意的 $x, y \in L$, 可得 $x \leqslant y \Leftrightarrow x \to y = 1$ 成立. 这是因为若 $x \leqslant y$, 条件 (5) 式意味着 $x \to y = x \to (x \vee y) = 1$. 反之, 若 $x \to y = 1$ 成立, 则由条件 (2)—(4) 式可得等式 $x \vee y = (x \otimes (x \to y)) \vee y = y$, 即 $x \leqslant y$ 成立. 又因为对于任意的 $x, y, z \in L$, 有

$$x \otimes y \leqslant z \Leftrightarrow ((x \otimes y) \to z) = 1 \Leftrightarrow (x \to (y \to z)) = 1 \Leftrightarrow x \leqslant (y \to z),$$

即运算 $\otimes$ 与 $\to$ 满足伴随性质. 证毕.

定理 2.1.2[10,11] 设 $L = (M, \wedge, \vee, \otimes, \to, 0, 1)$ 是可交换剩余格, 对于任意的 $x, y, z \in L$, 则以下条件等价:

(1) 预线性: $(x \to y) \vee (y \to x) = 1$;

(2) $x \to y \vee z = (x \to y) \vee (x \to z)$;

(3) $x \wedge y \to z = (x \to z) \vee (y \to z)$;

(4) $x \to z \leqslant (x \to y) \vee (y \to z)$;

(5) $(x \to y) \to z \leqslant ((y \to x) \to z) \to z$.

证明 (1)$\Rightarrow$(2) 由性质 2.1.1 可得 $x \to y \vee z \geqslant (x \to y) \vee (x \to z)$. 而另一方面, 有

$$(x \to y \vee z) \to (x \to y) \vee (x \to z)$$
$$\geqslant ((x \to y \vee z) \to (x \to y)) \vee ((x \to y \vee z) \to (x \to z))$$
$$\geqslant (y \vee z \to y) \vee (y \vee z \to z)$$
$$= (z \to y) \vee (y \to z) = 1.$$

所以由性质 2.1.1 可知 $x \to y \vee z = (x \to y) \vee (x \to z)$. 结论得证.

(2)$\Rightarrow$(1) 因为

$$1 = x \vee y \to x \vee y = (x \vee y \to x) \vee (x \vee y \to y)$$

$$= (y \to x) \vee (x \to y),$$

结论得证.

(1)⇒(3)   由性质显然可得 $x \wedge y \to z \geqslant (x \to z) \vee (y \to z)$. 另一方面, 又有

$$(x \wedge y \to z) \to (x \to z) \vee (y \to z)$$
$$\geqslant ((x \wedge y \to z) \to (x \to z)) \vee ((x \wedge y \to z) \to (y \to z))$$
$$\geqslant (x \to x \wedge y) \vee (y \to x \wedge y)$$
$$= (x \to y) \vee (y \to x) = 1.$$

所以 $x \wedge y \to z = (x \to z) \vee (y \to z)$, 即 (3) 式成立.

(3)⇒(1)   因为

$$1 = x \wedge y \to x \wedge y = (x \to x \wedge y) \vee (y \to x \wedge y)$$
$$= (x \to y) \vee (y \to x),$$

结论得证.

(2)⇒(4)   由性质 2.1.1 可知

$$x \to z \leqslant x \vee y \to z \vee y = (x \vee y \to z) \vee (x \vee y \to y) \leqslant (y \to z) \vee (x \to y).$$

(4)⇒(1)   在 (4) 式中取 $z = x$ 得 $(x \to y) \vee (y \to x) \geqslant x \to x = 1$.

(1)⇒(5)   由性质 2.1.1 可得

$$z = 1 \to z = (x \to y) \vee (y \to x) \to z$$
$$= ((x \to y) \to z) \wedge ((y \to x) \to z)$$
$$\geqslant ((x \to y) \to z) \otimes ((y \to x) \to z),$$

综上知, (5) 式成立.

(5)⇒(1)   设 $z \geqslant (x \to y) \vee (y \to x)$, 则

$$1 = (x \to y) \to z \leqslant ((y \to x) \to z) \to z = 1 \to z = z.$$

综上知, (1) 式成立. 证毕.

2.2   可交换剩余格与几类蕴涵代数系统的关系

在非经典逻辑中, J. Pavelka 引入的剩余格是一种非常基本的代数结构. 研究发现, 许多具有逻辑背景的代数系统, 如著名逻辑学家 Chang 和 Panti 为解决

Lukasiewicz 多值逻辑系统的完备性而引入的 MV 代数[12,13], 徐扬教授提出的格蕴涵代数[14], 王国俊和 Blount 等提出的 R_0 代数, 以及布尔代数, Heyting 代数等[15,16], 虽然在定义形式上存在很大差异, 但都含有一个剩余格的代数结构, 本节旨在剩余格理论的统一框架下对各个不同代数系统进行整体比较研究, 弄清它们各自与剩余格的关系, 进而掌握各个代数系统相互之间的关系.

2.2.1 可交换剩余格与 MV 代数

定义 2.2.1[13]   称 $(2,2,2,2,0,0)$-型代数 $(L, \wedge, \vee, \otimes, \to, 0, 1)$ 为 MV 代数, 如果以下条件成立:

(1) $(L, \wedge, \vee, \otimes, \to, 0, 1)$ 是有界格;

(2) $(L, \otimes, 1)$ 是以 1 为单位的交换半群;

(3) $(\otimes, \to)$ 是 L 上的伴随对;

(4) $x \wedge y = x \otimes (x \to y)$;

(5) $(x \to y) \vee (y \to x) = 1$;

(6) $(x \to 0) \to 0 = x$.

定理 2.2.1   可交换剩余格 L 是 MV 代数, 当且仅当对于任意的 $x, y \in L$, 下列等式成立:

$$(x \to y) \to y = (y \to x) \to x. \tag{2.2.1}$$

推论 2.2.1   MV 代数与正规剩余格是等价的代数系统.

2.2.2 可交换剩余格与格蕴涵代数

定义 2.2.2[14]   设 $(L, \vee, \wedge, \to, *, 0, 1)$ 是带有逆序对合对应 $* : L \to L$ 的有界格, 映射 $\to$ 是 L 上的二元运算, $(L, \vee, \wedge, \to, *, 0, 1)$ 叫做格蕴涵代数, 如果以下条件成立:

(1) $x \to (y \to z) = y \to (x \to z)$;

(2) $x \to x = 1$;

(3) $y^* \to x^* = x \to y$;

(4) 若 $x \to y = y \to x = 1$, 则 $x = y$;

(5) $(x \to y) \to y = (y \to x) \to x$;

(6) $x \vee y \to z = (x \to z) \wedge (y \to z)$;

(7) $x \wedge y \to z = (x \to z) \vee (y \to z)$.

性质 2.2.1   设 $(L, \vee, \wedge, \to, *, 0, 1)$ 为格蕴涵代数, 对于任意的 $x, y, z \in L$, 则有

(1) $1 \to x = x$;

(2) $x \leqslant y$ 当且仅当 $x \to y = 1$;

(3) $x \rightarrow (y \rightarrow x) = 1$;

(4) $x \leqslant y \rightarrow z$ 当且仅当 $y \leqslant x \rightarrow z$;

(5) $x \rightarrow y^* = y \rightarrow x^*, x^* \rightarrow y = y^* \rightarrow x$.

定理 2.2.2 设 $(L, \vee, \wedge, \rightarrow *, 0, 1)$ 是格蕴涵代数, 则 $(L, \vee, \wedge, \rightarrow, \otimes, 0, 1)$ 构成一个正规剩余格, 其中映射 $\otimes : L \times L \rightarrow L$ 定义为: $x \otimes y = (x \rightarrow x^*)^*$.

证明 由格蕴涵代数的定义知, 对于任意的 $x, y, z \in L$ 可得

$$(x \otimes y) \otimes z = ((x \rightarrow y^*)^* \rightarrow z^*)^* = (z \rightarrow (x \rightarrow y^*))^*$$
$$= (x \rightarrow (z \rightarrow y^*))^* = (x \rightarrow (y \rightarrow z^*))^*$$
$$= x \otimes (y \otimes z);$$

$$x \otimes y = (x \rightarrow y^*)^* = (y \rightarrow x^*)^* = y \otimes x;$$

$$x \otimes 1 = 1 \otimes x = (1 \rightarrow x^*)^* = x.$$

所以由上可知 $(L, \otimes, 1)$ 是以 1 为单位的交换半群.

另一方面, 不妨设 $x \leqslant y$, 则由性质 2.2.1(2) 得 $x \rightarrow y = 1$, 再由格蕴涵代数的定义可得

$$(x \otimes z) \rightarrow (y \otimes z) = (x \rightarrow z^*)^* \rightarrow (y \rightarrow z^*)^* = (y \rightarrow z^*) \rightarrow (x \rightarrow z^*)$$
$$= x \rightarrow [(y \rightarrow z^*) \rightarrow z^*] = x \rightarrow [(z^* \rightarrow y) \rightarrow y]$$
$$= (z^* \rightarrow y) \rightarrow (x \rightarrow y) = (z^* \rightarrow y) \rightarrow 1$$
$$= 1.$$

因此可得 $x \otimes z \leqslant y \otimes z$, 即二元运算 $\otimes$ 关于两个变量是单调递增的.

又因为运算 $* : L \rightarrow L$ 是逆序对合以及由性质可得 $x \otimes y \leqslant z$, 即 $(x \rightarrow y^*)^* \leqslant z$ 当且仅当 $z^* \leqslant x \rightarrow y^*$ 当且仅当 $x \leqslant z^* \rightarrow y^*$ 当且仅当 $x \leqslant y \rightarrow z$. 因此综上可知 $(\otimes, \rightarrow)$ 是 L 上的伴随对, 所以 $(L, \vee, \wedge, \rightarrow, \otimes, 0, 1)$ 是可交换剩余格, 再由格蕴涵代数的定义知 $(L, \vee, \wedge, \rightarrow, \otimes, 0, 1)$ 是正规剩余格. 证毕.

推论 2.2.2 MV 代数与格蕴涵代数是等价的代数系统.

2.2.3 剩余格与布尔代数

定义 2.2.3[16] 若有界分配格 $(L, \vee, \wedge, 0, 1)$ 叫做一个布尔代数, 则 L 上的一元运算 $()' : L \rightarrow L$ 满足下列条件:

(1) $x \wedge x' = 0$;

(2) $x \vee x' = 1, \forall x \in L$.

引理 2.2.1 设 L 是布尔代数, 则 $()' : L \rightarrow L$ 是 L 上的逆序对合对应.

证明 设 $x \leqslant y$, 由定义 2.2.3 的条件 (2) 知 $1 = x' \vee x \leqslant x' \vee y$, 从而 $x' \vee y = 1$. 于是

$$y' = y' \wedge 1 = y' \wedge (x' \vee y) = (y' \wedge x') \vee (y' \wedge y) = (y' \wedge x') \vee 0 = y' \wedge x'.$$

所以, $y' \leqslant x'$. 再由定义 2.2.3 的条件知

$$x'' = (x')' = (x')' \vee 0 = (x')' \vee (x \wedge x') = [(x')' \vee x] \wedge [(x')' \vee x']$$
$$= [(x')' \vee x] \wedge 1 = (x')' \vee x.$$

所以可得 $x'' \geqslant x$. 又因为

$$x'' = (x')' = (x')' \wedge 1 = (x')' \wedge (x \vee x') = [(x')' \wedge x] \vee [(x')' \wedge x']$$
$$= [(x')' \wedge x] \vee 0 = (x')' \wedge x = x'' \wedge x,$$

所以可得 $x'' \leqslant x$. 由此由上可知 $x'' = x$. 证毕.

推论 2.2.3 在布尔代数中, 德·摩根对偶律成立, 即对于任意的 $x, y \in L$, 则下列条件成立:

$$(x \vee y)' = x' \wedge y', \quad (x \wedge y)' = x' \vee y'.$$

引理 2.2.2 在布尔代数中, 对于任意的 $x, y, z \in L$, 则 $x \leqslant y' \vee z$ 当且仅当 $y \leqslant x' \vee z$.

证明 首先设 $x \leqslant y' \vee z$, 则 $x' \geqslant (y' \vee z)' = y \wedge z'$. 于是

$$x' \vee z \geqslant z \vee (y \wedge z') = (z \vee y) \wedge (z \vee z') = (z \vee y) \wedge 1 = z \vee y \geqslant y.$$

反之, 设 $y \leqslant x' \vee z$, 则 $y' \geqslant (x' \vee z)' = x \wedge z'$. 所以可得

$$y' \vee z \geqslant z \vee (x \wedge z') = (z \vee x) \wedge (z \vee z') = (z \vee x) \wedge 1 = z \vee x \geqslant x.$$

综上可知: 在布尔代数中, 当 $x \leqslant y' \vee z$ 时当且仅当 $y \leqslant x' \vee z$. 证毕.

定理 2.2.3 设 L 是布尔代数, 定义 $x \to y = x' \vee y$, $x \otimes y = (x \to y')'$, 对于任意的 $x, y \in L$, 则 $(L, \vee, \wedge, \to, \otimes, 0, 1)$ 是正规剩余格.

证明 因为 $x \otimes y = (x \to y')' = (x' \vee y')' = x \wedge y$, 可知二元运算 $\otimes$ 关于两个变量单调不减, 且 $(L, \otimes, L)$ 是以 1 为单位元的交换半群. 由引理 2.2.2 可知: $x \leqslant y \to z$ 当且仅当 $y \leqslant x \to z$. 于是 $x \otimes y \leqslant z$, 即 $(x \to y')' \leqslant z$ 当且仅当 $z' \leqslant x \to y'$ 当且仅当 $x \leqslant z' \to y'$ 当且仅当 $x \leqslant y \to z$. 所以 $(\otimes, \to)$ 是 L 上的伴随对, 从而 $(L, \vee, \wedge, \to, \otimes, 0, 1)$ 为可交换剩余格. 又因为

$$(x \to y) \to y = (x' \vee y) \to y = (x' \vee y)' \vee y = (x \wedge y') \vee y$$

$$= (x \vee y) \wedge (y' \vee y) = (x \vee y) \wedge 1$$
$$= x \vee y,$$

所以 $(L, \vee, \wedge, \rightarrow, \otimes, 0, 1)$ 为正规剩余格. 证毕.

注　由定理 2.2.3 可知布尔代数是正规剩余格, 但正规剩余格未必是布尔代数.

2.2.4　剩余格与 R_0 代数

定义 2.2.4[16]　设 L 是 $(\neg, \vee, \rightarrow)$ 型代数, 如果 L 上有偏序 $\leqslant$ 使 $(L, \leqslant)$ 成为有界格, 且 $\vee$ 是关于偏序 $\leqslant$ 的上确界运算, $\neg$ 是关于序 $\leqslant$ 的逆序对合对应, 并且下列条件成立:

(1) $\neg y \rightarrow \neg x = x \rightarrow y$;

(2) $1 \rightarrow x = x, x \rightarrow x = 1$, 其中 1 是 $(L, \leqslant)$ 中的最大元;

(3) $x \rightarrow y \leqslant (z \rightarrow x) \rightarrow (z \rightarrow y)$;

(4) $x \rightarrow (y \rightarrow z) = y \rightarrow (x \rightarrow z)$;

(5) $x \rightarrow (y \vee z) = (x \rightarrow y) \vee (x \rightarrow z)$;

(6) $x \rightarrow (y \wedge z) = (x \rightarrow y) \wedge (x \rightarrow z)$;

(7) $(x \rightarrow y) \vee ((x \rightarrow y) \rightarrow \neg x \vee y) = 1$.

若满足条件 (1)—(6), 则称 L 为一个弱 R_0 代数. 又如果弱 R_0 代数 L, 对于任意的 $x, y \in L$ 还满足上述条件 (7), 则称 L 为一个 R_0 代数.

性质 2.2.2　设 L 是 R_0 代数, 对于任意的 $x, y, z \in L$, 令 $x' = x \rightarrow 0$, 则以下性质成立:

(1) $x \rightarrow y = 1$ 当且仅当 $x \leqslant y$;

(2) $x \leqslant y \rightarrow z$ 当且仅当 $y \leqslant x \rightarrow z$;

(3) $x \vee y \rightarrow z = (x \rightarrow z) \wedge (y \rightarrow z), x \wedge y \rightarrow z = (x \rightarrow z) \vee (y \rightarrow z)$;

(4) 若 $y \leqslant z$, 则 $x \rightarrow y \leqslant x \rightarrow z$, 若 $x \leqslant y$, 则 $y \rightarrow z \leqslant x \rightarrow z$;

(5) $x \rightarrow y \geqslant x' \vee y$;

(6) $(x \rightarrow y) \vee (y \rightarrow x) = 1$;

(7) $x \wedge x' \leqslant y \vee y'$;

(8) $x \rightarrow (y \rightarrow x) = 1$;

(9) $x \rightarrow (x' \rightarrow y) = 1$;

(10) $x \vee y \leqslant ((x \rightarrow y) \rightarrow y) \wedge ((y \rightarrow x) \rightarrow x)$;

(11) $x \rightarrow y \leqslant x \vee z \rightarrow y \vee z, x \rightarrow y \leqslant x \wedge z \rightarrow y \wedge z$;

(12) $x \rightarrow y \leqslant (x \rightarrow z) \vee (z \rightarrow y)$.

例 2.2.1 在集合 $[0,1]$ 上规定

$$x' = 1 - x, \quad x \vee y = \max\{x, y\}, \quad x \to y = \begin{cases} 1, & x \leqslant y, \\ x' \vee y, & x > y, \end{cases}$$

则 $([0,1],',\vee,\to)$ 称为 R_0 代数. 容易验证:

$$x \otimes y = \begin{cases} x \wedge y, & x + y > 1, \\ 0, & x + y \leqslant 1, \end{cases} \quad x \wedge y = \min\{x, y\}.$$

引理 2.2.3 设 L 是弱 R_0 代数, 对于任意的 $x, y \in L$, 则 $x \leqslant y$ 当且仅当 $x \to y = 1$.

证明 必要性 设 $x \leqslant y$, 则 $x \vee y = y$. 由定义 2.2.4 中 (2) 式和 (5) 式可得

$$x \to y = x \to x \vee y = (x \to x) \vee (x \to y) = 1 \vee (x \to y) = 1.$$

充分性 对于任意的 $x, y \in L$, 设 $x \to y = 1$, 由定义 2.2.4 中 (1), (2) 和 (3) 式可得

$$\begin{aligned}
x &= 1 \to x = \neg x \to \neg 1 = \neg x \to 0 \\
&\leqslant (\neg y \to \neg x) \to (\neg y \to 0) \\
&= (x \to y) \to (\neg 0 \to y) = 1 \to (1 \to y) \\
&= 1 \to y = y.
\end{aligned}$$

证毕.

定理 2.2.4 弱 R_0 代数是分配格.

证明 设 L 是弱 R_0 代数, 为了证明弱 R_0 代数是分配格, 则需证对于任意的 $x, y \in L$, 有 $x \wedge (y \vee z) \leqslant (x \wedge y) \vee (x \wedge z)$. 因为在弱 R_0 代数满足

$$\begin{aligned}
x \wedge (y \vee z) \to [(x \wedge y) \vee (x \wedge z)] &= [x \wedge (y \vee z) \to x \wedge y] \vee [x \wedge (y \vee z) \to x \wedge z] \\
&= [(x \wedge (y \vee z) \to x) \wedge (x \wedge (y \vee z) \to y)] \\
&\quad \vee [((x \wedge (y \vee z) \to x) \to x) \wedge (x \wedge (y \vee z) \to z)] \\
&= [1 \wedge (x \wedge (y \vee z) \to y)] \vee [x \wedge (y \vee z) \to z] \\
&= [x \wedge (y \vee z) \to y] \vee [x \wedge (y \vee z) \to z] \\
&= x \wedge (y \vee z) \to y \vee z = 1.
\end{aligned}$$

综上由引理 2.2.3 可知: $x \wedge (y \vee z) \leqslant (x \wedge y) \vee (x \wedge z)$, 即弱 R_0 代数是分配格. 证毕.

引理 2.2.4 设 L 是正规剩余格, 对于任意的 $x, y \in L$, 则有

(1) $(x \to y) \to x' = x' \vee y'$;

(2) $x \to y \geqslant x' \vee y$.

证明 (1) 因为 L 是正规剩余格, 故由正规剩余格的定义及性质可得

$$(x \to y) \to x' = x \to (x \to y)' = (x \otimes (x \to y))'$$
$$= (x \wedge y)' = x' \vee y'.$$

(2) 又因为 $x \to y \geqslant x \to 0 = x'$, 而且 $x \to y \geqslant y$, 所以 $x \to y \geqslant x' \vee y$. 综上可知结论成立. 证毕.

定理 2.2.5 正规剩余格 $(L, \vee, \wedge, \to, \otimes, 0, 1)$ 是 R_0 代数的充分必要条件是对于任意的 $x, y \in L$, 满足 $(x \to y) \vee (x \vee y') = 1$.

证明 设 $(L, \vee, \wedge, \to, \otimes, 0, 1)$ 是正规剩余格, 对于任意的 $x, y \in L$, 由引理 2.2.4 可知

$$(x \to y) \vee ((x \to y) \to x' \vee y)$$
$$= (x \to y) \vee ((x \to y) \to x') \vee ((x \to y) \to y)$$
$$= (x \to y) \vee (x' \vee y') \vee (x \vee y)$$
$$= [(x \to y) \vee (x' \vee y)] \vee (x \vee y')$$
$$= (x \to y) \vee (x \vee y').$$

由此定义 2.2.4 中 (7) 式成立当且仅当 $(x \to y) \vee (x \vee y') = 1$. 综上可知结论成立. 证毕.

2.3 可交换剩余格上的导子及性质

代数系统上的导子是研究代数结构的有效工具, 特别地, 逻辑代数上的一些特殊导子具有闭包算子的很多性质, 目前逻辑代数上导子的研究多集中在对各种导子的形式进行推广, 见文献 [17]—[19]. 本节主要以可交换剩余格为研究对象, 研究剩余格上的导子的特征及性质.

定义 2.3.1[20] 设 $L = (L, \vee, \wedge, \to, \otimes, 0, 1)$ 是一个可交换剩余格, $f : L \to L$ 是一个自映射, 对于任意的 $x, y \in L$, 若映射 f 满足

$$f(x \otimes y) = (f(x) \otimes y) \vee (x \otimes f(y)),$$

则称 f 是 L 上的乘法导子, 简称为 L 上的导子.

例 2.3.1 设 $L = (L, \vee, \wedge, \rightarrow, \otimes, 0, 1)$ 是一个可交换剩余格, 在 L 上定义自映射 $f : L \rightarrow L$ 使得对于任意的 $x \in L$, 有 $f(x) = x$, 则称 f 是 L 上的导子, 并称其为 L 上的恒等导子.

例 2.3.2 设 $L = \{0, a, b, 1\}$, 其中 $0 < a < b < 1$, 令 $x \wedge y = \min\{x, y\}$, $x \vee y = \max\{x, y\}$, 且在 L 中定义二元运算 $\rightarrow$ 和 $\otimes$ 如下表所示.

$\rightarrow$	0	a	b	1
0	1	1	1	1
a	a	1	1	1
b	0	a	1	1
1	0	a	b	1

$\otimes$	0	a	b	1
0	0	0	0	0
a	0	0	a	a
b	0	a	b	b
1	0	a	b	1

则 $L = (L, \wedge, \vee, \otimes, \rightarrow, 0, 1)$ 构成一个可交换剩余格. 对于任意的 $x \in L$, 定义映射 $f : L \rightarrow L$ 如下:

$$f(x) = \begin{cases} 0, & x = 0, \\ a, & x = a, \\ b, & x = b, 1, \end{cases}$$

则可以验证 f 是 L 上的导子.

引理 2.3.1 设 $L = (L, \wedge, \vee, \otimes, \rightarrow, 0, 1)$ 是可交换剩余格, 映射 $f : L \rightarrow L$ 是 L 上的导子, 则对于任意的 $x, y \in L$, 下列结论成立:

(1) $f(0) = 0$;

(2) $f(x) \geqslant x \otimes f(1)$;

(3) $f(x^n) = x^{n-1} \otimes f(x), n \geqslant 1$;

(4) 若 $x \leqslant y^*$, 则 $f(y) \leqslant x^*$ 且 $f(x) \leqslant y^*$;

(5) $f(x^*) = f(x)^*$.

证明 (1) $f(0) = f(0 \otimes 0) = (f(0) \otimes 0) \vee (0 \otimes f(0)) = 0$.

(2) 对于任意的 $x \in L$, 则有

$$f(x) = f(x \otimes 1) = (f(x) \otimes 1) \vee (x \otimes f(1)) = f(x) \vee (x \otimes f(1)).$$

因此可得 $f(x) \geqslant x \otimes f(1)$.

(3) 对于任意的 $x \in L$, 因为

$$f(x^2) = f(x \otimes x) = (x \otimes f(x)) \vee (f(x) \otimes x) = x \otimes f(x),$$

故由归纳法可得 $f(x^n) = x^{n-1} \otimes f(x), n \geqslant 1$.

(4) 由条件可设 $x \leqslant y^*$, 故 $x \otimes y = 0$, 进而有

$$f(x \otimes y) = (f(x) \otimes y) \vee (x \otimes f(y)) = 0,$$

即可得 $f(x) \otimes y = 0$ 且 $x \otimes f(y) = 0$. 于是 $f(x) \leqslant y^*$ 且 $f(y) \leqslant x^*$.

(5) 对于任意的 $x \in L$, 在可交换剩余格上有 $x \leqslant x^*$, 故由 (4) 式可得 $f(x) \leqslant x^{**}$, 从而 $f(x) \leqslant x^{***}$, 又因为 $x^{***} \leqslant f(x)^*$, 因此 $f(x^*) = f(x)^*$. 证毕.

结合可交换剩余格上序的关系, 下面给出几类特殊导子的概念.

定义 2.3.2[21] 设 $L = (L, \wedge, \vee, \otimes, \rightarrow, 0, 1)$ 是可交换剩余格, 映射 f 是 L 上的导子, 则有

(1) 对于任意的 $x, y \in L$, 若 $x \leqslant y$, 有 $f(x) \leqslant f(y)$, 则称 f 是 L 上的保序导子.

(2) 对于任意的 $x \in L$, 若 $f(x) \leqslant x$, 则称 f 是 L 上的压缩导子.

(3) 若映射 f 是保序且压缩的, 则称 f 是 L 上的理想导子.

例 2.3.3 设 $L = \{0, a, b, c, 1\}$, 其中 $0 < a < b < c < 1$, 对于任意的 $x, y \in L$, 在 L 中定义二元运算 $\rightarrow$ 和 $\otimes$ 如下表所示, 其中 $x \wedge y = \min\{x, y\}, x \vee y = \max\{x, y\}$.

$\rightarrow$	0	a	b	c	1
0	1	1	1	1	1
a	b	1	1	1	1
b	a	a	1	1	1
c	0	a	b	1	1
1	0	a	b	c	1

$\otimes$	0	a	b	c	1
0	0	0	0	0	0
a	0	0	0	a	a
b	0	0	b	b	b
c	0	a	b	c	c
1	0	a	b	c	1

则 $L = (L, \wedge, \vee, \otimes, \rightarrow, 0, 1)$ 构成一个非交换剩余格. 对于任意的 $x \in L$, 定义映射 $f_1 : L \rightarrow L$ 和 $f_2 : L \rightarrow L$ 如下:

$$f_1(x) = \begin{cases} x, & x = 0, a, b, \\ c, & x = c, 1; \end{cases} \qquad f_2(x) = \begin{cases} 0, & x = 0, a, \\ b, & x = b, c, 1, \end{cases}$$

则可以验证映射 f_1 和 f_2 都是 L 上的理想导子.

引理 2.3.2 设 L 是可交换换剩余格, f 是 L 上的保序导子, 则对于任意的 $x, y, z \in L$ 有

(1) 若 $z \leqslant x \rightarrow y$, 则 $z \leqslant f(x) \rightarrow f(y), x \leqslant f(z) \rightarrow f(y)$;

(2) $x \rightarrow y \leqslant f(x) \rightarrow f(y), f(x \rightarrow y) \leqslant x \rightarrow f(y)$.

证明 (1) 对于任意的 $x, y, z \in L$, 若 $z \leqslant x \rightarrow y$, 则 $x \otimes z \leqslant y$. 因为 f 是 L 上的保序导子, 所以 $f(x \otimes z) \leqslant f(y)$. 又由 $f(x \otimes z) = (f(x) \otimes z) \vee (x \otimes f(z))$ 可得

$$(f(x) \otimes z) \vee (x \otimes f(z)) \leqslant f(y),$$

于是 $f(x) \otimes z \leqslant f(y)$ 且 $x \otimes f(z) \leqslant f(y)$, 因此 $z \leqslant f(x) \rightarrow f(y), x \leqslant f(z) \rightarrow f(y)$.

(2) 对于任意的 $x, y \in L$, 有 $x \otimes (x \rightarrow y) \leqslant y$. 因为 f 是 L 上的保序导子, 所以 $f(x \otimes (x \rightarrow y)) \leqslant f(y)$. 由定义 2.3.1 可得

$$f(x \otimes (x \rightarrow y)) = (f(x) \otimes (x \rightarrow y)) \vee (x \otimes f(x \rightarrow y)) \leqslant f(y).$$

进而 $f(x) \otimes (x \rightarrow y) \leqslant f(y)$ 且 $x \otimes f(x \rightarrow y) \leqslant f(y)$. 因此, $x \rightarrow y \leqslant f(x) \rightarrow f(y)$, $f(x \rightarrow y) \leqslant x \rightarrow f(y)$. 证毕.

引理 2.3.3 设 L 是可交换剩余格, 映射 f 是 L 上的压缩导子, 则对于任意的 $x, y \in L$, 有以下结论成立:

(1) $f(x) \otimes f(y) \leqslant f(x \otimes y) \leqslant f(x) \vee f(y)$;

(2) 若 f 是 L 上的压缩导子, 则 $f(x \rightarrow y) \leqslant f(x) \rightarrow f(y) \leqslant f(x) \rightarrow y$;

(3) 若 $f(1) = 1$, 则 f 是 L 上的恒等导子.

证明 (1) 对于任意的 $x, y \in L$, 因为 f 是 L 上的压缩导子, 则 $f(x) \otimes f(y) \leqslant x \otimes f(y), f(x) \otimes f(y) \leqslant f(x) \otimes y$, 从而 $f(x) \otimes f(y) \leqslant (f(x) \otimes y) \vee (x \otimes f(y)) = f(x \otimes y)$.

另一方面, 由 $f(x) \otimes y \leqslant f(x)$ 和 $x \otimes f(y) \leqslant f(y)$, 可得

$$f(x \otimes y) = (f(x) \otimes y) \vee (x \otimes f(y)) \leqslant f(x) \vee f(y),$$

因此 $f(x) \otimes f(y) \leqslant f(x \otimes y) \leqslant f(x) \vee f(y)$.

(2) 对于任意的 $x, y \in L$, 由 $x \otimes (x \rightarrow y) \leqslant y$, 可得 $f(x \otimes (x \rightarrow y)) \leqslant f(y)$. 利用 (1) 式可有: $f(x \rightarrow y) \otimes f(x) \leqslant f(x \otimes (x \rightarrow y))$, 于是 $f(x \rightarrow y) \otimes f(x) \leqslant f(y)$, 即 $f(x \rightarrow y) \leqslant f(x) \rightarrow f(y)$. 而另一方面, 由 $f(y) \leqslant y$ 可得 $f(x) \rightarrow f(y) \leqslant f(x) \rightarrow y$. 因此, $f(x \rightarrow y) \leqslant f(x) \rightarrow f(y) \leqslant f(x) \rightarrow y$.

(3) 由引理 2.3.1(2) 式可得: 对于任意的 $x \in L$, 有 $x \otimes f(1) \leqslant f(x)$. 如果 $f(1) = 1$, 则有 $x = x \otimes f(1) \leqslant f(x) \leqslant x$, 于是 $f(x) = x$. 因此 f 是可交换剩余格 L 上的恒等导子. 证毕.

引理 2.3.4　设 $L = (L, \wedge, \vee, \otimes, \rightarrow, 0, 1)$ 是可交换剩余格, f 是 L 上的导子, 对于任意的 $x, y \in L$, 若 $f(x) \rightarrow f(y) = f(x) \rightarrow y$, 则 f 是 L 上的理想导子且满足 $f^2 = f$.

证明　设对于任意的 $x, y \in L$, 导子 f 满足: $f(x) \rightarrow f(y) = f(x) \rightarrow y$.

(1) 因为 $f(x) \otimes 1 \leqslant f(x)$, 故可得 $1 \leqslant f(x) \rightarrow f(x) = f(x) \rightarrow x$, 从而 $f(x) \otimes 1 \leqslant x$, 即 $f(x) \leqslant x$, 因此可知 f 是压缩的.

(2) 对于任意的 $x, y \in L$, 若 $x \leqslant y$, 则可得 $f(x) \otimes 1 = f(x) \leqslant x \leqslant y$, 于是 $1 \leqslant f(x) \rightarrow y = f(x) \rightarrow f(y)$, 即 $f(x) \otimes 1 \leqslant f(y)$, 从而 $f(x) \leqslant f(y)$, 即 f 是保序的.

(3) 对于任意的 $x \in L$, 由 $f(x) \otimes 1 = f(x)$ 可得 $1 \leqslant f(x) \rightarrow f(x) = f(x) \rightarrow f(f(x))$, 于是 $f(x) \otimes 1 \leqslant f(f(x))$, 即 $f(x) \leqslant f(f(1))$. 由 (1) 式可得 $f(f(x)) \leqslant f(x)$. 因此对于任意的 $x \in L$, 有 $f(f(x)) = f(x)$, 即 $f^2 = f$. 证毕.

例 2.3.4　设 $L = \{0, a, b, c, 1\}$, 其中 $0 < a < b < c < 1$, 对于任意的 $x, y \in L$, 在 L 中定义二元运算 $\rightarrow$ 和 $\otimes$ 如下表所示, 其中 $x \wedge y = \min\{x, y\}$, $x \vee y = \max\{x, y\}$.

$\rightarrow$	0	a	b	c	1
0	1	1	1	1	1
a	b	1	b	c	1
b	a	a	1	c	1
c	b	1	b	1	1
1	0	a	b	c	1

$\otimes$	0	a	b	c	1
0	0	0	0	0	0
a	0	a	0	c	a
b	0	0	b	0	b
c	0	c	0	c	c
1	0	a	b	c	1

则 $L = (L, \wedge, \vee, \otimes, \rightarrow, 0, 1)$ 构成一个可交换剩余格. 并在其上定义映射 $f: L \rightarrow L$ 如下:

$$f(x) = \begin{cases} 0, & x = 0, a, c, \\ b, & x = b, 1, \end{cases}$$

可以验证 f 是 L 上的理想导子且满足 $f^2 = f$.

定义 2.3.3　设 $L = (L, \wedge, \vee, \otimes, \rightarrow, 0, 1)$ 是一个可交换剩余格, 将格 $(L, \wedge, \vee, 0, 1)$ 中所有的可补元构成的集合记为 $B(L)$, 则 $B(L)$ 是 L 的布尔子代数, 并称其为 L 的布尔中心.

容易验证, 对于任意的 $x \in L, e \in B(L)$, 有 $e \otimes e = e, e \otimes x = e \wedge x$.

定理 2.3.1 设 $L = (L, \wedge, \vee, \otimes, \rightarrow, 0, 1)$ 是一个可交换剩余格, f 是 L 上的压缩导子且满足 $f(1) \in B(L)$, 则对于任意的 $x, y \in L$, 以下条件等价:

(1) f 是 L 上的理想导子;

(2) $f(x) \leqslant f(1)$;

(3) $f(x) = f(1) \otimes x$;

(4) $f(x \wedge y) = f(x) \wedge f(y)$;

(5) $f(x \vee y) = f(x) \vee f(y)$;

(6) $f(x \otimes y) = f(x) \otimes f(y)$.

证明 (1)$\Rightarrow$(2) 显然成立.

(2)$\Rightarrow$(3) 设对于任意的 $x \in L$, 有 $f(x) \leqslant f(1)$, 又因为 $f(1) \in B(L)$, 故可得

$$f(x) = f(1) \wedge f(x) = f(1) \otimes f(x) \leqslant f(1) \otimes x.$$

另一方面, 利用引理 2.3.1 中 (2) 式可得 $f(x) \geqslant x \otimes f(1)$. 故 $f(x) = f(1) \otimes x$.

(3)$\Rightarrow$(4) 设对于任意的 $x \in L$, 有 $f(x) = f(1) \otimes x$, 则可得

$$f(x \wedge y) = f(1) \otimes (x \wedge y) = (f(1) \wedge x) \wedge (f(1) \wedge y)$$
$$= (f(1) \otimes x) \wedge (f(1) \otimes y) = f(x) \wedge f(y).$$

(4)$\Rightarrow$(1) 设 $x \leqslant y$, 则 $x \wedge y = x$, 由 (4) 式可知 $f(x) = f(x \wedge y) = f(x) \wedge f(y)$, 因此, $f(x) \leqslant f(y)$.

(3)$\Rightarrow$(5) 利用 (3) 式可知

$$f(x \vee y) = f(1) \otimes (x \vee y) = (f(1) \otimes x) \vee (f(1) \otimes y) = f(x) \vee f(y).$$

(5)$\Rightarrow$(1) 设 $x \leqslant y$, 则 $x \vee y = y$, 由 (5) 式可知 $f(x) = f(x \vee y) = f(x) \vee f(y)$, 因此 $f(x) \leqslant f(y)$.

(3)$\Rightarrow$(6) 利用 (3) 式可知

$$f(x \otimes y) = f(1) \otimes (x \otimes y) = (f(1) \otimes x) \otimes (f(1) \otimes y) = f(x) \otimes f(y).$$

(6)$\Rightarrow$(2) 利用 (6) 式可知 $f(x) = f(x \otimes 1) = f(x) \otimes f(1) = f(x) \wedge f(1)$. 所以 $f(x) \leqslant f(1)$. 证毕.

第3章 可交换剩余格上的滤子与 n-重滤子

在信息科学、计算机科学、控制理论、人工智能等很多重要领域中, 逻辑代数是其推理机制的代数基础. 为给不确定信息处理理论提供可靠且合理的逻辑基础, 许多学者提出并研究了非经典逻辑系统. 滤子是非经典逻辑代数研究领域的一个重要概念, 它们对各种逻辑系统及与之匹配的逻辑代数的完备性问题的研究发挥着极其重要的作用. 近几年的许多研究已经在各种逻辑代数框架下提出了多种滤子概念, 并获得了许多有价值的研究结果. 本章主要讨论可交换剩余格上的滤子、n-重滤子、模糊滤子以及 n-重模糊滤子等相关问题.

3.1 可交换剩余格上几类滤子间的关系

首先给出本节中将要用到的概念.

3.1.1 可交换剩余格上滤子的概念及性质

定义 3.1.1[22,23] 设 $L = (M, \wedge, \vee, \otimes, \rightarrow, 0, 1)$ 为可交换剩余格, F 为 L 上的非空子集, 如果对于任意的 $x, y \in L$, 满足下列条件:

(1) $x \in F, x \leqslant y$ 时 $y \in F$;

(2) $x, y \in F, x \otimes y \in F$,

则称非空子集 F 为可交换剩余格 $L = (M, \wedge, \vee, \otimes, \rightarrow, 0, 1)$ 上的滤子 (filter).

定义 3.1.2[22,23] 设非空子集 F 为可交换剩余格 L 上的滤子当且仅当

(1) $1 \in F$;

(2) 当 $x, x \rightarrow y \in F$ 时, $y \in F$.

可以验证定义 3.1.1 与定义 3.1.2 是相互等价的, 感兴趣的读者可自行证明. 下面举例说明可交换剩余格上的滤子.

例 3.1.1 设 $L = \{0, a, b, 1\}$, 其中 $0 < a < b < 1$, 对于任意的 $x, y \in L$, 在 L 中定义二元运算 $\rightarrow$ 和 $\otimes$ 如下表所示, 其中 $x \wedge y = \min\{x, y\}$, $x \vee y = \max\{x, y\}$.

$\rightarrow$	0	a	b	1
0	1	1	1	1
a	a	1	1	1
b	0	a	1	1
1	0	a	b	1

$\otimes$	0	a	b	1
0	0	0	0	0
a	0	0	a	a
b	0	a	b	b
1	0	a	b	1

则 $L = (L, \wedge, \vee, \otimes, \rightarrow, 0, 1)$ 构成一个可交换剩余格, 且可以验证集合 $F = \{b, 1\}$ 是可交换剩余格 L 上的一个滤子.

3.1.2 可交换剩余格上的蕴涵滤子

定义 3.1.3[24]   设 $L = (L, \wedge, \vee, \otimes, \rightarrow, 0, 1)$ 是可交换剩余格, F 是 L 上的非空子集, 称集合 F 为 L 上的蕴涵滤子 (implicative filter), 如果对于任意的 $x, y, z \in L$, 满足

(1) $1 \in F$;

(2) 当 $x \rightarrow (y \rightarrow z) \in F$ 且 $x \rightarrow y \in F$ 时, 蕴涵着 $x \rightarrow z \in F$.

定理 3.1.1   设 $L = (L, \wedge, \vee, \otimes, \rightarrow, 0, 1)$ 是可交换剩余格, 非空子集 F 是 L 上蕴涵滤子, 则 F 也是 L 上的滤子.

证明   设 $L = (L, \wedge, \vee, \otimes, \rightarrow, 0, 1)$ 是可交换剩余格, 对于任意的 $x, y \in L$, 设 $x \in F$ 且 $x \rightarrow y \in F$. 因为 $1 \rightarrow z = z$, 故可得 $1 \rightarrow (x \rightarrow y) \in F$ 而且 $1 \rightarrow x \in F$. 由定义 3.1.3 可知: $y = 1 \rightarrow y \in F$ 且 $1 \in F$. 综上可知: 非空子集 F 是 L 上滤子. 证毕.

注   由定理 3.1.1 可知, 当非空子集 F 是可交换剩余格 L 上的蕴涵滤子时, F 是 L 上的滤子, 反之, 则不成立. 在例 3.1.1 中, 集合 $F = \{b, 1\}$ 是可交换剩余格 $L = (L, \wedge, \vee, \otimes, \rightarrow, 0, 1)$ 上的滤子, 但并非是 L 上的蕴涵滤子. 这是因为 $a \rightarrow (a \rightarrow 0) \in F$ 而且 $a \rightarrow a \in F$, 但是 $a \rightarrow 0 \notin F$.

定理 3.1.2   设 $L = (L, \wedge, \vee, \otimes, \rightarrow, 0, 1)$ 是可交换剩余格, F 是 L 上的非空子集, 对于任意的 $x, y, z \in L$, 则下列条件等价:

(1) F 是 L 上的蕴涵滤子;

(2) F 是 L 上的滤子, 而且当 $y \rightarrow (y \rightarrow x) \in F$ 时, 蕴涵着 $y \rightarrow x \in F$;

(3) F 是 L 上的滤子, 而且当 $z \rightarrow (y \rightarrow x) \in F$ 时, 蕴涵着 $(z \rightarrow y) \rightarrow (z \rightarrow x) \in F$;

(4) $1 \in F$, 当 $z \rightarrow (y \rightarrow (y \rightarrow x)) \in F$ 且 $z \in F$ 时, 蕴涵着 $y \rightarrow x \in F$.

证明   (1)$\Rightarrow$(2)   设 $L = (L, \wedge, \vee, \otimes, \rightarrow, 0, 1)$ 是可交换剩余格, 非空子集 F 是 L 上的蕴涵滤子, 由定理 3.1.1 可知: F 是 L 上的滤子. 另一方面, 当 $y \rightarrow (y \rightarrow x) \in F$ 时, 因为 $y \rightarrow y = 1 \in F$, 则由性质 3.1.1 可得 $y \rightarrow x \in F$.

(2)$\Rightarrow$(3)   设 $z \rightarrow (y \rightarrow x) \in F$, 由性质 2.1.1 可得

$$z \rightarrow (z \rightarrow ((z \rightarrow y) \rightarrow x)) = z \rightarrow ((z \rightarrow y) \rightarrow (z \rightarrow x)) \geqslant z \rightarrow (y \rightarrow x).$$

因为 F 是 L 上的滤子, 而且 $z \to (y \to x) \in F$, 则 $z \to (z \to ((z \to y) \to x)) \in F$. 由假设可得 $z \to ((z \to y) \to x) \in F$, 即 $(z \to y) \to (z \to x) \in F$.

(3)⇒(4)　因为 F 是 L 上的滤子, 故 $1 \in F$. 令 $z \to (y \to (y \to x)) \in F$ 且 $z \in F$, 则 $y \to (y \to x) \in F$. 另一方面, 因为 $y \to x = 1 \to (y \to x) = (y \to y) \to (y \to x)$, 由假设可得 $(y \to y) \to (y \to x) \in F$, 即 $y \to x \in F$.

(4)⇒(1)　设 $z \to (y \to x) \in F$ 且 $z \to y \in F$, 故 $z \to x \in F$, 由性质 2.1.1 可得

$$z \to (y \to x) = y \to (z \to x) \leqslant (z \to y) \to (z \to (z \to x)).$$

因为 F 是 L 上的滤子, 且 $z \to (y \to x) \in F$, 因此 $(z \to y) \to (z \to (z \to x)) \in F$ 且 $z \to y \in F$, 由 (4) 式可得 $z \to x \in F$. 综上可知: 当 $z \to (y \to x) \in F$ 且 $z \to y \in F$ 时, 蕴涵着 $z \to x \in F$, 即 F 是 L 上的蕴涵滤子. 证毕.

定理 3.1.3　设 $L = (M, \wedge, \vee, \otimes, \to, 0, 1)$ 为可交换剩余格, 非空子集 F, G 是可交换剩余格 L 上的滤子, 且满足 $F \subseteq G$. 如果 F 是可交换剩余格 L 上的蕴涵滤子, 则 G 也是可交换剩余格 L 上的蕴涵滤子.

证明　设 $u = z \to (y \to x) \in G$. 由性质 2.1.1 可得

$$\begin{aligned} z \to (y \to (u \to x)) &= z \to (u \to (y \to x)) \\ &= u \to (z \to (y \to x)) = 1. \end{aligned}$$

因此 $z \to (y \to (u \to x)) \in F$. 由定理 3.1.2 可得 $(z \to y) \to (z \to (u \to x)) \in F \subseteq G$, 进而再由性质 2.1.1 有

$$\begin{aligned} u \to ((z \to y) \to (z \to x)) &= (z \to y) \to (u \to (z \to x)) \\ &= (z \to y) \to (z \to (u \to x)). \end{aligned}$$

综上可知: $u \to ((z \to y) \to (z \to x)) \in G$. 又因为 $u \in G$ 而且非空子集 G 是可交换剩余格 L 上的滤子, 因此可得 $(z \to y) \to (z \to x) \in G$, 故由定理 3.1.2 可知 G 是可交换剩余格 L 上的蕴涵滤子. 证毕.

3.1.3　可交换剩余格上的正蕴涵滤子

定义 3.1.4[25]　设 $L = (L, \wedge, \vee, \otimes, \to, 0, 1)$ 是可交换剩余格, F 是 L 上的非空子集, 称集合 F 为 L 上的正蕴涵滤子 (positive implicative filter), 如果对于任意的 $x, y, z \in L$, 满足

(1) $1 \in F$;

(2) 当 $x \to ((y \to z) \to y) \in F$ 且 $x \in F$ 时, 蕴涵着 $y \in F$.

定理 3.1.4　可交换剩余格 L 上的正蕴涵滤子是 L 上的滤子.

证明 设 $L = (L, \wedge, \vee, \otimes, \rightarrow, 0, 1)$ 是可交换剩余格, F 是 L 上的正蕴涵滤子, 对于任意的 $x, y \in L$, 有 $x, x \rightarrow y \in F$, 则可得

$$x \rightarrow ((y \rightarrow 1) \rightarrow y) = x \rightarrow (1 \rightarrow y) = x \rightarrow y \in F.$$

又因为 F 是 L 上的正蕴涵滤子, 而且 $x \in F$, 故 $y \in F$. 即 F 是 L 上的滤子. 证毕.

定理 3.1.5 设 $L = (L, \wedge, \vee, \otimes, \rightarrow, 0, 1)$ 是可交换剩余格, F 是 L 上的滤子, 对于任意的 $x, y \in L$, 若 F 是 L 上的正蕴涵滤子当且仅当 $(x \rightarrow y) \rightarrow x \in F$ 时, 蕴涵着 $x \in F$.

证明 必要性 设 F 是 L 上的正蕴涵滤子, 且 $(x \rightarrow y) \rightarrow x \in F$. 由于

$$1 \rightarrow ((x \rightarrow y) \rightarrow x) = ((x \rightarrow y) \rightarrow x) \in F,$$

故 $1 \rightarrow ((x \rightarrow y) \rightarrow x) \in F$, 又因为 $1 \in F$, 则由定义 3.1.4 可知 $x \in F$. 即当 F 是 L 上的正蕴涵滤子, 且 $(x \rightarrow y) \rightarrow x \in F$ 时, 有 $x \in F$.

充分性 对于任意的 $x, y, z \in L$, 设 $x \in F$ 且 $x \rightarrow ((y \rightarrow z) \rightarrow y) \in F$. 由于非空子集 F 是可交换剩余格 L 上的滤子, 则 $(y \rightarrow z) \rightarrow x \in F$, 故由条件可得 $y \in F$. 即当 $x \in F$ 且 $x \rightarrow ((y \rightarrow z) \rightarrow y) \in F$ 时, 有 $y \in F$, 因此 F 是 L 上的正蕴涵滤子. 证毕.

定理 3.1.6 可交换剩余格 L 上的正蕴涵滤子是 L 上的蕴涵滤子.

证明 设 $L = (L, \wedge, \vee, \otimes, \rightarrow, 0, 1)$ 是可交换剩余格, 非空子集 F 是 L 上的正蕴涵滤子, 对于任意的 $x, y \in L$, 有 $x \rightarrow (y \rightarrow z) \in F$ 而且 $x \rightarrow y \in F$. 由性质 2.1.1 可得

$$(x \rightarrow y) \rightarrow (x \rightarrow (x \rightarrow z)) \geqslant y \rightarrow (x \rightarrow z) = x \rightarrow (y \rightarrow z).$$

因此 $(x \rightarrow y) \rightarrow (x \rightarrow (x \rightarrow z)) \in F$. 又由定理 3.1.3 可知非空子集 F 也是可交换剩余格 L 上的滤子, 故当 $x \rightarrow y \in F$ 时, 有 $(x \rightarrow (x \rightarrow z)) \in F$. 再由性质 2.1.1 可得

$$((x \rightarrow z) \rightarrow z) \rightarrow (x \rightarrow z) \geqslant x \rightarrow (x \rightarrow z) \in F,$$

故可得 $1 \rightarrow (((x \rightarrow z) \rightarrow z) \rightarrow (x \rightarrow z)) = ((x \rightarrow z) \rightarrow z) \rightarrow (x \rightarrow z) \in F$. 因为 F 是 L 上的正蕴涵滤子, 且 $1 \in F$, 由定义 3.1.4 可知 $x \rightarrow z \in F$. 综上可知: 对于任意的 $x, y \in L$, 当 $x \rightarrow (y \rightarrow z) \in F$ 而且 $x \rightarrow y \in F$ 时, 有 $x \rightarrow z \in F$, 即 F 是 L 上的蕴涵滤子. 证毕.

注 由定理 3.1.6 知可交换剩余格 L 上的正蕴涵滤子是 L 上的蕴涵滤子, 但反之不成立.

例 3.1.2　定义二元运算 $x \otimes y = \min\{x, y\}$, 而且 $x \to y = \begin{cases} 1, & x \leqslant y, \\ y, & x > y. \end{cases}$ 则

$L = ([0,1], \wedge, \vee, \otimes, \to, 0, 1)$ 构成一个可交换剩余格. 非空子集 $F = \left[\dfrac{1}{2}, 1\right]$ 是可交换

剩余格上的蕴涵滤子, 但不是可交换剩余格上的正蕴涵滤子. 这时因为

$$\frac{2}{3} \to \left(\left(\frac{1}{3} \to \frac{1}{4}\right) \to \frac{1}{3}\right) = 1 \in F \text{ 且} \frac{2}{3} \in F, \quad \text{但是} \frac{1}{3} \notin F.$$

问题　由定理 3.1.6 可知可交换剩余格 L 上的正蕴涵滤子是可交换剩余格 L 上的蕴涵滤子, 那么可交换剩余格 L 上的蕴涵滤子在什么情况下才是 L 上的正蕴涵滤子呢?

定理 3.1.7　设 $L = (L, \wedge, \vee, \otimes, \to, 0, 1)$ 是可交换剩余格, 非空子集 F 是 L 上的蕴涵滤子, 对于任意的 $x, y \in L$, 则 F 是 L 上的正蕴涵滤子当且仅当 $(x \to y) \to y \in F$ 时, 蕴涵着 $(y \to x) \to x \in F$.

证明　**必要性**　设非空子集 F 是可交换剩余格 L 上的正蕴涵滤子, 且对于任意的 $x, y \in L$, 满足 $(x \to y) \to y \in F$. 因为在可交换剩余格 L 上恒有 $x \leqslant (y \to x) \to x$, 故由性质 2.1.1 可得 $((y \to x) \to x) \to y \leqslant x \to y$, 进而有

$$(x \to y) \to y \leqslant (y \to x) \to ((x \to y) \to x)$$
$$= (x \to y) \to ((y \to x) \to x)$$
$$\leqslant (((y \to x) \to x) \to y) \to ((y \to x) \to x).$$

因为 $(x \to y) \to y \in F$, 故可得 $(((y \to x) \to x) \to y) \to ((y \to x) \to x) \in F$, 即有 $1 \to ((((y \to x) \to x) \to y) \to ((y \to x) \to x)) \in F$, 又因为 F 是可交换剩余格 L 上的正蕴涵滤子, 且 $1 \in F$, 故由定义 3.1.4 可知 $(y \to x) \to x \in F$.

充分性　设非空子集 F 是可交换剩余格 L 上的蕴涵滤子, 且对于任意的 $x, y,$ $z \in L$, 有 $z \to ((x \to y) \to x) \in F$ 且 $z \in F$. 由定理 3.1.1 可知非空子集 F 是 L 上的滤子, 因此可得 $(x \to y) \to x \in F$. 又由性质 2.1.1 可得

$$(x \to y) \to x \leqslant (x \to y) \to ((x \to y) \to y),$$

故 $(x \to y) \to ((x \to y) \to y) \in F$. 因为 F 是可交换剩余格 L 上的蕴涵滤子, 则 $(x \to y) \to y \in F$, 即有 $(y \to x) \to x \in F$. 又由 $y \leqslant x \to y$, 故由性质 2.1.1 可得 $(x \to y) \to x \leqslant y \to x$. 又因为 $y \to x \leqslant z \to (y \to x)$, 从而

$$(x \to y) \to x \leqslant y \to x \leqslant z \to (y \to x).$$

综上可知: $z \to (y \to x) \in F$, 又因为 $z \in F$, 且 F 是可交换剩余格 L 上的滤子, 则可得 $y \to x \in F$, 又因为 $(y \to x) \to x \in F$, 从而 $x \in F$. 即当 $z \to ((x \to y) \to x) \in F$ 且 $z \in F$ 时, 有 $x \in F$, 故 F 是可交换剩余格 L 上的正蕴涵滤子. 证毕.

定理 3.1.8 设 $L = (M, \wedge, \vee, \otimes, \to, 0, 1)$ 为可交换剩余格, 非空子集 F, G 是可交换剩余格 L 上的滤子, 且满足 $F \subseteq G$. 如果 F 是可交换剩余格 L 上的正蕴涵滤子, 则 G 也是可交换剩余格 L 上的正蕴涵滤子.

证明 设 $L = (M, \wedge, \vee, \otimes, \to, 0, 1)$ 为可交换剩余格, F 是可交换剩余格 L 上的正蕴涵滤子, 由定理 3.1.6 可知: F 是可交换剩余格 L 上的蕴涵滤子, 再由定理 3.1.3 知: G 也是可交换剩余格 L 上的蕴涵滤子, 因此对于任意的 $x, y \in L$, 可设 $u = (y \to x) \to x \in G$.

因为 $u \to ((y \to x) \to x) = 1 \in F$, 且 F 是可交换剩余格 L 上的蕴涵滤子, 故可得

$$(u \to (y \to x)) \to (u \to x) = (y \to (u \to x)) \to (u \to x) \in F.$$

由定理 3.1.5 可知: $((u \to x) \to y) \to y \in F$, 即 $((u \to x) \to y) \to y \in G$. 进而

$$\begin{aligned}
(y \to x) \to x &\leqslant (((y \to x) \to x) \to x) \to x = (u \to x) \to x \\
&\leqslant (x \to y) \to ((u \to x) \to y) \\
&\leqslant ((u \to x) \to y) \to ((x \to y) \to y).
\end{aligned}$$

由于 G 也是可交换剩余格 L 上的滤子, 因此 $((u \to x) \to y) \to ((x \to y) \to y) \in G$, 从而 $(x \to y) \to y \in G$. 综上由定理 3.1.7 可得 G 是可交换剩余格 L 上的正蕴涵滤子. 证毕.

3.1.4 可交换剩余格上的极滤子

定义 3.1.5 设 $L = (L, \wedge, \vee, \otimes, \to, 0, 1)$ 是可交换剩余格, F 是 L 上的非空子集, 称集合 F 为 L 上的极滤子 (fantastic filter), 如果对于任意的 $x, y, z \in L$, 满足

(1) $1 \in F$;

(2) 当 $z \to (y \to x) \in F$ 且 $z \in F$ 时, 蕴涵着 $((x \to y) \to y) \to x \in F$.

定理 3.1.9 可交换剩余格 L 上的极滤子是滤子.

证明 设 $L = (M, \wedge, \vee, \otimes, \to, 0, 1)$ 为可交换剩余格, 非空子集 F 是可交换剩余格 L 上的极滤子, 对于任意的 $x, y, z \in L$, 设 $z, z \to x \in F$. 因为 $z \to (1 \to x) = z \to x \in F$, 且非空子集 F 是可交换剩余格 L 上的极滤子, 故 $((x \to 1) \to 1) \to x \in F$, 即 $x \in F$. 综上可知可交换剩余格上的极滤子 F 是 L 上的滤子. 证毕.

注 可交换剩余格 L 上的滤子并非都是极滤子. 如下面的例子所示.

例 3.1.3　设 $L = \{0, a, b, 1\}$，其中 $0 < a < b < 1$，对于任意的 $x, y \in L$，在 L 中定义二元运算 $\to$ 和 $\otimes$ 如下表所示，其中 $x \wedge y = \min\{x, y\}$，$x \vee y = \max\{x, y\}$.

$\to$	0	a	b	1
0	1	1	1	1
a	a	1	1	1
b	0	a	1	1
1	0	a	b	1

$\otimes$	0	a	b	1
0	0	0	0	0
a	0	0	a	a
b	0	a	b	b
1	0	a	b	1

则 $L = (L, \wedge, \vee, \otimes, \to, 0, 1)$ 构成一个可交换剩余格，且可以验证集合 $F = \{1\}$ 是可交换剩余格 L 上的一个滤子，但并非是极滤子. 这是因为 $1 \to (a \to b) = 1 \in F$，且 $1 \in F$，但是，$((b \to a) \to a) \to b = b \notin F$.

定理 3.1.10　设 $L = (M, \wedge, \vee, \otimes, \to, 0, 1)$ 为可交换剩余格，非空子集 F 是可交换剩余格 L 上的滤子，对于任意的 $x, y \in L$，滤子 F 是 L 上的极滤子当且仅当 $y \to x \in F$ 时，蕴涵着 $((x \to y) \to y) \to x \in F$.

证明　**必要性**　设 $L = (M, \wedge, \vee, \otimes, \to, 0, 1)$ 为可交换剩余格，非空子集 F 是 L 上的极滤子，对于任意的 $x, y \in L$，满足 $y \to x \in F$. 因为 $1 \to (y \to x) = y \to x \in F$，则 $1 \in F$ 蕴涵着 $((x \to y) \to y) \to x \in F$.

充分性　设非空子集 F 是可交换剩余格 L 上的滤子，对于任意的 $x, y, z \in L$，满足 $z \to (y \to x) \in F$ 且 $z \in F$，则 $y \to x \in F$，因此可得 $((x \to y) \to y) \to x \in F$，即非空子集 F 是可交换剩余格 L 上的极滤子. 证毕.

定理 3.1.11　设 $L = (M, \wedge, \vee, \otimes, \to, 0, 1)$ 为可交换剩余格，非空子集 F, G 是可交换剩余格 L 上的滤子，且满足 $F \subseteq G$. 如果 F 是可交换剩余格 L 上的极滤子，则 G 也是可交换剩余格 L 上的极滤子.

证明　设 $L = (L, \wedge, \vee, \otimes, \to, 0, 1)$ 是可交换剩余格，对于任意的 $x, y \in L$，有 $y \to x \in G$. 由于 $y \to ((y \to x) \to x) = (y \to x) \to (y \to x) = 1 \in F$，因此

$$(y \to x) \to (((((y \to x) \to x) \to y) \to y) \to x)$$
$$= ((((y \to x) \to x) \to y) \to y) \to ((y \to x) \to x) \in F \subseteq G.$$

由性质 2.1.1 及定理 3.1.10 可得 $(((((y \to x) \to x) \to y) \to y) \to x) \in G$，进而有

$$((((((y \to x) \to x) \to y) \to y) \to x) \to (((x \to y) \to y) \to x)$$

$$\geqslant ((x \to y) \to y) \to (((y \to x) \to y) \to y)$$

$$\geqslant (((y \to x) \to x) \to y) \to (x \to y)$$

$$\geqslant x \to ((y \to x) \to x)$$

$$= (y \to x) \to (x \to x)$$

$$= (y \to x) \to 1 = 1.$$

因为非空子集 G 是可交换剩余格 L 上的滤子, 且 $1 \in G$, 故可得

$$(((((y \to x) \to x) \to y) \to y) \to x) \to (((x \to y) \to y) \to x) \in G.$$

另一方面, $(((((y \to x) \to x) \to y) \to y) \to x) \in G$, 因此 $((x \to y) \to y) \to x \in G$. 由定理 3.1.10 可知非空子集 G 是可交换剩余格 L 上的极滤子. 证毕.

定理 3.1.12 设 $L = (M, \wedge, \vee, \otimes, \to, 0, 1)$ 为可交换剩余格, 则可交换剩余格 L 上的正蕴涵滤子是 L 上的极滤子.

证明 对于任意的 $x, y \in L$, 设 F 是可交换剩余格 L 上的正蕴涵滤子, 且 $y \to x \in F$. 因为 $x \otimes ((x \to y) \to y) \leqslant x$, 则有 $x \leqslant ((x \to y) \to y) \to x$, 由性质 2.1.1 可知: $(((x \to y) \to y) \to x) \to y \leqslant x \to y$, 进而可得

$$(((((x \to y) \to y) \to x) \to y) \to (((x \to y) \to y) \to x)$$

$$\geqslant (x \to y) \to (((x \to y) \to y) \to x)$$

$$\geqslant ((x \to y) \to y) \to ((x \to y) \to x)$$

$$\geqslant y \to x.$$

又因为对于任意的 $x, y \in L$, 有 $y \to x \in F$, 则

$$(((((x \to y) \to y) \to x) \to y) \to (((x \to y) \to y) \to x) \in F.$$

而且 F 是可交换剩余格 L 上的正蕴涵滤子, 故 $((x \to y) \to y) \to x \in F$. 综上可知: F 是可交换剩余格 L 上的极滤子. 证毕.

注 由定理 3.1.12 可知可交换剩余格 L 上的正蕴涵滤子是 L 上的极滤子. 但反之, 结论不成立.

例 3.1.4 设 $L = \{0, a, b, 1\}$, 其中 $0 < a < b < 1$, 对于任意的 $x, y \in L$, 在 L 中定义二元运算 $\to$ 和 $\otimes$ 如下表所示, 其中 $x \wedge y = \min\{x, y\}$, $x \vee y = \max\{x, y\}$.

$\to$	0	a	b	1
0	1	1	1	1
a	b	1	1	1
b	a	b	1	1
1	0	a	b	1

$\otimes$	0	a	b	1
0	0	0	0	0
a	0	0	0	a
b	0	0	a	b
1	0	a	b	1

则 $L = (L, \wedge, \vee, \otimes, \rightarrow, 0, 1)$ 构成一个可交换剩余格, 且可以验证集合 $F = \{1\}$ 是可交换剩余格 L 上的一个极滤子, 但它并非是 L 上的正蕴涵滤子. 这是因为

$$(b \rightarrow 0) \rightarrow b = a \rightarrow b = 1 \in F, \quad \text{但是} b \notin F.$$

3.1.5　可交换剩余格上的布尔滤子

定义 3.1.6[25]　设 $L = (L, \wedge, \vee, \otimes, \rightarrow, 0, 1)$ 是可交换剩余格, F 是 L 上的非空子集, 如果对于任意的 $x \in L$, 满足 $x \vee \neg x \in F$, 其中 $\neg x = x \rightarrow 0$, 则称集合 F 为 L 上的布尔滤子 (Boolean filter).

显然地, 如果 F_1 和 F_2 是可交换剩余格 L 上的滤子, 满足 $F_1 \subseteq F_2$ 且 F_1 是布尔滤子, 则 F_2 也是布尔滤子.

例 3.1.5　设 $L = \{0, a, b, c, d, 1\}$, 其中 $0 < a < b < c < d < 1$, 对于任意的 $x, y \in L$, 在 L 中定义二元运算 $\rightarrow$ 和 $\neg$ 如下表所示, 其中 $x \wedge y = \min\{x, y\}$, $x \vee y = \max\{x, y\}$.

$\rightarrow$	0	a	b	c	d	1
0	1	1	1	1	1	1
a	c	1	b	c	b	1
b	d	a	1	b	a	1
c	a	a	1	1	a	1
d	b	1	1	b	1	1
1	0	a	b	c	d	1

$\neg$	0	a	b	c	d	1
	1	c	d	a	b	0

其中令二元运算 $\rightarrow = \otimes$, 则 $L = (L, \wedge, \vee, \otimes, \rightarrow, 0, 1)$ 构成一个可交换剩余格, 且可以验证集合 $F = \{b, c, 1\}$ 是可交换剩余格 L 上的一个布尔滤子.

定理 3.1.13　设 $L = (M, \wedge, \vee, \otimes, \rightarrow, 0, 1)$ 为可交换剩余格, 非空子集 F 是 L 上的一个滤子, 对于任意的 $x, y, z \in L$, 则以下条件等价:

(1) 非空子集 F 是 L 上的布尔滤子;

(2) 当 $x \rightarrow (\neg z \rightarrow y) \in F$, $y \rightarrow z \in F$ 时, 有 $x \rightarrow \neg z \in F$;

(3) 当 $(x \rightarrow y) \rightarrow x \in F$ 时, 有 $x \in F$.

证明 (1)⇒(2) 设对于任意的 $x, y, z \in L$, 有 $x \to (\neg z \to y) \in F$, $y \to z \in F$. 由性质 2.1.1 可得: $y \to z \leqslant (\neg z \to y) \to (\neg z \to z) \leqslant (x \to (\neg z \to y)) \to (x \to (\neg z \to z))$. 再由定义 3.1.2 可得 $x \to (\neg z \to z) \in F$. 又因为 $\neg z \vee z = (\neg z \to z) \to z$, 故由定义 3.1.6 知 $(\neg z \to z) \to z \in F$. 另一方面, $x \to (\neg z \to z) \leqslant ((\neg z \to z) \to z) \to (x \to z)$, 从而 $x \to z \in F$. 因此综上可知, 当 $x \to (\neg z \to y) \in F$, $y \to z \in F$ 时, 有 $x \to \neg z \in F$.

(2)⇒(3) 设 $(x \to y) \to x \in F$. 因为 $1 = y \to (x \to y) \leqslant ((x \to y) \to x) \to (y \to x)$, 又由 $1 \in F$, 可得 $y \to x \in F$. 而另一方面,

$$
\begin{aligned}
1 = \neg y \to 1 &= \neg y \to (\neg y \to 1) = \neg y \to (\neg y \to (x \to x)) \\
&= x \to (\neg y \to (\neg y \to x)) = x \to (\neg(\neg y \to x) \to y) \\
&= \neg(\neg y \to x) \to (x \to y) \leqslant ((x \to y) \to x) \to (\neg(\neg y \to x) \to x) \\
&= ((x \to y) \to x) \to (\neg x \to (\neg y \to x)),
\end{aligned}
$$

即 $((x \to y) \to x) \to (\neg x \to (\neg y \to x)) \in F$, 又因为 $(x \to y) \to x \in F$, 所以

$$
(\neg x \to (\neg y \to x)) = \neg y \to (\neg x \to x) \in F.
$$

再由条件 (2) 可得 $\neg y \to x \in F$, 即 $\neg x \to y \in F$, 因此对于任意的 $x, y, z \in L$, 当 $1 \to (\neg x \to y) \in F$, $y \to z \in F$ 时, 由条件 (2) 可知 $1 \to x = x \in F$.

(3)⇒(1) 设对于任意的 $x \in L$, 由条件 (3) 可知: $(x \to y) \to x \in F$, 有 $x \in F$. 由于

$$
\begin{aligned}
&(((\neg x \to x) \to x) \to 0) \to ((\neg x \to x) \to x) \\
&= \neg((\neg x \to x) \to x) \to ((\neg x \to x) \to x),
\end{aligned}
$$

因为

$$
\begin{aligned}
&\neg((\neg x \to x) \to x) \to ((\neg x \to x) \to x) \\
&= (\neg x \to x) \to (\neg((\neg x \to x) \to x) \to x) \\
&= (\neg x \to x) \to (\neg x \to ((\neg x \to x) \to x)) \\
&\geqslant x \to ((\neg x \to x) \to x) = 1,
\end{aligned}
$$

所以 $\neg((\neg x \to x) \to x) \to ((\neg x \to x) \to x) \in F$, 即 $(((\neg x \to x) \to x) \to 0) \to ((\neg x \to x) \to x) \in F$. 因此 $x \vee \neg x = (\neg x \to x) \to x \in F$, 即非空子集 F 是 L 上的布尔滤子. 证毕.

综上可知, 我们在可交换剩余格上引入了几类不同滤子的概念, 并给出了这几类滤子的特征及相互之间的关系, 这些结果在一定程度上反映了可交换剩余格的内部结构的特征, 有益于进一步研究可交换剩余格上的其他特征.

3.2　可交换剩余格上 n-重正蕴涵滤子的特征及刻画

本节在可交换剩余格上引入了两类滤子——n-重蕴涵滤子和 n-重正蕴涵滤子, 主要研究了它们的一系列的特征及性质, 得到了可交换剩余格上的非空子集 F 称为 n-重正蕴涵滤子和 n-重蕴涵滤子的充要条件, 以及这两类滤子之间相互等价的充要条件. 研究结果进一步拓展了可交换剩余格上的滤子理论.

3.2.1　可交换剩余格上 n-重蕴涵滤子及其特征

定义 3.2.1[26]　设 $L = (M, \wedge, \vee, \otimes, \rightarrow, 0, 1)$ 为可交换剩余格, F 是 L 上的非空子集, 称非空子集 F 为 L 上的 n-重蕴涵滤子 $(n = 1, 2, \cdots)$, 如果满足

(1) $1 \in F$;

(2) 对于任意的 $x, y, z \in L$, 当 $x^n \rightarrow (y \rightarrow z), x^n \rightarrow y \in F$ 时, 有 $x^n \rightarrow z \in F$.

引理 3.2.1　设非空子集 F 为可交换剩余格 L 上的滤子, 则 F 为 L 上的 n-重蕴涵滤子当且仅当 $x^n \rightarrow x^{2n} \in F$.

引理 3.2.2　设非空子集 F 为可交换剩余格 L 上的滤子, 则 F 为 L 上的 n-重蕴涵滤子当且仅当 $x^n \rightarrow x^{n+1} \in F$.

证明　必要性　对于任意的 $x \in L$, 在可交换剩余格上由性质 2.1.1 可知 $x^{2n} \leqslant x^{n+1}$, 进而可得 $x^n \rightarrow x^{2n} \leqslant x^n \rightarrow x^{n+1}$, 则 $x^n \rightarrow x^{n+1} \in F$.

充分性　对于任意的 $x \in L$, 设 $x^n \rightarrow x^{n+1} \in F$. 在可交换剩余格上满足

$$x^n \rightarrow x^{n+1} \leqslant (x^n \otimes x) \rightarrow (x^{n+1} \otimes x) = x^{n+1} \rightarrow x^{n+2} \in F.$$

重复上述过程可得 $x^n \rightarrow x^{n+1} \leqslant x^n \rightarrow x^{2n}$, 即有 $x^n \rightarrow x^{2n} \in F$, 由引理 3.2.1 可得非空子集 F 为可交换剩余格 L 上的蕴涵滤子. 证毕.

定理 3.2.1　设 F 为可交换剩余格 L 上的非空子集, 则下列条件等价:

(1) F 为 L 上的 n-重蕴涵滤子;

(2) F 为 L 上的滤子, 且对于任意的 $x, y \in L$, 当 $y^n \rightarrow (y^n \rightarrow x) \in F$ 时, 有

$$y^n \rightarrow x \in F.$$

证明　$(1) \Rightarrow (2)$　因为 F 为可交换剩余格 L 上的 n-重蕴涵滤子, 故由定义 3.2.1 可知 $1 \in F$ 且当 $x^n \rightarrow (y \rightarrow z), x^n \rightarrow y \in F$ 时, 有 $x^n \rightarrow z \in F$, 因此令 $x = 1$, 就有当 $1 \rightarrow (y \rightarrow z) = y \rightarrow z \in F$, 且 $1 \rightarrow y = y \in F$ 时, $1 \rightarrow z = z \in F$, 即当 $y \rightarrow z \in F$, $y \in F$ 时, 有 $z \in F$, 故由定义 3.1.2 可知: 非空子集 F 为可交换剩余格 L 上的滤子.

另一方面, 对于任意 $x, y \in L$, 当 $y^n \to (y^n \to x) \in F$ 时, 由性质 2.1.1 中 (8) 可知

$$y^n \to (y^n \to x) = (y^n \otimes y^n) \to x = y^{2n} \to x \in F,$$

即 $y^{2n} \to x \in F$, 又由引理 3.2.1 知: 当 F 是可交换剩余格 L 上的 n-重蕴涵滤子时, 有 $y^n \to y^{2n} \in F$. 因此 $(y^n \to y^{2n}) \otimes (y^{2n} \to x) \leqslant y^n \to x$, 则有 $y^n \to x \in F$, 即当 $y^n \to (y^n \to x) \in F$ 时, 有 $y^n \to x \in F$. 综合这两方面可知结论成立.

(2)$\Rightarrow$(1)　欲证 F 是 L 上的 n-重蕴涵滤子, 需要设 $x^n \to (y \to z), x^n \to y \in F$. 因为 $x^n \to (y \to z) = y \to (x^n \to z) \leqslant (x^n \to y) \to (x^n \to (x^n \to z))$, 故当 $x^n \to (y \to z) \in F$ 时, $(x^n \to y) \to (x^n \to (x^n \to z)) \in F$. 又因为 $x^n \to y \in F$, 故 $x^n \to (x^n \to z) \in F$, 由 (2) 式可得 $x^n \to z \in F$. 综上可知, 当 $x^n \to (y \to z)$, $x^n \to y \in F$ 时, 有 $x^n \to z \in F$ 成立, 即 F 是可交换剩余格 L 上的 n-重蕴涵滤子. 证毕.

3.2.2　可交换剩余格上 n-重正蕴涵滤子及其特征

定义 3.2.2[26]　设 $L = (M, \wedge, \vee, \otimes, \to, 0, 1)$ 为可交换剩余格, F 是 L 上的非空子集, 称非空子集 F 是 L 上的 n-重正蕴涵滤子 $(n = 1, 2, \cdots)$, 如果满足

(1) $1 \in F$;

(2) 对于任意的 $x, y, z \in L$, 当 $x \to ((y^n \to z) \to y) \in F$ 且 $x \in F$ 时, 有 $y \in F$.

定理 3.2.2　设 F 是可交换剩余格 $L = (M, \wedge, \vee, \otimes, \to, 0, 1)$ 上的非空子集, 则下列条件等价:

(1) 非空子集 F 是 L 上的 n-重正蕴涵滤子;

(2) 对于任意的 $x, y \in L$, 非空子集 F 是 L 上的滤子, 而且当 $(x^n \to y) \to x \in F$ 时, 有 $x \in F$;

(3) 对于任意的 $x \in L$, 当非空子集 F 是 L 上的滤子时, 有 $(\neg x^n \to x) \to x \in F$.

证明　(1)$\Rightarrow$(2)　因为非空子集 F 是可交换剩余格 L 上的 n-重正蕴涵滤子, 根据定义 3.2.2 可得 $1 \in F$ 且当 $x \to ((y^n \to z) \to y) \in F$, $x \in F$ 时, 有 $y \in F$. 因此在该式中令 $z = 1$, 有 $x \to ((y^n \to z) \to y) = x \to ((y^n \to 1) \to y) = x \to (1 \to y) = x \to y \in F$. 即当 $x \to y \in F$, $x \in F$ 时, 有 $y \in F$. 因此由定义 3.1.2 可知: 非空子集 F 为可交换剩余格 L 上的滤子.

另一方面, 对于任意的 $x, y \in L$, 设 $(x^n \to y) \to x \in F$. 由于 $1 \in F$, 而且 $(x^n \to y) \to x = 1 \to ((x^n \to y) \to x) \in F$, 则由定义 3.2.2 可得 $x \in F$.

综上可知: 当 F 是可交换剩余格 L 上的 n-重正蕴涵滤子时, F 也是 L 上的滤子, 且对任意的 $x, y \in L$, 当 $(x^n \to y) \to x \in F$ 时, 有 $x \in F$ 成立.

(2)$\Rightarrow$(3)　对于任意的 $x \in L$, 令 $\alpha = (\neg x^n \to x) \to x$, 因为 $x \leqslant (\neg x^n \to x) \to x$,

则 $x^n \leqslant \alpha^n$, 即 $x^n \to \alpha^n = 1$.

$$
\begin{aligned}
(\alpha^n \to 0) \to \alpha &= (((\neg x^n \to x) \to x)^n \to 0) \to ((\neg x^n \to x) \to x) \\
&= (\neg x^n \to x) \to ((((\neg x^n \to x) \to x)^n \to 0) \to x) \\
&\geqslant (((\neg x^n \to x) \to x)^n \to 0) \to (x^n \to 0) \\
&\geqslant x^n \to ((\neg x^n \to x) \to x)^n \\
&= x^n \to \alpha^n = 1.
\end{aligned}
$$

而又因为 $1 \in F$, 故由定义 3.1.1 可知 $(\alpha^n \to 0) \to \alpha \in F$, 再由 (2) 式可得 $\alpha \in F$, 即有 $(\neg x^n \to x) \to x \in F$.

(3)⇒(1)　对于任意的 $x, y, z \in L$, 欲证非空子集 F 是可交换剩余格 L 上的 n-重正蕴涵滤子, 需设 $x \to ((y^n \to z) \to y) \in F$ 且 $x \in F$.

因为非空子集 F 是可交换剩余格 L 上的滤子, 故可得 $(y^n \to z) \to y \in F$. 再由剩余格的定义知 $z \geqslant 0$, 则 $y^n \to z \geqslant y^n \to 0$, 进而 $(y^n \to z) \to y \leqslant (y^n \to 0) \to y = \neg y^n \to y$, 因此可得 $\neg y^n \to y \in F$. 又由 (3) 式的条件知: $(\neg y^n \to y) \to y \in F$, 故 $y \in F$. 综上可知: 对于任意的 $x, y, z \in L$, 当 $x \to ((y^n \to z) \to y) \in F$ 且 $x \in F$, 即 F 是可交换剩余格 L 上的 n-重正蕴涵滤子. 证毕.

定理 3.2.3　对于任意的 $x, y \in L$, 设非空子集 F 是可交换剩余格 L 上的 n-重正蕴涵滤子, 则当 $y \to x \in F$ 时, 有 $((x^n \to y) \to y) \to x \in F$ 成立.

证明　对于任意的 $x, y \in L$, 在可交换剩余格 L 上有 $x \leqslant ((x^n \to y) \to y) \to x$, 因此有 $x^n \leqslant (((x^n \to y) \to y) \to x)^n$, 进而 $(((x^n \to y) \to y) \to x)^n \to y \leqslant x^n \to y$. 另外

$$
\begin{aligned}
y \to x &\leqslant ((x^n \to y) \to y) \to ((x^n \to y) \to y) \\
&= (x^n \to y) \to (((x^n \to y) \to y) \to x) \\
&\leqslant ((((x^n \to y) \to y) \to x)^n \to y) \to (((x^n \to y) \to y) \to x).
\end{aligned}
$$

因为非空子集 F 是可交换剩余格 L 上的 n-重正蕴涵滤子, 故当 $y \to x \in F$ 时, 就有

$$
(((((x^n \to y) \to y) \to x)^n \to y) \to (((x^n \to y) \to y) \to x) \in F.
$$

由定理 3.3.2 可知 $((x^n \to y) \to y) \to x \in F$. 故结论成立. 证毕.

3.2.3　可交换剩余格上 n-重蕴涵滤子与 n-重正蕴涵滤子的结构及刻画

定理 3.2.4　设 L 是可交换剩余格, 非空子集 F 和 G 都是 L 上的滤子, 且 $F \subseteq G$, 如果非空子集 F 是 L 上的 n-重 (正) 蕴涵滤子, 则非空子集 G 是 L 上的 n-重 (正) 蕴涵滤子.

证明 (1) 对于任意的 $x, y, \omega \in L$, 设非空子集 F 是可交换剩余格 L 上的 n-重蕴涵滤子, 且令 $\omega = y^n \to (y^n \to x) \in G$, 则

$$\omega \to \omega = \omega \to (y^n \to (y^n \to x)) = y^n \to (\omega \to (y^n \to x))$$
$$= y^n \to (y^n \to (\omega \to x)),$$

即 $y^n \to (y^n \to (\omega \to x)) = 1 \in F$, 故由定理 3.2.1 可知 $y^n \to (\omega \to x) \in F \subseteq G$, 进而 $y^n \to (\omega \to x) = \omega \to (y^n \to x) \in G$. 又因为非空子集 G 也是可交换剩余格 L 上的滤子, 且 $\omega \in G$, 故 $y^n \to x \in G$. 综上可知: 当 $y^n \to (y^n \to x) \in G$ 时, 有 $y^n \to x \in G$. 因此, 集合 G 是可交换剩余格 L 上的 n-重蕴涵滤子, 即当集合 F 是 L 上的 n-重蕴涵滤子且 $F \subseteq G$ 时, 集合 G 也是 L 上的 n-重蕴涵滤子.

(2) 同理可证: 如果非空子集 F 是可交换剩余格 L 上的 n-重正蕴涵滤子且 $F \subseteq G$ 时, 集合 G 也是 L 上的 n-重正蕴涵滤子. 证毕.

定理 3.2.5 设 L 是可交换剩余格, 非空子集 F 是 L 上的 n-重正蕴涵滤子, 则 F 也是 L 上的 n-重蕴涵滤子.

证明 设非空子集 F 是可交换剩余格 L 上的 n-重正蕴涵滤子, 且对于任意的 $x, y \in L$, 有 $y^n \to (y^n \to x) \in F$. 由性质 2.1.1 可知

$$y^n \to (y^n \to x) \leqslant ((y^n \to x) \to x) \to (y^n \to x) \leqslant ((y^n \to x)^n \to x) \to (y^n \to x),$$

即 $((y^n \to x)^n \to x) \to (y^n \to x) \in F$, 因此由定理 3.2.2 可知: $y^n \to x \in F$. 即对于任意的 $x, y \in L$, 当 $y^n \to (y^n \to x) \in F$ 时, 有 $y^n \to x \in F$ 成立, 故由定理 3.2.1 可知: 非空子集 F 是可交换剩余格 L 上的 n-重蕴涵滤子.

综上, 可交换剩余格 L 上的每一个 n-重正蕴涵滤子都是 L 上的 n-重蕴涵滤子.

问题 由定理 3.2.5 可知, 一般情况下可交换剩余格 L 上的 n-重正蕴涵滤子是 L 上的 n-重蕴涵滤子, 那么 L 上的 n-重蕴涵滤子在什么情况下才是 L 上的 n-重正蕴涵滤子呢?

定理 3.2.6 设非空子集 F 是可交换剩余格 L 上的 n-重蕴涵滤子, 若当 $x^n \to (x^n \to y) \in F$ 时, 则非空子集 F 是 L 上的 n-重正蕴涵滤子.

证明 欲证非空子集 F 是可交换剩余格 L 上的 n-重正蕴涵滤子, 对于任意的 $x, y \in L$, 需设 $(x^n \to y) \to x \in F$. 因为非空子集 F 是可交换剩余格 L 上的 n-重蕴涵滤子, 且 $x^n \to (x^n \to y) \in F$, 则由定理 3.2.1 知, $x^n \to y \in F$, 又因为 $(x^n \to y) \to x \in F$, 故有 $x \in F$. 综上根据定理 3.2.2 可知, 当 $x^n \to (x^n \to y) \in F$ 时, 可交换剩余格 L 上的 n-重蕴涵滤子是 L 上的 n-重正蕴涵滤子. 证毕.

最后, 为了直观起见, 将可交换剩余格上的滤子、n-重蕴涵滤子以及 n-重正蕴涵滤子概念间的关系如图 3.2.1 所示.

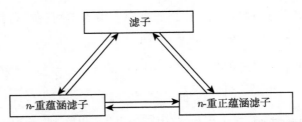

图 3.2.1　可交换剩余格上的滤子、n-重蕴涵滤子与 n-重正蕴涵滤子之间的关系

3.3　可交换剩余格上 n-重滤子的相互关系

本节主要在可交换剩余格中引入和讨论 n-重蕴涵滤子、n-重极滤子、n-重正蕴涵滤子和 n-重布尔滤子的概念及特征性质, 获得可交换剩余格上这几类 n-重滤子之间相互转化的充要条件, 研究结果拓展了可交换剩余格上的滤子理论, 并使可交换剩余格上 n-重滤子概念间的层次关系更加清晰和完善.

3.3.1　可交换剩余格上几类 n-重滤子的概念

定义 3.3.1　设 $L = (M, \wedge, \vee, \otimes, \rightarrow, 0, 1)$ 为可交换剩余格, F 为 L 上的非空子集, 则非空子集 F 被称为 L 上的滤子, 如果对于任意的 $x, y \in L$, 有

(1) $x \in F$, $x \leqslant y$ 时, $y \in F$;

(2) $x, y \in F$ 时, $x \otimes y \in F$.

定义 3.3.2　设 $L = (M, \wedge, \vee, \otimes, \rightarrow, 0, 1)$ 为可交换剩余格, F 为 L 上的非空子集, 则非空子集 F 被称为 L 上的滤子当且仅当:

(1) $1 \in F$;

(2) $x, x \rightarrow y \in F$ 时, 有 $y \in F$.

定义 3.3.3[27]　设 L 是可交换剩余格, 非空子集 F 为 L 上的滤子, 则 F 是 L 上的一个 n-重蕴涵滤子 $(n = 1, 2, \cdots)$, 如果对于任意的 $x, y, z \in L$, 有

(1) $1 \in F$;

(2) 当 $x^n \rightarrow (y \rightarrow z) \in F$, $x^n \rightarrow y \in F$ 时, 有 $x^n \rightarrow z \in F$.

定义 3.3.4[27]　设 L 是可交换剩余格, 非空子集 F 为 L 上的滤子, 则 F 是 L 上的一个 n-重正蕴涵滤子 $(n = 1, 2, \cdots)$, 如果对于任意的 $x, y, z \in L$, 有

(1) $1 \in F$;

(2) 当 $x \rightarrow ((y^n \rightarrow z) \rightarrow y) \in F$ 且 $x \in F$ 时, 有 $y \in F$.

定义 3.3.5[27]　设 L 是可交换剩余格, 非空子集 F 为 L 上的滤子, 则 F 是 L 上的一个 n-重极滤子 $(n = 1, 2, \cdots)$, 如果对于任意的 $x, y, z \in L$, 有

(1) $1 \in F$;

(2) 当 $z \to (y \to x) \in F$ 且 $z \in F$ 时, 有 $((x^n \to y) \to y) \to x \in F$.

定义 3.3.6[27] 设 L 是可交换剩余格, 非空子集 F 为 L 上的滤子, 则 F 是 L 上的一个 n-重布尔滤子 $(n = 1, 2, \cdots)$, 如果对于任意的 $x \in L$, 有

(1) $1 \in F$;

(2) $x \vee \neg x^n \in F$.

推论 3.3.1 设 L 是可交换剩余格, 非空子集 F 为 L 上的 n-重布尔滤子当且仅当 $\neg x^n \to x \in F$, 蕴涵着 $x \in F$.

3.3.2 可交换剩余格上几类 n-重滤子的结构与关系

引理 3.3.1 设 L 是可交换剩余格, 非空子集 F 为 L 上的 n-重蕴涵滤子, 则对于任意的 $x, y \in L$, 当 $(x^n \to y) \to x \in F$ 时, 有 $x \in F$.

证明 设 L 是可交换剩余格, 非空子集 F 为 L 上的 n-重蕴涵滤子, 故根据定义 3.3.4 和性质 2.1.1(2), 有 $1 \in F$ 和 $1 \to ((x^n \to y) \to x) = (x^n \to y) \to x \in F$. 进而可得 $x \in F$.

引理 3.3.2 设 L 是可交换剩余格, 非空子集 F 为 L 上的滤子, 则对于任意的 $x, y \in L$, 以下结论成立:

(1) F 为 L 上的 n-重极滤子;

(2) $(y \to x) \to (((x^n \to y) \to y) \to x) \in F$;

(3) $((x^n \to y) \to y) \to (x \vee y) \in F$.

证明 (1)⇒(2) 设 L 是可交换剩余格, 非空子集 F 为 L 上的极滤子, 则由性质可得

$$y \to ((y \to x) \to x) = (y \to x) \to (y \to x) = 1 \in F.$$

由定义 3.3.5 可知 $((((y \to x) \to x)^n \to y) \to y) \to ((y \to x) \to x) \in F$, 而又因为

$$((((y \to x) \to x)^n \to y) \to y) \to ((y \to x) \to x)$$
$$\leqslant ((x^n \to y) \to y) \to ((y \to x) \to x),$$

所以 $((x^n \to y) \to y) \to ((y \to x) \to x) = (y \to x) \to (((x^n \to y) \to y) \to x) \in F$.

(2)⇒(3) 在 (2) 式中令 $x = x \vee y$, 则可得

$$((x^n \to y) \to y) \to ((y \to x) \to x) = (((x \vee y)^n \to y) \to y) \to (x \vee y) \in F.$$

而对于任意的 $x, y \in L$, 在可交换剩余格上有

$$(x \vee y)^n \to y = (x \vee y)^{n-1} \to ((x \vee y) \to y)$$

$$= (x \vee y)^{n-1} \rightarrow (x \rightarrow y) = x \rightarrow ((x \vee y)^{n-1} \rightarrow y).$$

连续重复 $n-1$ 次上述过程, 则可得 $(x \vee y)^n \rightarrow y = x^n \rightarrow y$. 因此代入上式综上可知

$$((x^n \rightarrow y) \rightarrow y) \rightarrow (x \vee y) \in F.$$

(3)⇒(1)　对于任意的 $x, y \in L$, 设 $y \rightarrow x \in F$, 由性质 2.1.1 可知 $x \vee y \leqslant (y \rightarrow x) \rightarrow x$, 进而可得: $((x^n \rightarrow y) \rightarrow y) \rightarrow (x \vee y) \leqslant ((x^n \rightarrow y) \rightarrow y) \rightarrow ((y \rightarrow x) \rightarrow x)$, 因此可得

$$((x^n \rightarrow y) \rightarrow y) \rightarrow ((y \rightarrow x) \rightarrow x) = (y \rightarrow x) \rightarrow (((x^n \rightarrow y) \rightarrow y) \rightarrow x) \in F,$$

所以 $((x^n \rightarrow y) \rightarrow y) \rightarrow x \in F$, 即非空子集 F 为 L 上的 n-重极滤子. 证毕.

引理 3.3.3　设 L 是可交换剩余格, 非空子集 F 为 L 上的滤子, 则对于任意的 $x, y \in L$, 以下结论成立:

(1) 非空子集 F 为 L 上的布尔滤子;

(2) $(\neg x^n \rightarrow x) \rightarrow x \in F$;

(3) $(\neg x^n \rightarrow y) \rightarrow ((y \rightarrow x) \rightarrow x) \in F$;

(4) $(\neg(x \vee y)^n \rightarrow y) \rightarrow (x \vee y) \in F$;

(5) $x \vee \neg x^n \in F$.

证明　(1)⇒(2)　设 L 是可交换剩余格, 非空子集 F 为 L 上的滤子, 则对于任意的 $x, y \in L$, 有 $\neg x^n \rightarrow ((\neg x^n \rightarrow x) \rightarrow x) = (\neg x^n \rightarrow x) \rightarrow (\neg x^n \rightarrow x) = 1 \in F$, 故由定义 3.3.6 可得 $(\neg x^n \rightarrow x) \rightarrow x \in F$.

(2)⇒(3)　在可交换剩余格上, 对于任意的 $x, y \in L$, 有

$$(\neg x^n \rightarrow x) \rightarrow x \leqslant ((\neg x^n \rightarrow y) \otimes (y \rightarrow x)) \rightarrow x$$
$$= (\neg x^n \rightarrow y) \rightarrow ((y \rightarrow x) \rightarrow x).$$

因此可得 $(\neg x^n \rightarrow y) \rightarrow ((y \rightarrow x) \rightarrow x) \in F$.

(3)⇒(4)　在 (3) 式中令 $x \vee y = x$, 则有 $(\neg(x \vee y)^n \rightarrow y) \rightarrow (x \vee y) \in F$.

(4)⇒(5)　在 (4) 式中令 $y = \neg x^n$, 则有

$$(\neg(x \vee y)^n \rightarrow y) \rightarrow (x \vee y) = (\neg(x \vee \neg x^n)^n \rightarrow \neg x^n) \rightarrow (x \vee \neg x^n) \in F.$$

因为对于任意的 $x \in L$, 有 $\neg(x \vee \neg x^n)^n \rightarrow \neg x^n \geqslant x^n \rightarrow (x \vee \neg x^n)^n = 1$, 再结合定义 3.3.2 中 (1) 式可得 $\neg(x \vee \neg x^n)^n \rightarrow \neg x^n = 1$, 因此综上可知 $x \vee \neg x^n \in F$.

(5)⇒(1)　在可交换剩余格上, 对于任意的 $x, y \in L$, 设 $x \vee \neg x^n \in F$. 因为 $x \vee \neg x^n \leqslant (\neg x^n \rightarrow x) \rightarrow x$, 故可得 $(\neg x^n \rightarrow x) \rightarrow x \in F$, 进而可得 $x \in F$. 综上可知非空子集 F 为可交换剩余格 L 上的布尔滤子. 证毕.

定理 3.3.1 设 L 是可交换剩余格, 非空子集 F 为 L 上的 n-重蕴涵滤子, 则 F 也为 L 上的 n-重极滤子.

证明 欲证非空子集 F 为可交换剩余格 L 上的 n-重极滤子, 对于任意的 $x, y, z \in L$, 则需设 $z \rightarrow (y \rightarrow x) \in F$ 且 $z \in F$, 即 $y \rightarrow x \in F$. 因为 $x \leqslant ((x^n \rightarrow y) \rightarrow y) \rightarrow x$, 则 $x^n \leqslant (((x^n \rightarrow y) \rightarrow y) \rightarrow x)^n$, 进而 $(((x^n \rightarrow y) \rightarrow y) \rightarrow x)^n \rightarrow y \leqslant x^n \rightarrow y$, 因此可得

$$y \rightarrow x \leqslant ((x^n \rightarrow y) \rightarrow y) \rightarrow ((x^n \rightarrow y) \rightarrow x)$$
$$= (x^n \rightarrow y) \rightarrow (((x^n \rightarrow y) \rightarrow y) \rightarrow x)$$
$$\leqslant ((((x^n \rightarrow y) \rightarrow y) \rightarrow x)^n \rightarrow y) \rightarrow (((x^n \rightarrow y) \rightarrow y) \rightarrow x).$$

又由定义 3.3.2 可知 $((((x^n \rightarrow y) \rightarrow y) \rightarrow x)^n \rightarrow y) \rightarrow (((x^n \rightarrow y) \rightarrow y) \rightarrow x) \in F$, 而又因为非空子集 F 为可交换剩余格 L 上的 n-重蕴涵滤子, 从而由引理 3.3.3 可得 $((x^n \rightarrow y) \rightarrow y) \rightarrow x \in F$, 因此综上可知, 当 $z \rightarrow (y \rightarrow x) \in F$ 且 $z \in F$ 时, 有 $((x^n \rightarrow y) \rightarrow y) \rightarrow x \in F$, 即由定义 3.3.5 得非空子集 F 为可交换剩余格 L 上的 n-重极滤子. 证毕.

定理 3.3.2 设 L 是可交换剩余格, 非空子集 F 为 L 上的 n-重正蕴涵滤子, 则 F 为 L 上的 n-重蕴涵滤子.

证明 设 L 是可交换剩余格, 欲证非空子集 F 为 L 上的 n-重蕴涵滤子, 则对于任意的 $x, y, z \in L$, 需设 $x^n \rightarrow (y \rightarrow z) \in F$, 且 $x^n \rightarrow y \in F$. 因为

$$x^n \rightarrow (y \rightarrow z) = y \rightarrow (x^n \rightarrow z) \leqslant (x^n \rightarrow y) \rightarrow (x^n \rightarrow (x^n \rightarrow z)),$$

故 $(x^n \rightarrow y) \rightarrow (x^n \rightarrow (x^n \rightarrow z)) \in F$, 又因为 $x^n \rightarrow y \in F$, 则 $x^n \rightarrow (x^n \rightarrow z) \in F$. 而

$$x^n \rightarrow (x^n \rightarrow z) = ((x^n \rightarrow z) \rightarrow z) \rightarrow (x^n \rightarrow z) \leqslant ((x^n \rightarrow z)^n \rightarrow z) \rightarrow (x^n \rightarrow z),$$

因此 $((x^n \rightarrow z)^n \rightarrow z) \rightarrow (x^n \rightarrow z) \in F$, 又由引理 3.3.3 可知 $x^n \rightarrow z \in F$, 即对于任意的 $x, y, z \in L$, 当 $x^n \rightarrow (y \rightarrow z) \in F$, $x^n \rightarrow y \in F$ 时, 有 $x^n \rightarrow z \in F$. 综上, 由定义 3.3.3 可得非空子集 F 为可交换剩余格 L 上的 n-重蕴涵滤子. 证毕.

定理 3.3.3 设 L 是可交换剩余格, 非空子集 F 为 L 上的 n-重布尔滤子, 则 F 为 L 上的 n-重极滤子.

证明 设 L 是可交换剩余格, 欲证非空子集 F 为 L 上的 n-重极滤子, 则需设 $z \rightarrow (y \rightarrow x) \in F$ 且 $z \in F$, 即 $y \rightarrow x \in F$. 因为非空子集 F 为 L 上的 n-重布尔滤子, 由定义 3.3.6 知 $x \vee \neg x^n \in F$, 因而

$$x \vee \neg x^n \leqslant (\neg x^n \rightarrow x) \rightarrow x \leqslant ((\neg x^n \rightarrow y) \otimes (y \rightarrow x)) \rightarrow x$$

$$= (\neg x^n \to y) \to ((y \to x) \to x)$$

$$\leqslant ((x^n \to y) \to y) \to ((y \to x) \to x)$$

$$= (y \to x) \to (((x^n \to y) \to y) \to x).$$

从而可得 $(y \to x) \to (((x^n \to y) \to y) \to x) \in F$, 又因为 $y \to x \in F$, 故可得 $((x^n \to y) \to y) \to x \in F$, 综上, 由定义 3.3.5 可知非空子集 F 为可交换剩余格 L 上的 n-重极滤子. 证毕.

定理 3.3.4　设 L 是可交换剩余格, 非空子集 F 为 L 上的 n-重布尔滤子, 则 F 也为 L 上的 n-重蕴涵滤子.

证明　设 L 是可交换剩余格, 欲证非空子集 F 为 L 上的 n-重蕴涵滤子, 则对于任意的 $x, y, z \in L$, 需设 $x^n \to (y \to z) \in F$, 且 $x^n \to y \in F$. 因为对于任意的 $x \in L$, 有

$$(x \vee \neg x^n) \to (x^n \to x^{n+1}) = [x \to (x^n \to x^{n+1})] \wedge [\neg x^n \to (x^n \to x^{n+1})]$$

$$= [(x \otimes x^n) \to x^{n+1}] \wedge [(\neg x^n \otimes x^n) \to x^{n+1}]$$

$$= [x^{n+1} \to x^{n+1}] \wedge [0 \to x^{n+1}] = 1.$$

因此由性质 2.1.1 中 (9) 式可知 $x \vee \neg x^n \leqslant x^n \to x^{n+1}$, 而又因为 $x \vee \neg x^n \in F$, 故根据定义 3.3.1 可得 $x^n \to x^{n+1} \in F$, 综上由引理 3.3.2 知, 非空子集 F 为可交换剩余格 L 上的 n-重蕴涵滤子. 即当非空子集 F 为 L 上的 n-重布尔滤子时, F 也为 L 上的 n-重蕴涵滤子. 证毕.

定理 3.3.5　设 L 是可交换剩余格, 则 L 上的 n-重布尔滤子与 L 上的 n-重正蕴涵滤子之间相互等价.

证明　(1) 先设非空子集 F 为可交换剩余格 L 上的 n-重布尔滤子, 欲证 F 为 L 上的 n-重正蕴涵滤子, 则需设 $x \to ((y^n \to z) \to y) \in F$ 且 $x \in F$, 即 $(y^n \to z) \to y \in F$. 又因为

$$(y^n \to z) \to y \leqslant ((y^n \to (y^n \to z)) \to (y^n \to z)) \to y$$

$$= ((y^{2n} \to z) \to (y^n \to z)) \to y$$

$$\leqslant (y^{2n} \to y^n) \to y,$$

故 $(y^{2n} \to y^n) \to y \in F$, 又因为非空子集 F 为可交换剩余格 L 上的 n-重布尔滤子, 由定理 3.3.4 可知 F 为 L 上的 n-重蕴涵滤子, 根据引理 3.3.1 可知 $y^{2n} \to y^n \in F$, 则 $y \in F$. 综上可知, 当 $x \to ((y^n \to z) \to y) \in F$ 且 $x \in F$ 时, 有 $y \in F$, 故由定义 3.3.4 可知非空子集 F 为可交换剩余格 L 上的 n-重正蕴涵滤子.

(2) 设非空子集 F 为可交换剩余格 L 上的 n-重正蕴涵滤子. 由引理 3.3.1 可知 $x^{2n} \rightarrow x^n \in F$, 因为

$$x^{2n} \rightarrow x^n \leqslant \neg x^{2n} \rightarrow \neg x^n = \neg(x^n \otimes x^n) \rightarrow \neg x^n = (x^n \rightarrow \neg x^n) \rightarrow \neg x^n,$$

故 $(x^n \rightarrow \neg x^n) \rightarrow \neg x^n \in F$. 再根据定理 3.3.1 可知, 非空子集 F 为可交换剩余格 L 上的 n-重极滤子, 故当 $z \rightarrow (y \rightarrow x) \in F$ 且 $z \in F$, 即 $y \rightarrow x \in F$ 时, 有 $((x^n \rightarrow y) \rightarrow y) \rightarrow x \in F$. 而又因为在可交换剩余格 L 上 $y \rightarrow ((y \rightarrow x) \rightarrow x) = (y \rightarrow x) \rightarrow (y \rightarrow x) = 1 \in F$, 所以

$$(((((y \rightarrow x) \rightarrow x)^n \rightarrow y) \rightarrow y) \rightarrow ((y \rightarrow x) \rightarrow x) \in F.$$

进而又有

$$\begin{aligned}
&(((((y \rightarrow x) \rightarrow x)^n \rightarrow y) \rightarrow y) \rightarrow ((y \rightarrow x) \rightarrow x) \\
&\leqslant ((x^n \rightarrow y) \rightarrow y) \rightarrow ((y \rightarrow x) \rightarrow x) \\
&\xlongequal{x=x \vee y} (((x \vee y)^n \rightarrow y) \rightarrow y) \rightarrow (y \rightarrow (x \vee y) \rightarrow (x \vee y)) \in F.
\end{aligned}$$

而对于任意的 $x, y \in L$, 在可交换剩余格上满足

$$\begin{aligned}
(x \vee y)^n \rightarrow y &= (x \vee y)^{n-1} \rightarrow ((x \vee y) \rightarrow y) \\
&= (x \vee y)^{n-1} \rightarrow (x \rightarrow y) = x \rightarrow ((x \vee y)^{n-1} \rightarrow y).
\end{aligned}$$

连续重复 $n-1$ 次上述过程, 则 $(x \vee y)^n \rightarrow y = x^n \rightarrow y$. 因此可得

$$\begin{aligned}
&(((x \vee y)^n \rightarrow y) \rightarrow y) \rightarrow (y \rightarrow (x \vee y) \rightarrow (x \vee y)) = ((x^n \rightarrow y) \rightarrow y) \rightarrow x \vee y \\
&\xlongequal{y=\neg x^n} ((x^n \rightarrow \neg x^n) \rightarrow \neg x^n) \rightarrow (x \vee \neg x^n) \in F.
\end{aligned}$$

又因为 $(x^n \rightarrow \neg x^n) \rightarrow \neg x^n \in F$, 故可得 $(x \vee \neg x^n) \in F$. 综上, 由定义 3.3.6 知非空子集 F 为可交换剩余格 L 上的 n-重布尔滤子.

综合 (1) 和 (2) 可得: 可交换剩余格 L 上的 n-重布尔滤子与可交换剩余格 L 上的 n-重正蕴涵滤子之间相互等价. 证毕.

众所周知, 滤子是研究逻辑代数的有效工具. 本节在可交换剩余格中引入了 n-重蕴涵滤子、n-重极滤子、n-重正蕴涵滤子和 n-重布尔滤子的概念, 通过研究它们的特征及性质, 获得了这几类 n-重滤子概念之间的相互关系. 在下一步的工作中我们将继续研究可交换剩余格上的其他 n-重滤子之间的关系, 为可交换剩余格上的滤子理论奠定理论性的基础.

3.4　可交换剩余格上几类模糊滤子的相互关系

滤子是研究逻辑代数的有效工具. 本节在可交换剩余格上引入了模糊蕴涵滤子、模糊极滤子和模糊正蕴涵滤子等几类模糊滤子的概念, 通过研究它们的特征和性质, 获得可交换剩余格上这几类模糊滤子之间相互转化的条件, 研究结果使可交换剩余格上模糊滤子概念间的层次关系更加清晰和完善.

3.4.1　可交换剩余格上模糊滤子的概念及结构

定义 3.4.1[28-30]　设 $L = (M, \wedge, \vee, \otimes, \to, 0, 1)$ 为可交换剩余格, $\mu : L \to [0,1]$ 为 L 上的一个模糊集, 称模糊集 μ 为 L 上的模糊滤子, 则对于任意的 $x, y \in L$, 满足下列条件:

$$(\text{FF1})\ \mu(1) \geqslant \mu(x);$$

$$(\text{FF2})\ \mu(x) \wedge \mu(x \to y) \leqslant \mu(y).$$

性质 3.4.1[28-30]　设 $L = (M, \wedge, \vee, \otimes, \to, 0, 1)$ 为可交换剩余格, μ 为 L 上的模糊滤子, 对于任意的 $x, y, z \in L$, 则下列性质成立:

(1) 如果 $x \leqslant y$, 则 $\mu(x) \leqslant \mu(y)$, 即 μ 是保序的;

(2) 如果 $\mu(x \to y) = \mu(1)$, 则 $\mu(x) \leqslant \mu(y)$;

(3) $\mu(x \to y) \leqslant \mu(y \to z) \to \mu(x \to z)$;

(4) $\mu(y \to x) \leqslant \mu(z \to y) \to \mu(z \to x)$;

(5) $\mu(y \otimes x) = \mu(x \wedge y) = \mu(x) \to \mu(y)$;

(6) $\mu((x \to y) \otimes (y \to z)) \leqslant \mu(x \to z)$.

3.4.2　可交换剩余格上的模糊正规滤子

定义 3.4.2　设 $L = (M, \wedge, \vee, \otimes, \to, 0, 1)$ 为可交换剩余格, $\mu : L \to [0,1]$ 为 L 上的模糊滤子, 对于任意的 $x, y, z \in L$, 则称 μ 为 L 上的模糊正规滤子, 若满足下列条件:

(1) $\mu(1) \geqslant \mu(x)$;

(2) $\mu((x \to y) \to y) \geqslant \mu(z \to ((y \to x) \to x)) \wedge \mu(z)$.

定理 3.4.1　设 $L = (M, \wedge, \vee, \otimes, \to, 0, 1)$ 为可交换剩余格, 映射 $\mu : L \to [0,1]$ 为 L 上的模糊滤子, 对于任意的 $x, y \in L$, 则模糊滤子 μ 为 L 上的模糊正规滤子当且仅当满足 $\mu((y \to x) \to x) = \mu((x \to y) \to y)$.

证明　必要性　因为映射 $\mu : L \to [0,1]$ 为 L 上的模糊正规滤子, 则由定义 3.4.2 可知

$$\mu((x \to y) \to y) \geqslant \mu(z \to ((y \to x) \to x)) \wedge \mu(z),$$

其中令 $z = 1$, 得 $\mu((x \to y) \to y) \geqslant \mu(1 \to ((y \to x) \to x)) \wedge \mu(1) = \mu((y \to x) \to x)$, 即 $\mu((y \to x) \to x) \leqslant \mu((x \to y) \to y)$. 同理可证得 $\mu((y \to x) \to x) \geqslant \mu((x \to y) \to y)$. 综上可知: 对于任意的 $x, y \in L$, 有 $\mu((y \to x) \to x) = \mu((x \to y) \to y)$.

充分性 对于任意的 $x, y \in L$, 因为映射 $\mu : L \to [0,1]$ 为 L 上的模糊滤子, 故可得

$$\mu(z \to ((y \to x) \to x)) \wedge \mu(z) \leqslant \mu((y \to x) \to x).$$

又因为由条件知 $\mu((y \to x) \to x) = \mu((x \to y) \to y)$, 故可得

$$\mu(z \to ((y \to x) \to x)) \wedge \mu(z) \leqslant \mu((x \to y) \to y).$$

综上, 由定义 3.4.2 可知 μ 为 L 上的模糊正规滤子. 证毕.

定理 3.4.2 设 $L = (M, \wedge, \vee, \otimes, \to, 0, 1)$ 为可交换剩余格, 映射 $\mu : L \to [0,1]$ 为 L 上的模糊滤子, 对于任意的 $x, y \in L$, 若满足 $\mu((x \to y) \to x) = \mu(x)$, 则 μ 为 L 上的模糊正规滤子.

证明 设 $L = (M, \wedge, \vee, \otimes, \to, 0, 1)$ 为可交换剩余格, μ 为 L 上的模糊滤子, 对于任意的 $x, y \in L$, 在可交换剩余格上有

$$(x \to y) \to y \leqslant (y \to x) \to ((x \to y) \to x) = (x \to y) \to ((y \to x) \to x).$$

又因为 $x \leqslant (y \to x) \to x$, 进而 $((y \to x) \to x) \to y \leqslant x \to y$, 因此可得

$$(x \to y) \to ((y \to x) \to x) \leqslant (((y \to x) \to x) \to y) \to ((y \to x) \to x).$$

综上可知 $(x \to y) \to y \leqslant (((y \to x) \to x) \to y) \to ((y \to x) \to x)$, 由性质 3.4.1 可得

$$\mu((x \to y) \to y) \leqslant \mu((((y \to x) \to x) \to y) \to ((y \to x) \to x)).$$

再根据条件可得 $\mu((((y \to x) \to x) \to y) \to ((y \to x) \to x)) = \mu((y \to x) \to x)$, 从而就有 $\mu((x \to y) \to y) \leqslant \mu((y \to x) \to x) = \mu(1 \to ((y \to x) \to x)) \wedge \mu(1)$. 由定义 3.4.2 可知 μ 为可交换剩余格 L 上的模糊正规滤子.

3.4.3 可交换剩余格上的模糊极滤子

定义 3.4.3 设 $L = (M, \wedge, \vee, \otimes, \to, 0, 1)$ 为可交换剩余格, $\mu : L \to [0,1]$ 为 L 上的模糊滤子, 对于任意的 $x, y, z \in L$, 则称 μ 为 L 上的模糊极滤子, 若满足下列条件:

(1) $\mu(1) \geqslant \mu(x)$;

(2) $\mu(((x \to y) \to y) \to x) \geqslant \mu(z \to (y \to x)) \wedge \mu(z)$.

定理 3.4.3 设 $L = (M, \wedge, \vee, \otimes, \rightarrow, 0, 1)$ 为可交换剩余格, 映射 $\mu : L \rightarrow [0, 1]$ 为 L 上的模糊滤子, 对于任意的 $x, y, z \in L$, 则以下结论相互等价:

(1) μ 为可交换剩余格 L 上的模糊极滤子;

(2) $\mu(y \rightarrow x) = \mu(((x \rightarrow y) \rightarrow y) \rightarrow x)$;

(3) $\mu(((x \rightarrow y) \rightarrow y) \rightarrow (x \vee y)) = \mu(1)$.

证明 (1)⇒(2) 设 $L = (M, \wedge, \vee, \otimes, \rightarrow, 0, 1)$ 为可交换剩余格, μ 为可交换剩余格 L 上的模糊极滤子, 对于任意的 $x, y, z \in L$, 由定义 3.4.3 可知

$$\mu(((x \rightarrow y) \rightarrow y) \rightarrow x) \geqslant \mu(z \rightarrow (y \rightarrow x)) \wedge \mu(z),$$

在该式中令 $z = 1$ 可得 $\mu(((x \rightarrow y) \rightarrow y) \rightarrow x) \geqslant \mu(y \rightarrow x)$.

而另一方面, 对于任意的 $x, y \in L$, 在可交换剩余格上有 $y \rightarrow x \leqslant ((y \rightarrow x) \rightarrow x) \rightarrow x$, 进而由性质 3.4.1 可得 $\mu(y \rightarrow x) \leqslant \mu(((y \rightarrow x) \rightarrow x) \rightarrow x)$.

综上可知 $\mu(y \rightarrow x) = \mu(((x \rightarrow y) \rightarrow y) \rightarrow x)$.

(2)⇒(1) 设 $L = (M, \wedge, \vee, \otimes, \rightarrow, 0, 1)$ 为可交换剩余格, 映射 $\mu : L \rightarrow [0, 1]$ 为 L 上的模糊滤子, 对于任意的 $x, y, z \in L$, 由定义 3.4.1 可得

$$\mu(z \rightarrow (y \rightarrow x)) \wedge \mu(z) \leqslant \mu(y \rightarrow x).$$

而又由 (2) 式知 $\mu(y \rightarrow x) = \mu(((x \rightarrow y) \rightarrow y) \rightarrow x)$, 故

$$\mu(z \rightarrow (y \rightarrow x)) \wedge \mu(z) \leqslant \mu(((x \rightarrow y) \rightarrow y) \rightarrow x),$$

因此 μ 为可交换剩余格 L 上的模糊极滤子.

(1)⇒(3) 设 $L = (M, \wedge, \vee, \otimes, \rightarrow, 0, 1)$ 为可交换剩余格, μ 为可交换剩余格 L 上的模糊极滤子, 对于任意的 $x, y \in L$, 有 $x \leqslant x \vee y$, 从而有 $(x \rightarrow y) \rightarrow y \leqslant ((x \vee y) \rightarrow y) \rightarrow y$, 故可得 $((x \rightarrow y) \rightarrow y) \rightarrow (x \vee y) \geqslant (((x \vee y) \rightarrow y) \rightarrow y) \rightarrow (x \vee y)$, 再由性质 3.4.1 可得

$$\mu(((x \rightarrow y) \rightarrow y) \rightarrow (x \vee y)) \geqslant \mu((((x \vee y) \rightarrow y) \rightarrow y) \rightarrow (x \vee y))$$
$$= \mu(1 \rightarrow (((((x \vee y) \rightarrow y) \rightarrow y) \rightarrow (x \vee y)))$$
$$= \mu((y \rightarrow (x \vee y)) \rightarrow (((((x \vee y) \rightarrow y) \rightarrow y) \rightarrow (x \vee y)))$$
$$= \mu(((((x \vee y) \rightarrow y) \rightarrow y) \rightarrow ((y \rightarrow (x \vee y)) \rightarrow (x \vee y)))$$
$$= \mu(1).$$

再结合 (FF1) 式可得 $\mu(((x \rightarrow y) \rightarrow y) \rightarrow (x \vee y)) = \mu(1)$.

(3)⇒(1)　在可交换剩余格上, 对于任意的 $x, y \in L$, 有 $x \vee y \leqslant (y \to x) \to x$, 所以 $((x \to y) \to y) \to (x \vee y) \leqslant ((x \to y) \to y) \to ((y \to x) \to x)$, 由性质 3.4.1 可得

$$\mu(((x \to y) \to y) \to ((y \to x) \to x)) \geqslant \mu(((x \to y) \to y) \to (x \vee y)).$$

又由 (3) 式可知 $\mu(((x \to y) \to y) \to (x \vee y)) = \mu(1)$, 因此

$$\mu(((x \to y) \to y) \to ((y \to x) \to x)) \geqslant \mu(1).$$

再结合 (FF1) 式可得

$$\mu(((x \to y) \to y) \to ((y \to x) \to x)) = \mu(1),$$

即 $\mu((y \to x) \to ((x \to y) \to y) \to x) = \mu(1)$, 由性质 3.4.1 可得

$$\mu(y \to x) \leqslant \mu(((x \to y) \to y) \to x).$$

综上可知, μ 为可交换剩余格 L 上的模糊极滤子. 证毕.

3.4.4　可交换剩余格上的模糊蕴涵滤子

定义 3.4.4　设 $L = (M, \wedge, \vee, \otimes, \to, 0, 1)$ 为可交换剩余格, $\mu : L \to [0, 1]$ 为 L 上的模糊滤子, 对于任意的 $x, y, z \in L$, 则称 μ 为可交换剩余格 L 上的模糊蕴涵滤子, 若满足下列条件:

(1) $\mu(1) \geqslant \mu(x)$;

(2) $\mu(x \to z) \geqslant \mu(x \to (y \to z)) \wedge \mu(x \to y)$.

定理 3.4.4　设 μ 是可交换剩余格 L 上的模糊蕴涵滤子, 则 μ 是 L 上的模糊滤子.

证明　因为 μ 是可交换剩余格 L 上的模糊蕴涵滤子, 则对于任意的 $x, y, z \in L$, 有 $\mu(x \to z) \geqslant \mu(x \to (y \to z)) \wedge \mu(x \to y)$, 在该式中令 $x = 1$, 可得

$$\mu(z) = \mu(1 \to z) \geqslant \mu(1 \to (y \to z)) \wedge \mu(1 \to y) = \mu(y \to z) \wedge \mu(y),$$

即 $\mu(z) \leqslant \mu(y \to z) \wedge \mu(y)$, 则 μ 是可交换剩余格 L 上的模糊滤子. 证毕.

注　该定理的逆命题不成立. 即可交换剩余格上的模糊滤子不一定是模糊蕴涵滤子.

例 3.4.1　设 $L = \{0, a, b, c, d, e, 1\}$, 其中 $0 < a < b < c < d < e < 1$, 对于任意的 $x, y \in L$, 在 L 中定义二元运算 $\to$ 和 $\otimes$ 如下表所示, 其中 $x \wedge y = \min\{x, y\}$, $x \vee y = \max\{x, y\}$.

$\rightarrow$	0	a	b	c	d	e	1
0	1	1	1	1	1	1	1
a	0	1	1	1	1	1	1
b	0	d	1	d	1	1	1
c	0	b	b	1	1	1	1
d	0	b	b	d	1	1	1
e	0	b	b	d	d	1	1
1	0	a	b	c	d	e	1

$\otimes$	0	a	b	c	d	e	1
0	0	0	0	0	0	0	0
a	0	a	a	a	a	a	a
b	0	a	a	a	a	a	b
c	0	a	a	c	c	c	c
d	0	a	a	c	c	c	d
e	0	a	b	c	d	e	e
1	0	a	b	c	d	e	1

则 $L = (L, \wedge, \vee, \otimes, \rightarrow, 0, 1)$ 构成可交换剩余格. 在 L 上定义模糊集 $\mu: L \rightarrow [0,1]$, 使 $\mu(a \rightarrow 0) = \mu(c) = \beta$, 但是 $\mu(a \rightarrow (a \rightarrow 0)) \wedge \mu(a \rightarrow a) = \mu(a \rightarrow c) \wedge \mu(1) = \mu(1) = \alpha$, 其中 $0 \leqslant \beta < \alpha \leqslant 1$, 使得 $\mu(a \rightarrow 0) \leqslant \mu(a \rightarrow (a \rightarrow 0)) \wedge \mu(a \rightarrow a)$. 可以验证 μ 不是 L 上的模糊蕴涵滤子.

定理 3.4.5　设 $L = (M, \wedge, \vee, \otimes, \rightarrow, 0, 1)$ 为可交换剩余格, 映射 $\mu: L \rightarrow [0,1]$ 为 L 上的模糊滤子, 对于任意的 $x, y, z \in L$, 则以下结论相互等价:

(1) μ 为可交换剩余格 L 上的模糊蕴涵滤子;

(2) $\mu(y \rightarrow x) = \mu(y \rightarrow (y \rightarrow x))$;

(3) $\mu(y \rightarrow x) \geqslant \mu(z \rightarrow (y \rightarrow (y \rightarrow x))) \wedge \mu(z)$.

证明　(1)$\Rightarrow$(2)　设 μ 为可交换剩余格 L 上的模糊蕴涵滤子, 对于任意的 $x, y, z \in L$, 由定义 3.4.3 可得 $\mu(x \rightarrow z) \geqslant \mu(x \rightarrow (y \rightarrow z)) \wedge \mu(x \rightarrow y)$, 在该式中令将 z 记为 x, x 记为 y, 则有

$$\mu(y \rightarrow x) \geqslant \mu(y \rightarrow (y \rightarrow x)) \wedge \mu(y \rightarrow y) = \mu(y \rightarrow (y \rightarrow x)).$$

而另一方面, $y \rightarrow x \leqslant y \rightarrow (y \rightarrow x)$, 从而 $\mu(y \rightarrow x) \leqslant \mu(y \rightarrow (y \rightarrow x))$. 因此结合两方面可得 $\mu(y \rightarrow x) = \mu(y \rightarrow (y \rightarrow x))$.

(2)$\Rightarrow$(3)　设 μ 为可交换剩余格 L 上的模糊滤子, 对于任意的 $x, y, z \in L$, 有

$$\mu(z \rightarrow (y \rightarrow (y \rightarrow x))) \wedge \mu(z) \leqslant \mu(y \rightarrow (y \rightarrow x)).$$

而又由 (2) 式可知 $\mu(y \to x) = \mu(y \to (y \to x))$, 因此可得

$$\mu(z \to (y \to (y \to x))) \wedge \mu(z) \leqslant \mu(y \to x).$$

(3)$\Rightarrow$(1)　由 (3) 式可知, 对于任意的 $x, y, z \in L$, 有

$$\mu(y \to x) \geqslant \mu(z \to (y \to (y \to x))) \wedge \mu(z).$$

在该式中令 $z = 1$, 可得 $\mu(y \to (y \to x)) \leqslant \mu(y \to x)$. 又因为在可交换剩余格上有

$$\mu(y \to (z \to x)) = \mu(z \to (y \to x)) \leqslant \mu((y \to z) \to (y \to (y \to x))),$$

所以

$$\mu(y \to (z \to x)) \wedge \mu(y \to z) \leqslant \mu((y \to z) \to (y \to (y \to x))) \wedge \mu(y \to z)$$
$$\leqslant \mu(y \to (y \to x)) \leqslant \mu(y \to x).$$

综上有 $\mu(y \to (z \to x)) \wedge \mu(y \to z) \leqslant \mu(y \to x)$, 由定义 3.4.4 可得 μ 为可交换剩余格 L 上的模糊滤子. 证毕.

定理 3.4.6　设 $L = (M, \wedge, \vee, \otimes, \to, 0, 1)$ 为可交换剩余格, 映射 μ 和 δ 是可交换剩余格 L 上的模糊滤子, 且满足 $\mu \leqslant \delta$; $\mu(1) = \delta(1)$, 若 μ 为可交换剩余格 L 上的模糊蕴涵滤子, 那么 δ 也为可交换剩余格 L 上的模糊蕴涵滤子.

证明　设 μ 为可交换剩余格 L 上的模糊蕴涵滤子, 对于任意的 $x, y \in L$, 令 $u = x \to (x \to y)$, 则有 $x \to (x \to (u \to y)) = u \to (x \to (x \to y)) = 1$, 因此

$$\mu(x \to (u \to y)) \geqslant \mu(x \to (x \to (u \to y))) \wedge \mu(x \to y)$$
$$\geqslant \mu(x \to (x \to (u \to y))) \wedge \mu(1) = \mu(1) = \delta(1).$$

又因为 $\mu \leqslant \delta$, 则 $\mu(u \to (x \to y)) \leqslant \delta(u \to (x \to y))$, 即 $\delta(u \to (x \to y)) = \delta(1)$. 所以 $\delta(x \to y) \geqslant \delta(u \to (x \to y)) \wedge \delta(u) = \delta(u) = \delta(x \to (x \to y))$. 综上可知 δ 也为可交换剩余格 L 上的模糊蕴涵滤子. 证毕.

3.4.5　可交换剩余格上的模糊正蕴涵滤子

定义 3.4.5　设 $L = (M, \wedge, \vee, \otimes, \to, 0, 1)$ 为可交换剩余格, $\mu : L \to [0, 1]$ 为 L 上的模糊滤子, 对于任意的 $x, y, z \in L$, 则称 μ 为可交换剩余格 L 上的模糊正蕴涵滤子, 若满足下列条件:

(1) $\mu(1) \geqslant \mu(x)$;

(2) $\mu(y) \geqslant \mu(x \to ((y \to z) \to y)) \wedge \mu(x)$.

定理 3.4.7 设 $L = (M, \wedge, \vee, \otimes, \rightarrow, 0, 1)$ 为可交换剩余格, 映射 $\mu : L \rightarrow [0, 1]$ 为 L 上的模糊滤子, 对于任意的 $x, y \in L$, 则以下结论相互等价:

(1) μ 为可交换剩余格 L 上的模糊正蕴涵滤子;

(2) $\mu(x) = \mu((x \rightarrow y) \rightarrow x)$.

证明 (1)$\Rightarrow$(2) 设 $L = (M, \wedge, \vee, \otimes, \rightarrow, 0, 1)$ 为可交换剩余格, 映射 μ 为 L 上的模糊正蕴涵滤子, 由定义 3.4.5 可知 $\mu(x) \geqslant \mu(1 \rightarrow ((x \rightarrow y) \rightarrow x)) \wedge \mu(1)$, 即可得 $\mu(x) \geqslant \mu((x \rightarrow y) \rightarrow x)$. 又因为在可交换剩余格上有 $\mu(x) \leqslant \mu((x \rightarrow y) \rightarrow x)$, 所以综上可知 $\mu(x) = \mu((x \rightarrow y) \rightarrow x)$.

(2)$\Rightarrow$(1) 因为映射 μ 为可交换剩余格 L 上的模糊滤子, 故对于任意的 $x, y \in L$, 有

$$\mu(1 \rightarrow ((x \rightarrow y) \rightarrow x)) \wedge \mu(1) \leqslant \mu((x \rightarrow y) \rightarrow x) = \mu(x),$$

即 $\mu(1 \rightarrow ((x \rightarrow y) \rightarrow x)) \wedge \mu(1) \leqslant \mu(x)$. 由定义 3.4.5 可知映射 μ 为可交换剩余格 L 上的模糊正蕴涵滤子. 证毕.

定理 3.4.8 设 $L = (M, \wedge, \vee, \otimes, \rightarrow, 0, 1)$ 为可交换剩余格, 则 L 上的模糊正蕴涵滤子是 L 上的模糊极滤子.

证明 设 $L = (M, \wedge, \vee, \otimes, \rightarrow, 0, 1)$ 为可交换剩余格, 映射 $\mu : L \rightarrow [0, 1]$ 为 L 上的模糊正蕴涵滤子, 对于任意的 $x, y \in L$, 在可交换剩余格 L 有 $x \leqslant ((x \rightarrow y) \rightarrow y) \rightarrow x$, 从而有 $(((x \rightarrow y) \rightarrow y) \rightarrow x) \rightarrow y \leqslant x \rightarrow y$, 进而有

$$((((x \rightarrow y) \rightarrow y) \rightarrow x) \rightarrow y) \rightarrow (((x \rightarrow y) \rightarrow y) \rightarrow x)$$
$$\geqslant (x \rightarrow y) \rightarrow (((x \rightarrow y) \rightarrow y) \rightarrow x)$$
$$= ((x \rightarrow y) \rightarrow y) \rightarrow ((x \rightarrow y) \rightarrow x) \geqslant y \rightarrow x,$$

即

$$\mu(((((x \rightarrow y) \rightarrow y) \rightarrow x) \rightarrow y) \rightarrow (((x \rightarrow y) \rightarrow y) \rightarrow x)) \geqslant \mu(y \rightarrow x).$$

又由定理 3.4.7 可知

$$\mu(((((x \rightarrow y) \rightarrow y) \rightarrow x) \rightarrow y) \rightarrow (((x \rightarrow y) \rightarrow y) \rightarrow x)) \geqslant \mu(((x \rightarrow y) \rightarrow y) \rightarrow x).$$

故综上可知 $\mu(((x \rightarrow y) \rightarrow y) \rightarrow x) \geqslant \mu(y \rightarrow x)$. 由定义 3.4.3 可知映射 $\mu : L \rightarrow [0, 1]$ 为可交换剩余格 L 上的模糊极滤子. 证毕.

定理 3.4.9 设 $L = (M, \wedge, \vee, \otimes, \rightarrow, 0, 1)$ 为可交换剩余格, 映射 $\mu : L \rightarrow [0, 1]$ 为 L 上的模糊滤子, 若 μ 即为可交换剩余格 L 上的模糊正规滤子又为 L 上的模糊蕴涵滤子, 则 μ 必为可交换剩余格 L 上模糊正蕴涵滤子.

证明 设 $L = (M, \wedge, \vee, \otimes, \rightarrow, 0, 1)$ 为可交换剩余格, 映射 $\mu : L \rightarrow [0, 1]$ 为 L 上的模糊滤子, 则对于任意的 $x, y \in L$, 有

$$\mu(x) \wedge \mu(x \rightarrow ((y \rightarrow z) \rightarrow y)) \leqslant \mu((y \rightarrow z) \rightarrow y)$$
$$\leqslant \mu((y \rightarrow z) \rightarrow ((y \rightarrow z) \rightarrow z)).$$

因为 μ 既是可交换剩余格 L 上的模糊蕴涵滤子又是 L 上的模糊正规滤子, 故由定理 3.4.5 中 (2) 式和定理 3.4.1 可得

$$\mu((y \rightarrow z) \rightarrow ((y \rightarrow z) \rightarrow z)) = \mu((y \rightarrow z) \rightarrow z) = \mu((z \rightarrow y) \rightarrow y).$$

而另一方面, 在可交换剩余格上 $z \leqslant y \rightarrow z$, 从而 $(y \rightarrow z) \rightarrow y \leqslant z \rightarrow y$, 即可得 $\mu((y \rightarrow z) \rightarrow y) \leqslant \mu(z \rightarrow y)$. 综上可知

$$\mu((y \rightarrow z) \rightarrow y) \leqslant \mu(z \rightarrow y) \wedge \mu((z \rightarrow y) \rightarrow y) = \mu(y).$$

因此就有 $\mu(x) \wedge \mu(x \rightarrow ((y \rightarrow z) \rightarrow y)) \leqslant \mu(y)$, 即 μ 是可交换剩余格 L 上模糊正蕴涵滤子. 证毕.

推论 3.4.1 设 $L = (M, \wedge, \vee, \otimes, \rightarrow, 0, 1)$ 是可交换剩余格, 映射 $\mu : L \rightarrow [0, 1]$ 为 L 上的模糊滤子, 若 μ 既是 L 上的模糊正规滤子又是 L 上的模糊蕴涵滤子, 则 μ 必是 L 上模糊极滤子.

3.4.6 可交换剩余格上的模糊布尔滤子

定义 3.4.6 设 $L = (M, \wedge, \vee, \otimes, \rightarrow, 0, 1)$ 为可交换剩余格, $\mu : L \rightarrow [0, 1]$ 为 L 上的模糊滤子, 对于任意的 $x \in L$, 称 μ 为可交换剩余格 L 上的模糊布尔滤子, 若满足下列条件:

(1) $\mu(1) \geqslant \mu(x)$;

(2) $\mu(x \vee \neg x) \geqslant \mu(1)$.

定理 3.4.10 设 $L = (M, \wedge, \vee, \otimes, \rightarrow, 0, 1)$ 为可交换剩余格, 映射 $\mu : L \rightarrow [0, 1]$ 为 L 上的模糊滤子, 对于任意的 $x, y \in L$, 则下列条件等价:

(1) μ 是可交换剩余格 L 上模糊布尔滤子;

(2) $\mu(x \vee (x \rightarrow y)) = \mu(1)$;

(3) $\mu(((x \rightarrow y) \rightarrow x) \rightarrow x) = \mu(1)$.

证明 $(1) \Rightarrow (2)$ 设 μ 是可交换剩余格 L 上模糊布尔滤子, 对于任意的 $y \in L$, 有 $y \geqslant 0$, 因而 $\neg x = x \rightarrow 0 \leqslant x \rightarrow y$, 从而 $x \vee \neg x \leqslant x \vee (x \rightarrow y)$, 故

$$\mu(x \vee (x \rightarrow y)) \geqslant \mu(x \vee \neg x) = \mu(1).$$

再结合 (FF1) 可得 $\mu(x \vee (x \rightarrow y)) = \mu(1)$.

$(2) \Rightarrow (3)$　　对于任意的 $x, y \in L$, 由性质 3.4.1 有 $x \vee (x \to y) \leqslant ((x \to y) \to x) \to x$, 因此由 (2) 式可得 $\mu(((x \to y) \to x) \to x) \geqslant \mu(x \vee (x \to y)) = \mu(1)$, 再结合 (FF1) 可得 $\mu(((x \to y) \to x) \to x) = \mu(1)$.

$(3) \Rightarrow (1)$　　在 (3) 式中令 $y = 0$, 则就有

$$\mu(1) = \mu(((x \to 0) \to x) \to x) = \mu((\neg x \to x) \to x).$$

因为在可交换剩余格上, 对于任意的 $x \in L$, 有 $\neg x \vee x \leqslant (\neg x \to x) \to x$, 因而 $\mu(\neg x \vee x) \leqslant \mu((\neg x \to x) \to x)$, 再结合 (FF1) 可得

$$\mu(\neg x \vee x) \leqslant \mu((\neg x \to x) \to x) = \mu(1).$$

综上可知模糊滤子 μ 是可交换剩余格 L 上的模糊布尔滤子. 证毕.

定理 3.4.11　　设 $L = (M, \wedge, \vee, \otimes, \to, 0, 1)$ 为可交换剩余格, 映射 μ 和 δ 是 L 上的模糊滤子, 且满足 $\mu \leqslant \delta$, $\mu(1) = \delta(1)$, 若 μ 为可交换剩余格 L 上的模糊布尔滤子, 那么 δ 也为可交换剩余格 L 上的模糊布尔滤子.

证明略. 感兴趣的读者, 可参考定理 3.4.6 的证明方法, 自行进行证明.

定理 3.4.12　　设 $L = (M, \wedge, \vee, \otimes, \to, 0, 1)$ 是可交换剩余格, 映射 μ 是可交换剩余格 L 上的模糊布尔滤子, 则 μ 也是 L 上的模糊正蕴涵滤子.

证明　　设 $L = (M, \wedge, \vee, \otimes, \to, 0, 1)$ 是可交换剩余格, 映射 μ 是 L 上的模糊布尔滤子, 对于任意的 $x, y \in L$, 有

$$\mu(x \to y) \geqslant \mu((x \vee \neg x) \to (x \to y)) \wedge \mu(x \vee \neg x)$$
$$= \mu((x \vee \neg x) \to (x \to y)).$$

又因为 $(x \vee \neg x) \to (x \to y) = (x \to (x \to y)) \wedge (\neg x \to (x \to y)) = (x \to (x \to y))$, 即 $\mu((x \vee \neg x) \to (x \to y)) = \mu(x \to (x \to y))$, 进而有 $\mu(x \to y) \geqslant \mu(x \to (x \to y))$. 综上可知滤子 μ 是可交换剩余格 L 上的模糊正蕴涵滤子. 证毕.

3.5　可交换剩余格上几类 n-重模糊滤子之间的相互关系

在这一节中, 我们引入讨论可交换剩余格上几类 n-重模糊滤子, 并研究它们的性质, 通过讨论这几类 n-重模糊滤子之间的关系, 获得这几类 n-重模糊滤子之间相互等价的充要条件, 研究结果不但使剩余格上模糊滤子理论进一步充实和丰富, 概念间的层次关系更加清晰和完善, 而且也能为研究基于剩余格的逻辑系统的结构特征提供理论上的支持和保障.

3.5.1 可交换剩余格上几类 n-重模糊滤子的基本概念

定义 3.5.1[31,32] 设 L 是可交换剩余格, μ 是 L 上的模糊滤子, 则 μ 是 L 上的一个 n-重模糊蕴涵滤子 $(n = 1, 2, \cdots)$, 如果对于任意的 $x, y, z \in L$, 有

(1) $\mu(1) \geqslant \mu(x)$;

(2) $\mu(x^n \to z) \geqslant \mu(x^n \to (y \to z)) \wedge \mu(x^n \to y)$.

定义 3.5.2[33] 设 L 是可交换剩余格, μ 是 L 上的模糊滤子, 则 μ 是 L 上的一个 n-重模糊极滤子 $(n = 1, 2, \cdots)$, 如果对于任意的 $x, y, z \in L$, 有

(1) $\mu(1) \geqslant \mu(x)$;

(2) $\mu(((x^n \to y) \to y) \to x) \geqslant \mu(z \to (y \to x)) \wedge \mu(z)$.

定义 3.5.3[34] 设 L 是可交换剩余格, μ 是 L 上的模糊滤子, 则 μ 是 L 上的一个 n-重模糊布尔滤子 $(n = 1, 2, \cdots)$, 如果对于任意的 $x, y, z \in L$, 有

(1) $\mu(1) \geqslant \mu(x)$;

(2) $\mu(x \vee \neg x^n) = \mu(1)$.

定义 3.5.4[35] 设 L 是可交换剩余格, μ 是 L 上的模糊滤子, 则 μ 是 L 上的一个 n-重模糊正蕴涵滤子 $(n = 1, 2, \cdots)$, 如果对于任意的 $x, y, z \in L$, 有

(1) $\mu(1) \geqslant \mu(x)$;

(2) $\mu(y) \geqslant \mu(x \to ((y^n \to z) \to y) \wedge \mu(x)$.

3.5.2 可交换剩余格上几类 n-重模糊滤子的结构及刻画

引理 3.5.1 设 L 是可交换剩余格, 对于任意的 $x, y \in L$, 则下列等式成立:

(1) $(x \vee y)^n \to y = x^n \to y$;

(2) $(x \vee \neg x^n) \to (x^n \to x^{n+1}) = 1$.

证明 (1) 因为

$$(x \vee y)^n \to y = (x \vee y)^{n-1} \to [(x \vee y) \to y]$$
$$= (x \vee y)^{n-1} \to (x \to y)$$
$$= x \to [(x \vee y)^{n-1} \to y],$$

连续重复 $n-1$ 次上述过程, 则 $(x \vee y)^n \to y = x^n \to y$. 结论成立.

(2) 设 L 是可交换剩余格, 对于任意的 $x \in L$, 由性质 2.1.1 可得

$$(x \vee \neg x^n) \to (x^n \to x^{n+1}) = [x \to (x^n \to x^{n+1})] \wedge [\neg x^n \to (x^n \to x^{n+1})]$$
$$= [(x \otimes x^n) \to x^{n+1}] \wedge [(\neg x^n \otimes x^n) \to x^{n+1}]$$
$$= [x^{n+1} \to x^{n+1}] \wedge [0 \to x^{n+1}] = 1.$$

引理 3.5.2   设 L 是可交换剩余格, μ 为 L 上的 n-重模糊蕴涵滤子, 则对于任意的 $x \in L$, 有 $\mu(x^n \to x^{2n}) = \mu(1)$.

证明   设 L 是可交换剩余格, μ 为 L 上的 n-重模糊蕴涵滤子, 故对于任意的 $x \in L$, 就有

$$\mu(1) = \mu(1) \wedge \mu(1) = \mu(x^{2n} \to x^{2n}) \wedge \mu(x^n \to x^n)$$
$$= \mu(x^n \to (x^n \to x^{2n})) \wedge \mu(x^n \to x^n)$$
$$\leqslant \mu(x^n \to x^{2n}),$$

即 $\mu(x^n \to x^{2n}) \geqslant \mu(1)$, 再结合 (FF1) 可知, $\mu(x^n \to x^{2n}) = \mu(1)$. 结论成立.

定理 3.5.1   设 L 是可交换剩余格, 若模糊滤子 μ 为 L 上的 n-重模糊布尔滤子, 则对于任意的 $x, y \in L$, μ 也为 L 上的 n-重模糊极滤子.

证明   设 L 是可交换剩余格, 若 μ 为 L 上的 n-重模糊布尔滤子, 由定义 3.5.3 可知: 对于任意的 $x \in L$, 都有 $\mu(x \vee \neg x^n) = \mu(1)$. 故根据性质 3.4.1 可得

$$\mu(1) = \mu(x \vee \neg x^n) \leqslant \mu((\neg x^n \to x) \to x)$$
$$\leqslant \mu[((\neg x^n \to y) \otimes (y \to x)) \to x]$$
$$= \mu[(\neg x^n \to y) \to ((y \to x) \to x)]$$
$$\leqslant \mu[((x^n \to y) \to y) \to ((y \to x) \to x)]$$
$$= \mu[(y \to x) \to (((x^n \to y) \to y) \to x)],$$

即 $\mu[(y \to x) \to (((x^n \to y) \to y) \to x)] \geqslant \mu(1)$, 再结合 (FF1) 式, 因此可得

$$\mu[(y \to x) \to (((x^n \to y) \to y) \to x)] = \mu(1).$$

再由性质 3.4.1 可知 $\mu(y \to x) \leqslant \mu(((x^n \to y) \to y) \to x)$, 即

$$\mu(1 \to (y \to x)) \wedge \mu(1) \leqslant \mu(((x^n \to y) \to y) \to x).$$

综上由定义 3.5.2 可知: 模糊滤子 μ 为 L 上的 n-重模糊极滤子. 证毕.

注   由定理 3.5.1 可知可交换剩余格 L 上的 n-重模糊布尔滤子是剩余格 L 上的 n-重模糊极滤子, 但是, 反之不成立.

例 3.5.1   设 $L = \{0, a, b, 1\}$, 其中 $0 < a < b < 1$, 对于任意的 $x, y \in L$, 在 L 中定义二元运算 $\to$ 和 $\otimes$ 如下表所示, 其中 $x \wedge y = \min\{x, y\}$, $x \vee y = \max\{x, y\}$.

$\to$	0	a	b	1
0	1	1	1	1
a	1	1	a	1
b	a	b	1	1
1	0	a	b	1

$\otimes$	0	a	b	1
0	0	0	0	0
a	0	a	0	a
b	0	0	b	b
1	0	a	b	1

则 $L = (L, \wedge, \vee, \otimes, \rightarrow, 0, 1)$ 构成一个可交换剩余格. 在 L 上定义模糊集 $\mu : L \rightarrow [0,1]$, 使 $\mu(0) = \mu(a) = \mu(b) = \beta, \mu(1) = \alpha$, 其中 $0 \leqslant \beta < \alpha \leqslant 1$, 可以验证 μ 为 L 上的 n-重模糊极滤子, 但非 n-重模糊布尔滤子, 这是因为

$$\mu(b \vee \neg b^n) = \mu(b \vee (b^n \rightarrow 0)) = \mu(b \vee a) = \mu(b) \neq \mu(1).$$

定理 3.5.2 设 L 是可交换剩余格, 若 μ 为 L 上的 n-重模糊布尔滤子, 则对于任意的 $x, y \in L$, 模糊滤子 μ 也为 L 上的 n-重模糊蕴涵滤子.

证明 设 L 是可交换剩余格, 对于任意的 $x \in L$, 由引理 3.5.1 可知, 在可交换剩余格 L 有 $(x \vee \neg x^n) \rightarrow (x^n \rightarrow x^{n+1}) = 1$. 因此由性质 3.4.1 可得 $\mu(x \vee \neg x^n) \leqslant \mu(x^n \rightarrow x^{n+1})$, 又因为 μ 为 L 上的 n-重模糊布尔滤子, 故 $\mu(x \vee \neg x^n) = \mu(1)$, 即 $\mu(x^n \rightarrow x^{n+1}) \geqslant \mu(1)$, 进而

$$\mu(x^n \rightarrow (x \rightarrow x^{n+1})) \wedge \mu(x^n \rightarrow x) = \mu(x^{n+1} \rightarrow x^{n+1}) \wedge \mu(x^n \rightarrow x) = \mu(1),$$

则 $\mu(x^n \rightarrow (x \rightarrow x^{n+1})) \wedge \mu(x^n \rightarrow x) \leqslant \mu(x^n \rightarrow x^{n+1})$, 由定义 3.5.1 可知, 模糊滤子 μ 为 L 上的 n-重模糊蕴涵滤子. 证毕.

定理 3.5.3 设 L 是可交换剩余格, 若 μ 为 L 上的 n-重模糊蕴涵滤子, 则对于任意的 $x, y \in L$, 当 $\mu((x \rightarrow y) \rightarrow y) = \mu((y \rightarrow x) \rightarrow x)$ 时, 模糊滤子 μ 是可交换剩余格 L 上的 n-重模糊布尔滤子.

证明 设 L 是可交换剩余格, 因为模糊滤子 μ 为 L 上的 n-重模糊蕴涵滤子, 故由引理 3.5.2 可知 $\mu(x^n \rightarrow x^{2n}) = \mu(1)$, 而

$$\mu(x^n \rightarrow x^{2n}) \leqslant \mu(\neg x^{2n} \rightarrow \neg x^n) = \mu(\neg(x^n \otimes x^n) \rightarrow \neg x^n)$$
$$= \mu((x^n \rightarrow \neg x^n) \rightarrow \neg x^n)$$
$$\leqslant \mu((x \rightarrow \neg x^n) \rightarrow \neg x^n),$$

即 $\mu((x \rightarrow \neg x^n) \rightarrow \neg x^n) \geqslant \mu(1)$, 再结合 (FF1), 因此可得 $\mu((x \rightarrow \neg x^n) \rightarrow \neg x^n) = \mu(1)$. 又因为对于任意的 $x, y \in L$, 有 $\mu((x \rightarrow y) \rightarrow y) = \mu((y \rightarrow x) \rightarrow x)$, 故可得

$$\mu((x \rightarrow \neg x^n) \rightarrow \neg x^n) = \mu((\neg x^n \rightarrow x) \rightarrow x) = \mu(1).$$

因此, $\mu(x \vee \neg x^n) = \mu((x \rightarrow \neg x^n) \rightarrow \neg x^n) \wedge \mu((\neg x^n \rightarrow x) \rightarrow x) = \mu(1)$. 综上可知, 对于任意的 $x, y \in L$, 当 $\mu((x \rightarrow y) \rightarrow y) = \mu((y \rightarrow x) \rightarrow x)$ 时, 模糊滤子 μ 是可交换剩余格 L 上的 n-重模糊布尔滤子. 证毕.

注　可交换剩余格 L 上的 n-重模糊极滤子与可交换剩余格 L 上的 n-重模糊蕴涵滤子之间没有必然的等价关系.

例 3.5.2　设 $L = \{0, a, b, 1\}$, 其中 $0 < a < b < 1$, 对于任意的 $x, y \in L$, 在 L 中定义二元运算 $\to$ 和 $\otimes$ 如下表所示, 其中 $x \wedge y = \min\{x, y\}$, $x \vee y = \max\{x, y\}$.

$\to$	0	a	b	1
0	1	1	1	1
a	1	1	a	1
b	a	b	1	1
1	0	a	b	1

$\otimes$	0	a	b	1
0	0	0	0	0
a	0	a	0	a
b	0	0	b	b
1	0	a	b	1

则 $L = (L, \wedge, \vee, \otimes, \to, 0, 1)$ 是一个可交换剩余格. 在 L 上定义模糊集 $\mu : L \to [0, 1]$, 使 $\mu(0) = \mu(a) = \mu(b) = \beta, \mu(1) = \alpha$, 其中 $0 \leqslant \beta < \alpha \leqslant 1$, 可以验证 μ 为 L 上的 n-重模糊极滤子, 但非 n-重模糊蕴涵滤子, 这是因为

$$\mu(a^n \to b) = \mu(a) = \beta, \quad \mu(a^n \to (0 \to b)) \wedge \mu(a^n \to 0) = \mu(1) = \alpha.$$

显然, $\mu(a^n \to b) \leqslant \mu(a^n \to (0 \to b)) \wedge \mu(a^n \to 0)$, 故 μ 不是 L 上的 n-重模糊蕴涵滤子.

例 3.5.3　设 $L = \{0, a, b, 1\}$, 其中 $0 < a < b < 1$, 对于任意的 $x, y \in L$, 在 L 中定义二元运算 $\to$ 和 $\otimes$ 如下表所示, 其中 $x \wedge y = \min\{x, y\}$, $x \vee y = \max\{x, y\}$.

$\to$	0	a	b	1
0	1	1	1	1
a	0	1	a	1
b	0	0	1	1
1	0	a	b	1

$\otimes$	0	a	b	1
0	0	0	0	0
a	0	a	a	a
b	0	a	b	b
1	0	a	b	1

则 $L = (L, \wedge, \vee, \otimes, \to, 0, 1)$ 是一个可交换剩余格. 在 L 上定义模糊集 $\mu : L \to$

$[0,1]$, 使 $\mu(0) = \mu(b) = \beta, \mu(1) = \mu(a) = \alpha$, 其中 $0 \leqslant \beta < \alpha \leqslant 1$, 可以验证 μ 为 L 上的 n-重模糊蕴涵滤子, 但非 n-重模糊极滤子, 这是因为

$$\mu(((b^n \to a) \to a) \to b) = \mu(b) = \beta, \quad \mu(1 \to (a \to b)) \wedge \mu(1) = \mu(a) = \alpha.$$

显然, $\mu(((b^n \to a) \to a) \to b) \leqslant \mu(1 \to (a \to b)) \wedge \mu(1)$, 故 μ 不是 L 上的 n-重模糊极滤子.

定理 3.5.4　设 L 是可交换剩余格, 若 μ 为 L 上的 n-重模糊正蕴涵滤子, 则对于任意的 $x, y \in L$, 模糊滤子 μ 也为 L 上的 n-重模糊极滤子.

证明　因为对于任意的 $x, y \in L$, 在剩余格 L 上恒有不等式 $x \leqslant ((x^n \to y) \to y) \to x$, 所以 $x^n \leqslant (((x^n \to y) \to y) \to x)^n$, 进而 $(((x^n \to y) \to y) \to x)^n \to y \leqslant x^n \to y$, 故

$$\mu(1 \to (y \to x)) \wedge \mu(1)$$
$$= \mu(y \to x)$$
$$\leqslant \mu[((x^n \to y) \to y) \to ((x^n \to y) \to x)]$$
$$= \mu[(x^n \to y) \to (((x^n \to y) \to y) \to x)]$$
$$\leqslant \mu[(((x^n \to y) \to y) \to x)^n \to y) \to (((x^n \to y) \to y) \to x)].$$

而又因为模糊滤子 μ 为可交换剩余格 L 上的 n-重模糊正蕴涵滤子, 由定义 3.5.4 可知

$$\mu(x) \geqslant \mu(1 \to ((x^n \to y) \to x)) \wedge \mu(1)$$
$$= \mu(1 \to ((x^n \to y) \to x)) = \mu((x^n \to y) \to x),$$

即 $\mu(x) \geqslant \mu((x^n \to y) \to x)$. 而另一方面, 对于任意的 $x, y \in L$, 在可交换剩余格 L 上有 $x \leqslant (x^n \to y) \to x$, 进而 $\mu(x) \leqslant \mu((x^n \to y) \to x)$, 综上有 $\mu(x) = \mu((x^n \to y) \to x)$. 故可得

$$\mu[(((x^n \to y) \to y) \to x)^n \to y) \to (((x^n \to y) \to y) \to x)] = \mu(((x^n \to y) \to y) \to x),$$

即 $\mu(((x^n \to y) \to y) \to x) \geqslant \mu(1 \to (y \to x)) \wedge \mu(1)$. 由定义 3.5.2 可知模糊滤子 μ 为 L 上的 n-重模糊极滤子. 证毕.

定理 3.5.5　设 L 是可交换剩余格, 若 μ 为 L 上的 n-重模糊正蕴涵滤子, 则对于任意的 $x, y \in L$, 模糊滤子 μ 也为 L 上的 n-重模糊蕴涵滤子.

证明　设 μ 为可交换剩余格 L 上的 n-重模糊正蕴涵滤子, 则对于任意的 $x, y \in L$, 由定义 3.5.4 及引理 3.5.1 可知

$$\mu(x^n \to (y \to z)) \wedge \mu(x^n \to y) = \mu(y \to (x^n \to z)) \wedge \mu(x^n \to y)$$

$$\leqslant \mu[(x^n \to y) \to (x^n \to (x^n \to z))] \wedge \mu(x^n \to y)$$

$$\leqslant \mu(x^n \to (x^n \to z))$$

$$\leqslant \mu[((x^n \to z) \to z) \to (x^n \to z)]$$

$$\leqslant \mu[((x^n \to z)^n \to z) \to (x^n \to z)]$$

$$= \mu(x^n \to z),$$

即 $\mu(x^n \to (y \to z)) \wedge \mu(x^n \to y) \leqslant \mu(x^n \to z)$, 综上由定义 3.5.1 可知: 模糊滤子 μ 为可交换剩余格 L 上的 n-重模糊蕴涵滤子.

定理 3.5.6　设 L 是可交换剩余格, 对于任意的 $x, y \in L$, 若模糊滤子 μ 既是 L 上的 n-重模糊蕴涵滤子又是 L 上的 n-重模糊极滤子, 则 μ 是 L 上的 n-重模糊布尔滤子.

证明　一方面, 当模糊集 μ 是可交换剩余格 L 上的 n-重模糊蕴涵滤子时, 由引理 3.5.2 可知 $\mu(x^n \to x^{2n}) = \mu(1)$, 而

$$\mu(x^n \to x^{2n}) \leqslant \mu(\neg x^{2n} \to \neg x^n) = \mu(\neg(x^n \otimes x^n) \to \neg x^n) = \mu((x^n \to \neg x^n) \to \neg x^n),$$

即 $\mu((x^n \to \neg x^n) \to \neg x^n) \geqslant \mu(1)$, 结合 (FF1), 就有 $\mu((x^n \to \neg x^n) \to \neg x^n) = \mu(1)$.

另一方面, 因为 μ 也是可交换剩余格 L 上的 n-重模糊极滤子, 故由定义 3.5.2 可得: 对于任意的 $x, y, z \in L$, 有 $\mu(z \to (y \to x)) \wedge \mu(z) \leqslant \mu(((x^n \to y) \to y) \to x)$. 在该式中令 $z = 1$, 有 $\mu(y \to x) \leqslant \mu(((x^n \to y) \to y) \to x)$, 即可得

$$\mu((y \to x) \to (((x^n \to y) \to y) \to x)) = \mu(1).$$

再由性质 3.4.1 及引理 3.5.1 可得

$$\mu((y \to x) \to (((x^n \to y) \to y) \to x))$$

$$= \mu(((x^n \to y) \to y) \to ((y \to x) \to x))$$

$$\overset{x=x\vee y}{=\!=\!=\!=} \mu(((((x \vee y)^n \to y) \to y) \to ((y \to (x \vee y)) \to (x \vee y)))$$

$$= \mu(((x^n \to y) \to y) \to x \vee y)$$

$$\overset{y=\neg x^n}{=\!=\!=\!=} \mu(((x^n \to \neg x^n) \to \neg x^n) \to (x \vee \neg x^n))$$

$$= \mu(1) \wedge \mu(((x^n \to \neg x^n) \to \neg x^n) \to (x \vee \neg x^n))$$

$$= \mu(((x^n \to \neg x^n) \to \neg x^n)) \wedge \mu(((x^n \to \neg x^n) \to \neg x^n) \to (x \vee \neg x^n))$$

$$\leqslant \mu(x \vee \neg x^n),$$

即 $\mu(1) \leqslant \mu(x \vee \neg x^n)$, 再结合 (FF1) 式可得 $\mu(1) = \mu(x \vee \neg x^n)$, 综上可知模糊滤子 μ 是可交换剩余格 L 上的 n-重模糊布尔滤子. 证毕.

推论 3.5.1 由定理 3.5.6 可知: 可交换剩余格 L 上的 n-重模糊正蕴涵滤子与 L 上的 n-重模糊布尔滤子之间相互等价.

最后, 为直观起见, 我们给出可交换剩余格上这几类 n-重模糊滤子概念间的关系图 (图 3.5.1).

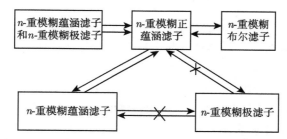

图 3.5.1 可交换剩余格上几类 n-重模糊滤子间的关系图

第 4 章　非交换剩余格上的滤子及模糊滤子

近年来关于模糊推理的逻辑基础得到国内外学者的深入研究, 受一般非交换逻辑的影响, 与之相关的非交换逻辑代数也被广泛研究, 比如伪 BL 代数、伪 MV 代数、伪 MTL 代数等均是非交换剩余格的特殊情况, 它们分别是 BL 代数、MV 代数、MTL 代数的非交换推广. 而滤子是非经典逻辑代数研究领域的一个重要概念, 它们对各种逻辑系统及与之匹配的逻辑代数的完备性问题的研究发挥着极其重要的作用. 本章首先介绍模糊逻辑中非交换剩余格的概念及性质, 然后分别讨论基于非交换剩余格上的滤子及模糊滤子的性质及特征.

4.1　非交换剩余格上的相关概念

定义 4.1.1[36]　称 $(2,2,2,2,2,0,0)$-型代数 $L=(M,\wedge,\vee,\otimes,\rightarrow,\Rightarrow,0,1)$ 为非交换剩余格 (non commutative residuated lattices), 若以下条件成立:

(1) $(M,\wedge,\vee,0,1)$ 是有界格;

(2) $(M,\otimes,1)$ 是以 1 为单位的半群;

(3) 对任意的 $x,y,z\in M$, $x\otimes y\leqslant z$ 当且仅当 $x\leqslant y\rightarrow z$ 当且仅当 $y\leqslant x\Rightarrow z$.

在以后的章节中, 我们约定运算二元运算 $\vee,\wedge,\otimes$ 优于运算 $\rightarrow,\Rightarrow$. 下面给出几个常见的非交换剩余格的例子.

例 4.1.1　设 $M=\{0,a,b,c,d,1\}$, 其中 $0\leqslant a<b<c<d\leqslant 1$, 令 $x\wedge y=\min\{x,y\}$, $x\vee y=\max\{x,y\}$, 且在 M 中定义二元运算 $\rightarrow,\otimes$ 和 $\Rightarrow$ 如下表所示.

$\rightarrow$	0	a	b	c	d	1
0	1	1	1	1	1	1
a	d	1	d	1	1	1
b	d	d	1	1	1	1
c	d	d	d	1	1	1
d	0	a	b	c	1	1
1	0	a	b	c	d	1

$\otimes$	0	a	b	c	d	1
0	0	0	0	0	0	0
a	0	0	0	0	a	a
b	0	0	0	0	b	b
c	0	0	0	0	c	c
d	0	0	0	0	d	d
1	0	a	b	c	d	1

$\Rightarrow$	0	a	b	c	d	1
0	1	1	1	1	1	1
a	c	1	c	1	1	1
b	c	c	1	1	1	1
c	c	c	c	1	1	1
d	c	c	c	c	1	1
1	0	a	b	c	d	1

则 $L=(M,\wedge,\vee,\otimes,\rightarrow,\Rightarrow,0,1)$ 构成一个非交换剩余格.

性质 4.1.1　设 $L=(M,\wedge,\vee,\otimes,\rightarrow,\Rightarrow,0,1)$ 是一个非交换剩余格, 对于任意的 $x,y,z\in L$, 则下列性质成立:

(1) $x\leqslant y$ 当且仅当 $x\rightarrow y=1$ 当且仅当 $x\Rightarrow y=1$;

(2) $x \to x = x \Rightarrow x = 1, 1 \to x = 1 \Rightarrow x = x, x \to 1 = x \Rightarrow 1 = 1$;

(3) $x \leqslant (x \to y) \Rightarrow y, x \leqslant (x \Rightarrow y) \to y$;

(4) $x \to (y \Rightarrow z) = y \Rightarrow (x \to z)$;

(5) 若 $x \leqslant y$, 则 $x \otimes z \leqslant y \otimes z$ 且 $z \otimes x \geqslant z \otimes y$;

(6) 若 $x \leqslant y$, 则 $z \to x \leqslant z \to y$ 且 $z \Rightarrow x \leqslant z \Rightarrow y$;

(7) 若 $x \leqslant y$, 则 $y \to z \leqslant x \to z$ 且 $y \Rightarrow z \leqslant x \Rightarrow z$;

(8) $x \to y \leqslant (z \to x) \to (z \to y), x \Rightarrow y \leqslant (z \Rightarrow x) \Rightarrow (z \Rightarrow y)$;

(9) $x \to y \leqslant (y \to z) \Rightarrow (x \to z), x \Rightarrow y \leqslant (y \Rightarrow z) \to (x \Rightarrow z)$;

(10) $(x \otimes y) \Rightarrow z = y \Rightarrow (x \Rightarrow z), (x \otimes y) \to z = y \to (x \to z)$;

(11) $x \vee y \leqslant ((x \to y) \Rightarrow y) \wedge ((y \to x) \Rightarrow x)$,
$\qquad x \vee y \leqslant ((x \Rightarrow y) \to y) \wedge ((y \Rightarrow x) \to x)$;

(12) $x \otimes (y \vee z) = (x \otimes y) \vee (x \otimes z), (y \vee z) \otimes x = (y \otimes x) \vee (z \otimes x)$;

(13) $x \otimes (y \wedge z) \leqslant (x \otimes y) \wedge (x \otimes z), (y \wedge z) \otimes x \leqslant (y \otimes x) \wedge (z \otimes x)$;

(14) $(x \vee y) \to z = (x \to z) \wedge (y \to z), (x \vee y) \Rightarrow z = (x \Rightarrow z) \wedge (y \Rightarrow z)$;

(15) $x \to (y \wedge z) = (x \to y) \wedge (x \to z), x \Rightarrow (y \wedge z) = (x \Rightarrow y) \wedge (x \Rightarrow z)$.

定义 4.1.2 称 $(2,2,2,2,2,0,0)$-型代数 $A = (A, \wedge, \vee, \otimes, \to, \Rightarrow, 0, 1)$ 为伪 BL 代数, 对于任意的 $x, y, z \in A$, 满足下列条件:

(1) $(A, \wedge, \vee, 0, 1)$ 是一个有界格;

(2) $(A, \otimes, 1)$ 是一个幺半群, 即二元运算 $\otimes$ 满足结合律, 且有 $x \otimes 1 = 1 \otimes x = x$;

(3) $x \otimes y \leqslant z$ 当且仅当 $x \leqslant y \to z$ 当且仅当 $y \leqslant x \Rightarrow z$;

(4) $x \wedge y = (x \to y) \otimes x = x \otimes (x \Rightarrow y)$;

(5) $(x \to y) \vee (y \to x) = (x \Rightarrow y) \vee (y \Rightarrow x) = 1$.

定义 4.1.3 称 $(2,2,2,2,2,0,0)$-型代数 $A = (A, \wedge, \vee, \otimes, \to, \Rightarrow, 0, 1)$ 为伪 MTL 代数, 对于任意的 $x, y, z \in A$, 满足下列条件:

(1) $(A, \wedge, \vee, 0, 1)$ 是一个有界格;

(2) $(A, \otimes, 1)$ 是一个以 1 为单位元的半群;

(3) $x \otimes y \leqslant z$ 当且仅当 $x \leqslant y \to z$ 当且仅当 $y \leqslant x \Rightarrow z$;

(4) $(x \to y) \vee (y \to x) = (x \Rightarrow y) \vee (y \Rightarrow x) = 1$.

显然, 伪 BL 代数、伪 MTL 代数都是非交换剩余格, 而非交换逻辑代数的结构可以通过滤子及模糊滤子来进行刻画和研究, 下面我们将重点讨论非交换剩余格上的滤子及模糊滤子.

4.2 非交换剩余格上的滤子

在本节中, 我们一方面引入非交换剩余格上的滤子, 并讨论其重要性质; 另一方面, 定义了非交换剩余格上的正规滤子、布尔滤子、蕴涵滤子及正蕴涵滤子等, 通过研究它们的性质特征, 获得了这些滤子之间的一些关系及等价定理. 另外, 在本节中, 我们用 L 代表非交换剩余格.

4.2.1 非交换剩余格上滤子的基本概念

定义 4.2.1 设 $L = (M, \wedge, \vee, \otimes, \rightarrow, \Rightarrow, 0, 1)$ 是非交换剩余格, L 上的子集 F 被称为 L 上的一个演绎系统, 对于任意的 $x, y, z \in L$, 满足下列条件 (1), (2) 或者 (1), (3):

(1) $1 \in F$;

(2) $x \in F$ 且 $x \rightarrow y \in F$, 则 $y \in F$;

(3) $x \in F$ 且 $x \Rightarrow y \in F$, 则 $y \in F$.

定义 4.2.2 设 $L = (M, \wedge, \vee, \otimes, \rightarrow, \Rightarrow, 0, 1)$ 是非交换剩余格, L 上的非空子集 F 被称为 L 上的一个滤子, 对于任意的 $x, y \in L$, 满足下列条件:

(1) 若 $x, y \in F$, 则 $x \otimes y \in F$;

(2) 若 $x \in F, y \in L, x \leqslant y$, 则 $y \in F$.

定理 4.2.1 设 $L = (M, \wedge, \vee, \otimes, \rightarrow, \Rightarrow, 0, 1)$ 是非交换剩余格, F 是 L 上的非空子集, 下面条件等价:

(1) F 是一个演绎系统;

(2) F 是一个滤子.

证明 (1)$\Rightarrow$(2) 设 F 是一个演绎系统. 因为 $1 \in F$, 故集合 F 是非空的. 另外, 若 $x, y \in F$, 则 $1 = x \rightarrow (y \rightarrow (x \otimes y)) \in F$, 所以 $y \rightarrow (x \otimes y) \in F$ 且也有 $x \otimes y \in F$, 而如果 $x \in F, x \leqslant y$, 则 $x \rightarrow y = 1 \in F$, 从而 $y \in F$, 因此非空子集 F 是非交换剩余格 L 上的一个滤子.

(2)$\Rightarrow$(1) 设非空子集 F 是非交换剩余格 L 上的一个滤子, 则必定存在一个 $x \in F$. 又因为 $x \leqslant 1$, 所以 $1 \in F$. 又假设 $x \in F$ 且 $x \rightarrow y \in F$, 则 $(x \rightarrow y) \otimes x \in F$, 并且因为 $(x \rightarrow y) \otimes x \leqslant y$, 所以有 $y \in F$. 同理可证当 $x \in F$ 且 $x \Rightarrow y \in F$ 时, 也有 $y \in F$. 因而, 非空子集 F 是非交换剩余格 L 上的一个演绎系统. 证毕.

根据上面的定理, 在接下来的章节中就用滤子的概念来代替演绎系统的概念.

注 设非空子集 F 是非交换剩余格 $L = (M, \wedge, \vee, \otimes, \rightarrow, \Rightarrow, 0, 1)$ 上的一个滤子, 如果 $x, y \in F$, 则 $x \otimes y, x \wedge y, x \vee y \in F$.

设非空子集 F 是非交换剩余格 $L = (M, \wedge, \vee, \otimes, \rightarrow, \Rightarrow, 0, 1)$ 上的一个滤子, 如果 $F \neq L$, 则称 F 是真滤子. 如果对于任意的 $x, y \in F$, $x \vee y \in F$ 蕴涵 $x \in F$ 或者 $y \in F$, 则称真滤子 F 为素滤子, 即 F 为素滤子当且仅当 $x, y \in L$, 有 $x \rightarrow y \in F$, 或者有 $y \rightarrow x \in F$, 也当且仅当 $x, y \in L$, 有 $x \Rightarrow y \in F$, 或者有 $y \Rightarrow x \in F$. 如果 L 上的真滤子不真包含在任何其他真滤子中, 则称 F 是极大滤子.

4.2.2 非交换剩余格上的正规滤子与布尔滤子

定义 4.2.3 设非空子集 F 是非交换剩余格 $L = (M, \wedge, \vee, \otimes, \rightarrow, \Rightarrow, 0, 1)$ 上的一个滤子, 对于任意的 $x, y \in F$, 如果 $x \rightarrow y \in F$ 当且仅当 $x \Rightarrow y \in F$, 则称滤子 F 为非交换剩余格 L 上的正规滤子.

显然, $\{1\}$ 和 L 都是非交换剩余格 L 上的正规滤子.

定义 4.2.4 设非空子集 F 是非交换剩余格 $L = (M, \wedge, \vee, \otimes, \rightarrow, \Rightarrow, 0, 1)$ 上的一个滤子, 对于任意的 $x \in F$, 如果 $x \vee \neg x \in F$ 且 $x\vee \sim x \in F$, 则称滤子 F 为非交换剩余格 L 上的布尔滤子, 其中 $\neg x = x \rightarrow 0, \sim x = x \Rightarrow 0$.

显然, 如果非空子集 F, G 是非交换剩余格 L 上的两个滤子, 而且满足 $F \subseteq G$, 如果 F 是 L 上的布尔滤子, 则 G 也是 L 上的布尔滤子.

例 4.2.1 设 $M = \{0, a, b, c, d, e, 1\}$, 其中 $0 \leqslant a < b < c < d < e \leqslant 1$, 令 $x \wedge y = \min\{x, y\}$, $x \vee y = \max\{x, y\}$, 且在 M 中定义二元运算 $\rightarrow, \otimes$ 和 $\Rightarrow$ 如下表所示.

$\rightarrow$	0	a	b	c	d	e	1
0	1	1	1	1	1	1	1
a	0	1	1	1	1	1	1
b	0	d	1	d	1	1	1
c	0	b	b	1	1	1	1
d	0	b	b	d	1	1	1
e	0	b	b	d	d	1	1
1	0	a	b	c	d	e	1

$\otimes$	0	a	b	c	d	e	1
0	0	0	0	0	0	0	0
a	0	a	a	a	a	a	a
b	0	a	a	a	a	a	b
c	0	a	a	c	c	c	c
d	0	a	a	c	c	c	d
e	0	a	b	c	d	e	e
1	0	a	b	c	d	e	1

$\Rightarrow$	0	a	b	c	d	e	1
0	1	1	1	1	1	1	1
a	0	1	1	1	1	1	1
b	0	e	1	e	1	1	1
c	0	b	b	1	1	1	1
d	0	b	b	e	1	1	1
e	0	a	b	c	d	1	1
1	0	a	b	c	d	e	1

则 $L = (M, \wedge, \vee, \otimes, \rightarrow, \Rightarrow, 0, 1)$ 构成一个非交换剩余格. 集合 $F = \{a, b, c, d, e, 1\}$ 就是非交换剩余格 L 上的布尔滤子.

定理 4.2.2 设非空子集 F 是非交换剩余格 $L = (M, \wedge, \vee, \otimes, \rightarrow, \Rightarrow, 0, 1)$ 上的一个滤子, 对于任意的 $x \in F$, 若滤子 F 是 L 上的布尔滤子当且仅当满足下列条件:

(1) 若 $\sim x \Rightarrow x \in F$, 则 $x \in F$;

(2) 若 $\neg x \rightarrow x \in F$, 则 $x \in F$.

证明 设滤子 F 是非交换剩余格 $L = (M, \wedge, \vee, \otimes, \rightarrow, \Rightarrow, 0, 1)$ 上的布尔滤子, 则对于任意的 $x \in F$, 就有 $x \vee \sim x \in F$ 和 $x \vee \neg x \in F$. 如果 $\sim x \Rightarrow x \in F$, 则就有

$$(x \Rightarrow x) \wedge (\sim x \Rightarrow x) = \sim x \Rightarrow x \in F.$$

又因为 $(x \vee \sim x) \Rightarrow x = (x \Rightarrow x) \wedge (\sim x \Rightarrow x)$, 因此就有 $(x\vee \sim x) \Rightarrow x \in F$. 由定义 4.2.1 可知: $x \in F$. 因此 (1) 式成立. 类似地, 也可以证明 (2) 式成立.

　　反之, 设非空子集 F 是非交换剩余格 $L = (M, \wedge, \vee, \otimes, \rightarrow, \Rightarrow, 0, 1)$ 上的一个滤子, 而且满足 (1) 式和 (2) 式. 因为对于任意的 $x \in F$, 在非交换剩余格 L 上恒有

$$\sim (x \vee \sim x) \Rightarrow (x \vee \sim x) = (\sim x \wedge \sim\sim x) \Rightarrow (x \vee \sim x) = 1.$$

因此, $\sim (x \vee \sim x) \Rightarrow (x \vee \sim x) \in F$. 由 (1) 式可知: $x \vee \sim x \in F$. 同理可证 $x \vee \neg x \in F$. 故由定义 4.2.4 可知滤子 F 是 L 上的布尔滤子. 证毕.

　　定理 4.2.3　设非空子集 F 是非交换剩余格 $L = (M, \wedge, \vee, \otimes, \rightarrow, \Rightarrow, 0, 1)$ 上的一个滤子, 对于任意的 $x, y \in F$, 若滤子 F 是 L 上的布尔滤子当且仅当满足下列条件:

　　(1) 若 $(x \Rightarrow y) \Rightarrow y \in F$, 则 $x \in F$;

　　(2) 若 $(x \rightarrow y) \rightarrow y \in F$, 则 $x \in F$.

　　证明　设非空子集 F 是非交换剩余格 L 上的布尔滤子. 因为 $\sim x \leqslant x \Rightarrow y$, 所以有 $(x \Rightarrow y) \Rightarrow y \leqslant \sim x \Rightarrow x$. 如果 $(x \Rightarrow y) \Rightarrow y \in F$, 则由滤子的定义可知: $\sim x \Rightarrow x \in F$, 再由定理 4.2.2 可知: $x \in F$. 另一方面, 由于 $\neg x \leqslant x \rightarrow y$, 进而 $(x \rightarrow y) \rightarrow x \leqslant \neg x \rightarrow x$. 又因为 $(x \rightarrow y) \rightarrow y \in F$, 则 $\neg x \rightarrow x \in F$, 从而 $x \in F$. 因此 (1) 式和 (2) 式都成立.

　　反之, 设 F 是 L 上的滤子, 且满足 (1) 式和 (2) 式的条件. 故在 (1) 式和 (2) 式中令 $y = 0$, 从而可得 $(x \Rightarrow y) \Rightarrow y \in F$, 则 $x \in F$, 而且 $(x \rightarrow y) \rightarrow y \in F$, 则 $x \in F$. 由定理 4.2.2 可知: F 是 L 上的布尔滤子. 证毕.

　　定理 4.2.4　设非空子集 F 是非交换剩余格 $L = (M, \wedge, \vee, \otimes, \rightarrow, \Rightarrow, 0, 1)$ 上的一个滤子, 对于任意的 $x, y, z \in L$, 则 F 是 L 上的正规滤子当且仅当满足以下条件:

　　(1) $1 \in F$;

　　(2) 当 $y, x \rightarrow (y \Rightarrow z) \in F$ 时, 蕴涵 $x \Rightarrow z \in F$;

　　(3) 当 $y, x \Rightarrow (y \rightarrow z) \in F$ 时, 蕴涵 $x \rightarrow z \in F$.

　　证明　设非空子集 F 是非交换剩余格 L 上的一个正规滤子, 则 $1 \in F$, 且对于任意的 $x, y, z \in L$, 当 $y, x \rightarrow (y \Rightarrow z) \in F$ 时, 有 $y, x \Rightarrow (y \rightarrow z) \in F$. 从而可得 $x \rightarrow z \in F$, 而且 $x \Rightarrow z \in F$. 同理当 $y, x \Rightarrow (y \rightarrow z) \in F$ 时, 蕴涵 $x \rightarrow z \in F$.

　　反之, 在 (2) 式和 (3) 式中令 $x = 1$, 则由 (1) 式、(2) 式和 (3) 式可知 F 是 L 上的一个滤子, 对于任意的 $x, y \in L$, 若 $x \rightarrow y \in F$, $x \rightarrow ((x \rightarrow y) \Rightarrow y) = 1 \in F$, 则 $x \Rightarrow y \in F$. 另一方面, 若 $x \Rightarrow y \in F$, $x \Rightarrow ((x \Rightarrow y) \rightarrow y) = 1 \in F$, 则 $x \rightarrow y \in F$. 综上可知: F 是 L 上的一个正规滤子. 证毕.

　　命题 4.2.1　设非空子集 F 是非交换剩余格 $L = (M, \wedge, \vee, \otimes, \rightarrow, \Rightarrow, 0, 1)$ 上的一个滤子, 对于任意的 $x, y, z \in L$, 则 F 是 L 上的正规滤子当且仅当以下条件成立:

　　(1) $1 \in F$;

　　(2) 当 $y, x \rightarrow (y \rightarrow z) \in F$ 时, 蕴涵 $x \rightarrow z \in F$;

(3) 当 $y, x \Rightarrow (y \Rightarrow z) \in F$ 时, 蕴涵 $x \Rightarrow z \in F$.

4.2.3 非交换剩余格上的蕴涵滤子

定义 4.2.5 设非空子集 F 是非交换剩余格 $L = (M, \wedge, \vee, \otimes, \to, \Rightarrow, 0, 1)$ 上的一个滤子, 对于任意的 $x, y, z \in F$, 称 F 是 L 上的蕴涵滤子, 如果满足下列的条件:

(1) 当 $(x \otimes \sim z) \Rightarrow y \in F$ 且 $y \Rightarrow z \in F$ 时, 则 $x \Rightarrow z \in F$;

(2) 当 $(\neg z \otimes x) \to y \in F$ 且 $y \to z \in F$ 时, 则 $x \to z \in F$.

显然, 在例 4.2.1 中, 集合 $F = \{a, b, c, d, e, 1\}$ 就构成了非交换剩余格 L 上的一个蕴涵滤子. 下面我们给出非交换剩余格 L 上蕴涵滤子的一些性质特征.

定理 4.2.5 设非空子集 F 是非交换剩余格 $L = (M, \wedge, \vee, \otimes, \to, \Rightarrow, 0, 1)$ 上的一个滤子, 对于任意的 $x, y, z \in L$, 则 F 是 L 上的蕴涵滤子当且仅当以下条件成立:

(1) 当 $(x \otimes \sim y) \Rightarrow y \in F$ 时, 则 $x \Rightarrow y \in F$;

(2) 当 $(\neg y \otimes x) \to y \in F$ 时, 则 $x \to y \in F$.

证明 设 F 是 L 上的一个蕴涵滤子, 则 $1 \in F$. 对于任意的 $x, y \in L$, 令 $(x \otimes \sim y) \Rightarrow y \in F$. 因为 F 是 L 上的蕴涵滤子且 $y \Rightarrow y = 1 \in F$. 故可得 $x \Rightarrow y \in F$, 即 (1) 式成立. 同理可证 (2) 式成立.

反之, 设集合 F 是非交换剩余格 L 上的滤子, 且满足 (1) 式和 (2) 式的条件. 如果 $(x \otimes \sim z) \Rightarrow y \in F$ 且 $y \Rightarrow z \in F$, 则由定义 4.2.2 可得: $((x \otimes \sim z) \Rightarrow y) \otimes (y \Rightarrow z) \in F$. 又因为

$$((x \otimes \sim z) \Rightarrow y) \otimes (y \Rightarrow z) \leqslant (x \otimes \sim z) \Rightarrow z,$$

故可得: $(x \otimes \sim z) \Rightarrow z \in F$, 再结合 (1) 式就有 $x \Rightarrow z \in F$. 而另一方面, 如果当 $(\neg x \otimes x) \to y \in F$ 且 $y \to z \in F$ 时, 则 $(y \to z) \otimes ((\neg z \otimes x) \to y) \in F$. 又因为

$$(y \to z) \otimes ((\neg z \otimes x) \to y) \leqslant (\neg z \otimes x) \to z,$$

故可得: $(\neg z \otimes x) \to z \in F$, 再结合 (2) 式就有 $x \to z \in F$. 综上: 由定义 4.2.5 可知 F 是 L 上的蕴涵滤子. 证毕.

因为在非交换剩余格 L 上, 对于任意的 $x, y \in L$, 恒有 $(x \otimes \sim y) \Rightarrow y = \sim y \Rightarrow (x \Rightarrow y)$, 且 $(\neg y \otimes x) \to y = \neg y \to (x \to y)$, 所以由定理 4.2.5 可以得到下面的推论.

推论 4.2.1 设非空子集 F 是非交换剩余格 $L = (M, \wedge, \vee, \otimes, \to, \Rightarrow, 0, 1)$ 上的一个滤子, 对于任意的 $x, y \in L$, 若 F 是 L 上的蕴涵滤子当且仅当满足下列条件:

(1) 当 $(\sim y \Rightarrow (x \Rightarrow y)) \in F$ 时, 则 $x \Rightarrow y \in F$;

(2) 当 $(\neg y \to (x \to y)) \in F$ 时, 则 $x \to y \in F$.

定理 4.2.6 设非空子集 F 是非交换剩余格 $L = (M, \wedge, \vee, \otimes, \to, \Rightarrow, 0, 1)$ 上的一个滤子, 对于任意的 $x, y \in L$, 则下列条件等价:

(1) F 是 L 上的布尔滤子;

(2) F 是 L 上的蕴涵滤子.

证明　(1)⇒(2)　设非空子集 F 是非交换剩余格 L 上的布尔滤子. 对于任意的 $x, y \in L$, 令 $(\sim y \Rightarrow (x \Rightarrow y)) \in F$. 因为 $y \leqslant x \Rightarrow y$, 故可得 $\sim (x \Rightarrow y) \leqslant \sim y$, 进而由性质 4.1.1 可知

$$\sim y \Rightarrow (x \Rightarrow y) \leqslant \sim (x \Rightarrow y) \Rightarrow (x \Rightarrow y).$$

因此就有 $\sim (x \Rightarrow y) \Rightarrow (x \Rightarrow y) \in F$, 从而 $x \Rightarrow y \in F$, 故由推论 4.2.1 可得 F 是非交换剩余格 L 上的蕴涵滤子. 结论成立.

(2)⇒(1)　设非空子集 F 是非交换剩余格 L 上的蕴涵滤子. 因为当 $\sim x \Rightarrow x \in F$ 时, 有 $(1 \otimes \sim x) \Rightarrow x = \sim x \Rightarrow x \in F$, 故由定理 4.2.5 可得 $x \in F$. 又因为当 $\neg x \to x \in F$ 时, 有 $(\neg x \otimes 1) \to x = \neg x \to x \in F$, 故也由定理 4.2.5 可得 $x \in F$. 因此综上可知: F 是非交换剩余格 L 上的蕴涵滤子. 证毕.

4.2.4　非交换剩余格上的正蕴涵滤子

定义 4.2.6　设非空子集 F 是非交换剩余格 $L = (M, \wedge, \vee, \otimes, \to, \Rightarrow, 0, 1)$ 上的一个滤子, 对于任意的 $x, y, z \in F$, 称滤子 F 是 L 上的正蕴涵滤子, 如果满足下列的条件:

(1) $1 \in F$;

(2) 当 $(x \otimes y) \Rightarrow z \in F$ 和 $x \Rightarrow y \in F$ 时, 蕴涵 $x \Rightarrow z \in F$;

(3) 当 $(x \otimes y) \to z \in F$ 和 $x \to y \in F$ 时, 蕴涵 $x \to z \in F$,

显然, 在例 4.2.1 中, 集合 $F = \{c, d, e, 1\}$ 及集合 $G = \{a, b, c, d, e\}$ 就构成了非交换剩余格 L 上的一个正蕴涵滤子.

定理 4.2.7　设 $L = (M, \wedge, \vee, \otimes, \to, \Rightarrow, 0, 1)$ 是一个非交换剩余格, 则 L 上的正蕴涵滤子是 L 上的一个滤子.

证明　设非空子集 F 是非交换剩余格 $L = (M, \wedge, \vee, \otimes, \to, \Rightarrow, 0, 1)$ 上的一个正蕴涵滤子, 对于任意的 $x, y \in F$, 如果 $x \Rightarrow y \in F$ 且 $x \in F$, 则可得 $(1 \otimes x) \Rightarrow y \in F$ 而且 $1 \Rightarrow x \in F$, 故由定义 4.2.6 中 (2) 式可得 $1 \Rightarrow y \in F$, 即 $y \in F$. 因此非空子集 F 是非交换剩余格 L 上的一个滤子. 证毕.

定理 4.2.8　设非空子集 F 是非交换剩余格 $L = (M, \wedge, \vee, \otimes, \to, \Rightarrow, 0, 1)$ 上的一个滤子, 对于任意的 $x, y \in F$, 则 F 是 L 上的正蕴涵滤子当且仅当满足下列条件:

(1) 当 $(x \otimes x) \Rightarrow y \in F$ 时, 蕴涵着 $x \Rightarrow y \in F$;

(2) 当 $(x \otimes x) \to y \in F$ 时, 蕴涵着 $x \to y \in F$.

证明 **必要性** 设非空子集 F 是非交换剩余格 L 上的正蕴涵滤子. 对于任意的 $x, y \in F$, 当 $(x \otimes x) \Rightarrow y \in F$ 时, 由定义 4.2.5 可得 $x \Rightarrow y \in F$, 因此 (1) 式成立. 同理可证得 (2) 式成立. 综上可知, 当 F 是 L 上的正蕴涵滤子时, (1) 式和 (2) 式均成立.

充分性 设非空子集 F 是非交换剩余格 $L = (M, \wedge, \vee, \otimes, \rightarrow, \Rightarrow, 0, 1)$ 上的一个滤子, 而且对于任意的 $x, y \in F$, 满足 (1) 式和 (2) 式的条件. 因为 F 是 L 上的滤子, 故可得 $1 \in F$, 而当 $(x \otimes y) \Rightarrow z \in F$ 和 $x \Rightarrow y \in F$ 时, 有 $(x \Rightarrow y) \otimes ((x \otimes y) \Rightarrow z) \in F$. 又因为

$$(x \Rightarrow y) \otimes ((x \otimes y) \Rightarrow z) = (x \Rightarrow y) \otimes (y \Rightarrow (x \Rightarrow z))$$
$$\leqslant x \Rightarrow (x \Rightarrow z) = (x \otimes x) \Rightarrow z,$$

故可得 $(x \otimes x) \Rightarrow z \in F$. 又由 (1) 式可得 $x \Rightarrow z \in F$. 综上即当 $(x \otimes y) \Rightarrow z \in F$ 和 $x \Rightarrow y \in F$ 时, 蕴涵着 $x \Rightarrow y \in F$.

另一方面, 当 $(x \otimes y) \rightarrow z \in F$ 和 $x \rightarrow y \in F$ 时, 可得 $((y \otimes x) \rightarrow z) \otimes (x \rightarrow y) \in F$. 又因为

$$(x \rightarrow y) \otimes ((y \otimes x) \rightarrow z) = (x \rightarrow y) \otimes (y \rightarrow (x \rightarrow z))$$
$$\leqslant x \rightarrow (x \rightarrow z) = (x \otimes x) \rightarrow z,$$

故可得 $(x \otimes x) \rightarrow z \in F$. 又由 (2) 式可得 $x \rightarrow z \in F$. 综上, 当 $(x \otimes y) \rightarrow z \in F$ 和 $x \rightarrow y \in F$ 时, 蕴涵着 $x \rightarrow y \in F$.

综上可知定理的结论成立. 证毕.

推论 4.2.2 设非空子集 F 是非交换剩余格 $L = (M, \wedge, \vee, \otimes, \rightarrow, \Rightarrow, 0, 1)$ 上的一个滤子, 对于任意的 $x, y \in L$, 若 F 是 L 上的正蕴涵滤子当且仅当满足下列条件:

(1) 当 $x \Rightarrow (x \Rightarrow y) \in F$ 时, 蕴涵着 $x \Rightarrow y \in F$;

(2) 当 $x \rightarrow (x \rightarrow y) \in F$ 时, 蕴涵着 $x \rightarrow y \in F$.

定理 4.2.9 设 $L = (M, \wedge, \vee, \otimes, \rightarrow, \Rightarrow, 0, 1)$ 是非交换剩余格, 则 L 上的布尔滤子是 L 上的正蕴涵滤子.

证明 设非空子集 F 是非交换剩余格 $L = (M, \wedge, \vee, \otimes, \rightarrow, \Rightarrow, 0, 1)$ 上的一个布尔滤子, 对于任意的 $x, y \in L$, 因为 $(x \vee \sim x) \Rightarrow (x \Rightarrow y) = (x \Rightarrow (x \Rightarrow y)) \wedge (\sim x \Rightarrow (x \Rightarrow y))$, 则 $(x \vee \sim x) \Rightarrow (x \Rightarrow y) \in F$. 又因为 F 是 L 上的布尔滤子, 故 $x \vee \sim x \in F$, 因此可得 $x \Rightarrow y \in F$, 即定义 4.2.6 中 (2) 式成立. 同理可证得定义 4.2.6 中 (3) 式成立. 综上可知: 若 F 是 L 上的布尔滤子, 则也是 L 上的正蕴涵滤子. 证毕.

注　定理 4.2.9 的逆命题不成立. 例如在例 4.2.1 中, 集合 $F = \{c, d, e, 1\}$ 是非交换剩余格 L 上的一个正蕴涵滤子, 但不是 L 上的一个布尔滤子, 这是因为 $a \vee \neg a = a \notin \{c, d, e, 1\}$.

定理 4.2.10　设 $L = (M, \wedge, \vee, \otimes, \rightarrow, \Rightarrow, 0, 1)$ 是非交换剩余格, 非空子集 F 是 L 上的正规滤子, 则 F 是 L 上的布尔滤子当且仅当 F 是 L 上的正蕴涵滤子而且满足

(1) $(x \Rightarrow y) \rightarrow y \in F$ 当且仅当 $(y \Rightarrow x) \rightarrow x \in F$;

(2) $(x \rightarrow y) \Rightarrow y \in F$ 当且仅当 $(y \rightarrow x) \Rightarrow x \in F$.

证明　**必要性**　设 F 是 L 上的布尔滤子, 由定理 4.2.9 可知 F 是 L 上的正蕴涵滤子. 对于任意的 $x, y \in L$, 有 $x \leqslant (y \Rightarrow x) \rightarrow x$, 进而可得 $\sim ((y \Rightarrow x) \rightarrow x) \leqslant \sim x \leqslant x \Rightarrow y$, 因此就有

$$(x \Rightarrow y) \rightarrow y \leqslant \sim ((y \Rightarrow x) \rightarrow x) \rightarrow y$$
$$\leqslant \sim ((y \Rightarrow x) \rightarrow x) \rightarrow ((y \Rightarrow x) \rightarrow x).$$

因为 $(x \Rightarrow y) \rightarrow y \in F$, 故可得 $\sim ((y \Rightarrow x) \rightarrow x) \rightarrow ((y \Rightarrow x) \rightarrow x) \in F$, 又因为 F 是 L 上的正规滤子, 因此 $(y \Rightarrow x) \rightarrow x \in F$, 即 (1) 式成立.

另一方面, 对于任意的 $x, y \in L$, 有 $y \leqslant (x \Rightarrow y) \rightarrow y$, 进而 $\sim ((x \Rightarrow y) \rightarrow y) \leqslant \sim y \leqslant y \Rightarrow x$, 因此

$$(y \Rightarrow x) \rightarrow x \leqslant \sim ((x \Rightarrow y) \rightarrow y) \rightarrow x$$
$$\leqslant \sim ((x \Rightarrow y) \rightarrow y) \rightarrow ((x \Rightarrow y) \rightarrow y).$$

因为 $(y \Rightarrow x) \rightarrow x \in F$, 则有 $\sim ((x \Rightarrow y) \rightarrow y) \rightarrow ((x \Rightarrow y) \rightarrow y) \in F$, 又因为 F 是 L 上的布尔滤子, 所以由上可得 $(x \Rightarrow y) \rightarrow y \in F$. 综上可知, 当 $(x \Rightarrow y) \rightarrow y \in F$ 时当且仅当 $(y \Rightarrow x) \rightarrow x \in F$, 即 (1) 式成立. 同理可证得当 $(x \rightarrow y) \Rightarrow y \in F$ 时当且仅当 $(y \rightarrow x) \Rightarrow x \in F$, 即 (2) 式成立.

充分性　设非空子集 F 是非交换剩余格 L 上的正蕴涵滤子而且满足 (1) 式和 (2) 式的条件. 对于任意的 $x \in L$, 若 $\sim x \Rightarrow x \in F$, 则 $\sim x \Rightarrow \neg \sim x \in F$ 且 $\sim x \rightarrow \neg \sim x \in F$. 因为 F 是 L 上的正蕴涵滤子, 故由推论 4.2.2 可知: $\sim x \rightarrow 0 \in F$, 即 $(x \Rightarrow 0) \rightarrow 0 \in F$, 由条件 (1) 式可知: $(0 \Rightarrow x) \rightarrow x \in F$, 即 $x \in F$. 而另一方面, 若 $\neg x \Rightarrow x \in F$ 时, 则可得 $\neg x \rightarrow \sim \neg x \in F$, 又因为 F 是 L 上的正规滤子, 故可得 $\neg x \Rightarrow \sim \neg x \in F$, 从而 $\neg x \Rightarrow 0 \in F$, 再由条件 (2) 式可知: $(0 \rightarrow x) \Rightarrow x \in F$, 即 $x \in F$. 因此综上可知: 非空子集 F 是非交换剩余格 L 上的布尔滤子. 证毕.

4.2.5 非交换剩余格上的固执滤子与子正蕴涵滤子

定义 4.2.7 设非空子集 F 是非交换剩余格 $L = (M, \wedge, \vee, \otimes, \rightarrow, \Rightarrow, 0, 1)$ 上的一个滤子, 对于任意的 $x, y \in L$, 称 F 是 L 上的固执滤子 (obstinate filter), 若满足下列条件:

(1) 当 $x, y \notin F$ 时, 蕴涵着 $x \rightarrow y \in F$ 且 $y \rightarrow x \in F$;

(2) 当 $x, y \notin F$ 时, 蕴涵着 $x \Rightarrow y \in F$ 且 $y \Rightarrow x \in F$.

下面的例子说明非交换剩余格 L 上的固执滤子是存在的.

例 4.2.2 设 $M = \{0, a, b, c, 1\}$, 其中 $0 \leqslant a < b < c \leqslant 1$, 令 $x \wedge y = \min\{x, y\}$, $x \vee y = \max\{x, y\}$, 且在 M 中定义二元运算 $\rightarrow, \otimes$ 和 $\Rightarrow$ 如下表所示.

$\rightarrow$	0	a	b	c	1	$\otimes$	0	a	b	c	1	$\Rightarrow$	0	a	b	c	1
0	1	1	1	1	1	0	0	0	0	0	0	0	1	1	1	1	1
a	0	1	1	1	1	a	0	a	a	a	a	a	0	1	1	1	1
b	0	b	1	1	1	b	0	a	a	a	b	b	0	c	1	1	1
c	0	b	b	1	1	c	0	a	b	c	c	c	0	b	b	1	1
1	0	a	b	c	1	1	0	a	b	c	1	1	0	0	b	b	e	1

则 $L = (M, \wedge, \vee, \otimes, \rightarrow, \Rightarrow, 0, 1)$ 构成一个非交换剩余格. 集合 $F = \{a, b, c, 1\}$ 就是非交换剩余格 L 上的固执滤子.

定义 4.2.8 设 $L = (M, \wedge, \vee, \otimes, \rightarrow, \Rightarrow, 0, 1)$ 是非交换剩余格, F 为 L 上的一个非空子集, 则 F 被称为是非交换剩余格 L 上的子正蕴涵滤子 (sub positive implicative filter), 如果对于任意的 $x, y, z \in L$, 满足下列条件:

(1) $1 \in F$;

(2) $((x \rightarrow y) \otimes z) \Rightarrow ((y \Rightarrow x) \rightarrow x) \in F, z \in F$ 蕴涵 $((x \rightarrow y) \Rightarrow y) \in F$;

(3) $(z \otimes (x \Rightarrow y)) \rightarrow ((y \rightarrow x) \Rightarrow x) \in F, z \in F$ 蕴涵 $((x \Rightarrow y) \rightarrow y) \in F$.

命题 4.2.2 设非空子集 F 是非交换剩余格 $L = (M, \wedge, \vee, \otimes, \rightarrow, \Rightarrow, 0, 1)$ 上的一个滤子, 对于任意的 $x, y \in L$, 称 F 是 L 上的子正蕴涵滤子当且仅当满足下列条件:

(1) 当 $(x \rightarrow y) \Rightarrow x \in F$ 时, 蕴涵着 $x \in F$;

(2) 当 $(x \Rightarrow y) \rightarrow x \in F$ 时, 蕴涵着 $x \in F$.

定理 4.2.11 设 $L = (M, \wedge, \vee, \otimes, \rightarrow, \Rightarrow, 0, 1)$ 是非交换剩余格, 对于任意的 $x, y \in L$, 若滤子 F 为 L 上的一个固执滤子, 则 F 也为 L 上的一个子正蕴涵滤子.

证明 反证法 假设 F 不是 L 上的一个子正蕴涵滤子, 则存在 $x, y \in L$, 使得 $(x \rightarrow y) \Rightarrow x \in F$ 或者 $(x \Rightarrow y) \rightarrow x \in F$, 但是 $x \notin F$. 假设 $(x \rightarrow y) \Rightarrow x \in F$ 而且 $x \notin F$, 则有 $y \in F$ 或者 $y \notin F$. 考虑下面两种情况.

情况 1 令 $y \in F$, 则 $y \leqslant x \rightarrow y$, 故 $x \rightarrow y \in F$. 又因为 $(x \rightarrow y) \Rightarrow x \in F$, 故

由滤子的定义可知 $x \in F$. 这与固执滤子的定义矛盾, 故假设错误, 原命题正确.

情况 2　令 $y \notin F$, 因为 F 是 L 上的一个固执滤子, 则 $x \to y \in F$, 因此 $x \in F$. 即与原命题产生矛盾.

综上可知: 当滤子 F 是非交换剩余格 L 上的一个固执滤子时, 则 F 也为 L 上的一个子正蕴涵滤子. 证毕.

注　由定理 4.2.11 可知非交换剩余格上的固执滤子是子正蕴涵滤子. 反之, 则不成立.

例 4.2.3　设 $M = \{0, a, b, c, 1\}$, 其中 $0 < a, b < c < 1$, 令 $x \wedge y = \min\{x, y\}$, $x \vee y = \max\{x, y\}$, 且在 M 中定义二元运算 $\to, \otimes$ 和 $\Rightarrow$ 如下表所示.

$\to$	0	a	b	c	1
0	1	1	1	1	1
a	b	1	b	1	1
b	a	a	1	1	1
c	0	a	b	1	1
1	0	a	b	c	1

$\otimes$	0	a	b	c	1
0	0	0	0	0	0
a	0	a	0	a	a
b	0	0	b	b	b
c	0	a	b	c	c
1	0	a	b	c	1

$\Rightarrow$	0	a	b	c	1
0	1	1	1	1	1
a	b	1	b	1	1
b	a	a	1	1	1
c	0	a	b	1	1
1	0	a	b	c	1

则 $L = (M, \wedge, \vee, \otimes, \to, \Rightarrow, 0, 1)$ 构成一个非交换剩余格. 集合 $F = \{c, 1\}$ 是非交换剩余格 L 上的一个子正蕴涵滤子, 但并不是其上的固执滤子, 这是因为 $a, b \notin F$ 且 $a \to b = b \notin F$ 和 $b \to a = a \notin F$, 故 $F = \{c, 1\}$ 不是非交换剩余格 L 上的固执滤子.

4.2.6　非交换剩余格上的弱蕴涵滤子

定义 4.2.9　设 $L = (M, \wedge, \vee, \otimes, \to, \Rightarrow, 0, 1)$ 是非交换剩余格, F 为 L 上的一个非空子集, 则 F 被称为非交换剩余格 L 上的弱蕴涵滤子 (weak implicative filter), 如果对于任意的 $x, y, z \in L$, 满足下列条件:

(1) $1 \in F$;

(2) 当 $z \to ((((x \to y) \Rightarrow y) \Rightarrow x) \to x) \in F$ 且 $z \in F$ 时, 蕴涵着 $(x \to y) \Rightarrow y \in F$;

(3) 当 $z \Rightarrow ((((x \Rightarrow y) \to y) \to x) \Rightarrow x) \in F$ 且 $z \in F$ 时, 蕴涵着 $(x \Rightarrow y) \to y \in F$.

命题 4.2.3　设非空子集 F 是非交换剩余格 $L = (M, \wedge, \vee, \otimes, \to, \Rightarrow, 0, 1)$ 上的一个滤子, 对于任意的 $x, y \in L$, 称 F 是 L 上的弱蕴涵滤子当且仅当满足下列条件:

(1) 当 $(((x \to y) \Rightarrow y) \Rightarrow x) \to x \in F$ 时, 蕴涵着 $(x \to y) \Rightarrow y \in F$;

(2) 当 $(((x \Rightarrow y) \to y) \to x) \Rightarrow x \in F$ 时, 蕴涵着 $(x \Rightarrow y) \to y \in F$.

定理 4.2.12　设 $L = (M, \wedge, \vee, \otimes, \to, \Rightarrow, 0, 1)$ 是非交换剩余格, 对于任意的 $x, y \in L$, 若集合 F 是 L 上的弱蕴涵滤子, 则 F 是 L 上的滤子.

证明 对于任意的 $x, y \in L$, 设 $x, x \to y \in F$. 由性质 4.1.1 可知

$$x \to (((((y \to y) \Rightarrow y) \Rightarrow y) \to y) = x \to y \in F.$$

再由定义 4.2.9 中 (2) 式可得: $(x \to y) \Rightarrow y \in F$, 又因为 $y = 1 \Rightarrow y = (y \to y) \Rightarrow y$, 因此可得: $y \in F$. 综上可知 F 是 L 上的滤子. 证毕.

定理 4.2.13 设非空子集 F 是非交换剩余格 $L = (M, \wedge, \vee, \otimes, \to, \Rightarrow, 0, 1)$ 上的一个滤子, 对于任意的 $x, y \in L$, 若 F 是 L 上的弱蕴涵滤子当且仅当满足条件:

$$(x \to y) \Rightarrow y \in F \text{ 当且仅当 } (y \Rightarrow x) \to x \in F.$$

证明 **必要性** 设 F 是非交换剩余格 $L = (M, \wedge, \vee, \otimes, \to, \Rightarrow, 0, 1)$ 上的弱蕴涵滤子, 且对于任意的 $x, y \in L$, 满足 $(x \to y) \Rightarrow y \in F$. 由性质 4.1.1 可知: $x \leqslant (y \Rightarrow x) \to x$, 则有 $((y \Rightarrow x) \to x) \to y \leqslant x \to y$, 进而可得 $(x \to y) \Rightarrow y \leqslant (((y \Rightarrow x) \to x) \to y) \Rightarrow y$. 因此 $(((y \Rightarrow x) \to x) \to y) \Rightarrow y \in F$. 再由命题 4.2.3 中 (2) 式可得: $(y \Rightarrow x) \to x \in F$. 同理我们也能证明当 $(y \Rightarrow x) \to x \in F$ 时, $(x \to y) \Rightarrow y \in F$ 成立.

充分性 设 F 是 L 上的滤子, 对于任意的 $x, y \in L$, 满足条件 $(x \to y) \Rightarrow y \in F$ 当且仅当 $(y \Rightarrow x) \to x \in F$, 而且 $(((x \to y) \Rightarrow y) \Rightarrow x) \to x \in F$. 因此由条件可得

$$(x \to ((x \to y) \Rightarrow y)) \Rightarrow ((x \to y) \Rightarrow y) \in F.$$

再由性质 4.1.1 可知

$$\begin{aligned}
&(x \to ((x \to y) \Rightarrow y)) \Rightarrow ((x \to y) \Rightarrow y) \\
&= ((x \to y) \Rightarrow (x \to y)) \Rightarrow ((x \to y) \Rightarrow y) \\
&= 1 \Rightarrow ((x \to y) \Rightarrow y) \\
&= (x \to y) \Rightarrow y,
\end{aligned}$$

即 $(x \to y) \Rightarrow y \in F$. 故满足命题 4.2.3 中 (1) 式, 同理可证明命题 4.2.3 中 (2) 式也成立. 综上可知 F 是 L 上的弱蕴涵滤子. 证毕.

定理 4.2.14 设非空子集 F 是非交换剩余格 $L = (M, \wedge, \vee, \otimes, \to, \Rightarrow, 0, 1)$ 上的一个滤子, 对于任意的 $x, y \in L$, 若 F 是 L 上的子正蕴涵滤子, 则 F 是 L 上的弱蕴涵滤子.

证明 设 F 是非交换剩余格 $L = (M, \wedge, \vee, \otimes, \to, \Rightarrow, 0, 1)$ 上的子正蕴涵滤子, 且对于任意的 $x, y \in L$, 有 $(x \to y) \Rightarrow y \in F$. 因为在非交换剩余格 L 上有 $x \leqslant (y \to x) \Rightarrow x$, 进而 $(((y \to x) \Rightarrow x) \to 0) \leqslant x \to 0 \leqslant x \to y$, 故由性质 4.1.1 可得

$$(x \to y) \Rightarrow y \leqslant (((y \to x) \Rightarrow x) \to 0) \Rightarrow y$$

$$\leqslant (((y \to x) \Rightarrow x) \to 0) \Rightarrow ((y \to x) \Rightarrow x),$$

即可得 $(((y \to x) \Rightarrow x) \to 0) \Rightarrow ((y \to x) \Rightarrow x) \in F$. 又因为滤子 F 是非交换剩余格 $L = (M, \wedge, \vee, \otimes, \to, \Rightarrow, 0, 1)$ 上的子正蕴涵滤子, 故可得 $(y \to x) \Rightarrow x \in F$. 综上由定理 4.2.13 可知 F 是 L 上的弱蕴涵滤子. 证毕.

定理 4.2.15   设非空子集 F 是非交换剩余格 $L = (M, \wedge, \vee, \otimes, \to, \Rightarrow, 0, 1)$ 上的一个滤子, 对于任意的 $x, y \in L$, 如果滤子 F 既是 L 上的正蕴涵滤子又是 L 上的弱蕴涵滤子, 则 F 是 L 上的子正蕴涵滤子.

证明   对于任意的 $x, y \in L$, 设 $(x \to y) \Rightarrow ((y \Rightarrow x) \to x) \in F$. 因为

$$((x \to y) \Rightarrow ((y \Rightarrow x) \to x)) \Rightarrow ((x \to y) \Rightarrow ((y \Rightarrow x) \to ((x \to y) \Rightarrow y)))$$
$$\geqslant ((y \Rightarrow x) \to x) \Rightarrow ((y \Rightarrow x) \to ((x \to y) \Rightarrow y))$$
$$\geqslant x \to ((x \to y) \Rightarrow y)$$
$$= (x \to y) \Rightarrow (x \to y) = 1 \in F,$$

所以 $((x \to y) \Rightarrow ((y \Rightarrow x) \to ((x \to y) \Rightarrow y))) \in F$, 其中在该式中令 $u = x \to y$ 和 $v = (u \Rightarrow y) \Rightarrow x$, 则有 $u \Rightarrow ((y \Rightarrow x) \to (u \Rightarrow y)) \in F$, 因此可得

$$((y \Rightarrow x) \to (u \Rightarrow (u \Rightarrow y))) \Rightarrow (u \Rightarrow (u \Rightarrow (v \to y)))$$
$$= v \to (((y \Rightarrow x) \to (u \Rightarrow (u \Rightarrow y))) \Rightarrow (u \Rightarrow (u \Rightarrow y)))$$
$$\geqslant v \to (y \Rightarrow x)$$
$$= y \Rightarrow (v \to x)$$
$$= y \Rightarrow (((u \Rightarrow y) \Rightarrow x) \to x)$$
$$\geqslant y \Rightarrow (u \Rightarrow y) = 1,$$

即可得 $u \Rightarrow (u \Rightarrow (v \to y)) \in F$. 因为 F 是 L 上的正蕴涵滤子, 故有 $v \to x \in F$, 因此可得 $(((x \to y) \Rightarrow y) \Rightarrow x) \to x = ((u \Rightarrow y) \Rightarrow y) \to x = v \to x \in F$. 又因为 F 是 L 上的弱蕴涵滤子, 由命题 4.2.3 可得 $(x \to y) \Rightarrow y \in F$.

同理也可证明对于任意的 $x, y \in L$, 当 $(x \Rightarrow y) \to ((y \to x) \Rightarrow x) \in F$ 时蕴涵着 $(x \Rightarrow y) \to y \in F$. 综上可知: 如果滤子 F 既是 L 上的正蕴涵滤子又是 L 上的弱蕴涵滤子, 则 F 是 L 上的子正蕴涵滤子. 证毕.

4.2.7   非交换剩余格上的极滤子

定义 4.2.10   设 $L = (M, \wedge, \vee, \otimes, \to, \Rightarrow, 0, 1)$ 是非交换剩余格, F 为 L 上的一个非空子集, 则 F 被称为非交换剩余格 L 上的极滤子, 如果对于任意的 $x, y, z \in L$, 满足下列条件:

(1) $1 \in F$;

(2) 当 $z \to (y \Rightarrow x) \in F$ 和 $z \in F$ 时, 蕴涵着 $((x \Rightarrow y) \to y) \Rightarrow x \in F$;

(3) 当 $z \Rightarrow (y \to x) \in F$ 和 $z \in F$ 时, 蕴涵着 $((x \to y) \Rightarrow y) \to x \in F$.

下面给出具体例子说明.

例 4.2.4 设 $M = \{0, a, b, c, 1\}$, 其中 $0 < a < b < c < 1$, 定义 $x \wedge y = \min\{x, y\}$ 和 $x \vee y = \max\{x, y\}$, 以及二元运算 $\to, \otimes$ 和 $\Rightarrow$ 如下表所示.

$\to$	0	a	b	c	1	$\otimes$	0	a	b	c	1	$\Rightarrow$	0	a	b	c	1
0	1	1	1	1	1	0	0	0	0	0	0	0	1	1	1	1	1
a	b	1	1	1	1	a	0	0	0	0	a	a	c	1	1	1	1
b	a	a	1	1	1	b	0	0	b	b	b	b	a	a	1	1	1
c	a	a	b	1	1	c	0	a	b	c	c	c	0	a	b	1	1
1	0	a	b	c	1	1	0	a	b	c	1	1	0	a	b	c	1

则 $L = (M, \wedge, \vee, \otimes, \to, \Rightarrow, 0, 1)$ 构成一个非交换剩余格. 集合 $F = \{b, c, 1\}$ 是 L 上的极滤子.

由定义 4.2.10 可得下面的命题.

命题 4.2.4 设非空子集 F 是非交换剩余格 $L = (M, \wedge, \vee, \otimes, \to, \Rightarrow, 0, 1)$ 上的一个滤子, 对于任意的 $x, y \in L$, 则 F 是 L 上的极滤子当且仅当满足下列条件:

(1) 当 $y \Rightarrow x \in F$ 时, 蕴涵着 $((x \Rightarrow y) \to y) \Rightarrow x \in F$;

(2) 当 $y \to x \in F$ 时, 蕴涵着 $((x \to y) \Rightarrow y) \to x \in F$.

定理 4.2.16 设 $L = (M, \wedge, \vee, \otimes, \to, \Rightarrow, 0, 1)$ 是非交换剩余格, 对于任意的 $x, y \in L$, 若集合 F 是 L 上的极滤子, 则 F 是 L 上的滤子.

证明 设集合 F 是非交换剩余格 L 上的极滤子, 且对于任意的 $x, y \in L$, 有 $x, x \to y \in F$. 由性质 4.1.1 可知: $x \Rightarrow (1 \to y) = x \Rightarrow y \in F$. 由定义 4.2.10 中 (3) 式可知: $y = ((y \to 1) \Rightarrow 1) \to y \in F$. 综上可知, 对于任意的 $x, y \in L$, 当 $x, x \to y \in F$ 时, 有 $y \in F$ 成立, 即 F 是 L 上的滤子. 证毕.

下面我们将进一步讨论非交换剩余格上极滤子与子正蕴涵滤子之间的关系.

定理 4.2.17 设 $L = (M, \wedge, \vee, \otimes, \to, \Rightarrow, 0, 1)$ 是非交换剩余格, 对于任意的 $x, y \in L$, 若集合 F 是 L 上的子正蕴涵滤子, 则 F 是 L 上的极滤子.

证明 设 F 是非交换剩余格 $L = (M, \wedge, \vee, \otimes, \to, \Rightarrow, 0, 1)$ 上的子正蕴涵滤子, 则 F 是 L 上的滤子, 故对于任意的 $x, y \in L$, 设 $y \to x \in F$. 因为 $x \leqslant ((x \to y) \Rightarrow y) \to x$, 故由性质 4.1.1 可知 $(((x \to y) \Rightarrow y) \to x) \to y \leqslant x \to y$, 因此可得

$$(((((x \to y) \Rightarrow y) \to x) \to y) \Rightarrow (((x \to y) \Rightarrow y) \to x)$$
$$\geqslant (x \to y) \Rightarrow (((x \to y) \Rightarrow y) \to x)$$
$$= ((x \to y) \Rightarrow y) \to ((x \to y) \Rightarrow x)$$
$$\geqslant y \to x,$$

故 $((((x \to y) \Rightarrow y) \to x) \to y) \to (((x \to y) \Rightarrow y) \to x) \in F$. 又因为 F 是非交换剩余格 $L = (M, \wedge, \vee, \otimes, \to, \Rightarrow, 0, 1)$ 上的子正蕴涵滤子, 故可得 $((x \to y) \Rightarrow y) \to x \in F$. 综上可知: F 是非交换剩余格 $L = (M, \wedge, \vee, \otimes, \to, \Rightarrow, 0, 1)$ 上的极滤子. 证毕.

注　由定理 4.2.17 可知非交换剩余格 $L = (M, \wedge, \vee, \otimes, \to, \Rightarrow, 0, 1)$ 上的子正蕴涵滤子是 L 上的极滤子. 反之, 则不成立.

例 4.2.5　设 $M = \{0, a, b, c, d, 1\}$, 使得 $0 < a, b < c < 1, 0 < b < d < 1$, 其中令 a, b 和 c, d 不可比. 定义 $x \wedge y = \min\{x, y\}$ 和 $x \vee y = \max\{x, y\}$, 二元运算 $\to, \otimes$ 和 $\Rightarrow$ 如下表所示.

$\to$	0	a	b	c	d	1		$\otimes$	0	a	b	c	d	1		$\Rightarrow$	0	a	b	c	d	1
0	1	1	1	1	1	1		0	0	0	0	0	0	0		0	1	1	1	1	1	1
a	d	1	d	1	d	1		a	0	a	0	a	0	a		a	d	1	d	1	d	1
b	c	c	1	1	1	1		b	0	0	0	0	b	b		b	c	c	1	1	1	1
c	b	b	d	1	1	1		c	0	a	0	a	b	c		c	b	c	d	1	1	1
d	a	a	c	c	1	1		d	0	0	b	b	d	d		d	a	a	c	c	1	1
1	0	a	b	c	d	1		1	0	a	b	c	d	1		1	0	a	b	c	d	1

则 $L = (M, \wedge, \vee, \otimes, \to, \Rightarrow, 0, 1)$ 构成一个非交换剩余格. 集合 $F = \{1\}$ 是 L 上的极滤子, 但不是 L 上的子正蕴涵滤子, 这是因为 $(a \Rightarrow b) \to a = d \to a = a \notin F$.

定理 4.2.18　设非空子集 F 是非交换剩余格 $L = (M, \wedge, \vee, \otimes, \to, \Rightarrow, 0, 1)$ 的一个滤子, 若 F 既是 L 上的正蕴涵滤子又是 L 上的极滤子, 则 F 必定是 L 上的子正蕴涵滤子.

证明　设非空子集 F 是非交换剩余格 $L = (M, \wedge, \vee, \otimes, \to, \Rightarrow, 0, 1)$ 的一个滤子, 对于任意的 $x, y \in L$, 有 $(x \Rightarrow y) \to x \in F$. 因为 $y \leqslant x \Rightarrow y$, 则 $(x \Rightarrow y) \to x \leqslant y \to x$, 故可得 $y \to x \in F$. 又因为 F 是 L 上的极滤子, 由命题 4.2.4 可知 $((x \to y) \Rightarrow y) \to x \in F$.

而另一方面, 对于任意的 $x, y \in L$, 有 $(x \to y) \Rightarrow x \leqslant (x \to y) \Rightarrow ((x \to y) \Rightarrow y)$, 因此可得 $(x \to y) \Rightarrow ((x \to y) \Rightarrow y) \in F$, 又因为 F 是 L 上的正蕴涵滤子, 故可得 $(x \to y) \Rightarrow y \in F$, 因此就有 $x \in F$. 同理我们也能证明当 $(x \to y) \Rightarrow x \in F$ 时, 蕴涵着 $x \in F$. 综上可知 F 是非交换剩余格 L 上的子正蕴涵滤子. 证毕.

命题 4.2.5　设 $L = (M, \wedge, \vee, \otimes, \to, \Rightarrow, 0, 1)$ 是非交换剩余格, 对于任意的 $x, y, z \in L$, 则有不等式: $((x \Rightarrow z) \to z) \Rightarrow ((y \Rightarrow z) \to z) \geqslant x \Rightarrow y$.

证明　对于任意的 $x, y, z \in L$, 由性质 4.2.1 可得

$$((x \Rightarrow z) \to z) \Rightarrow ((y \Rightarrow z) \to z) = (y \Rightarrow z) \to (((x \Rightarrow z) \to z) \Rightarrow z)$$

$$\geqslant (y \Rightarrow z) \to (x \Rightarrow z)$$

$$\geqslant x \Rightarrow ((y \Rightarrow z) \to z) \geqslant x \Rightarrow y.$$

定理 4.2.19 设非空子集 F 和 G 是非交换剩余格 $L = (M, \wedge, \vee, \otimes, \rightarrow, \Rightarrow, 0, 1)$ 的滤子, 若 F 是 L 上的极滤子且满足 $F \subseteq G$, 则 G 也是 L 上的极滤子.

证明 对于任意的 $x, y \in L$, 设 $y \Rightarrow x \in G$, 则有

$$y \Rightarrow ((y \Rightarrow x) \rightarrow x) = (y \Rightarrow x) \rightarrow (y \Rightarrow x) = 1 \in F.$$

又因为 F 是 L 上的极滤子, 故由命题 4.2.5 可知: $((((y \Rightarrow x) \rightarrow x) \Rightarrow y) \rightarrow y) \Rightarrow ((y \Rightarrow x) \rightarrow x) \in F.$ 而

$$
\begin{aligned}
&((((y \Rightarrow x) \rightarrow x) \Rightarrow y) \rightarrow y) \Rightarrow ((y \Rightarrow x) \rightarrow x) \\
&= (y \Rightarrow x) \rightarrow (((((y \Rightarrow x) \rightarrow x) \Rightarrow y) \rightarrow y) \Rightarrow x) \\
&= ((((y \Rightarrow x) \rightarrow x) \Rightarrow y) \rightarrow y) \Rightarrow ((y \Rightarrow x) \rightarrow x) \in F \subseteq G.
\end{aligned}
$$

因为非空子集 G 是非交换剩余格 $L = (M, \wedge, \vee, \otimes, \rightarrow, \Rightarrow, 0, 1)$ 的滤子, 且有 $y \Rightarrow x \in G$, 所以 $((((y \Rightarrow x) \rightarrow x) \Rightarrow y) \rightarrow y) \Rightarrow x \in G.$ 从而

$$
\begin{aligned}
&(((((y \Rightarrow x) \rightarrow x) \Rightarrow y) \rightarrow y) \Rightarrow x) \rightarrow (((x \Rightarrow y) \rightarrow y) \Rightarrow x) \\
&= ((x \Rightarrow y) \rightarrow y) \Rightarrow (((((y \Rightarrow x) \rightarrow x) \Rightarrow y) \rightarrow y) \Rightarrow x) \rightarrow x) \\
&\geqslant ((x \Rightarrow y) \rightarrow y) \Rightarrow ((((y \Rightarrow x) \rightarrow x) \Rightarrow y) \rightarrow y) \\
&\geqslant x \Rightarrow ((y \Rightarrow x) \rightarrow x) \\
&= (y \Rightarrow x) \rightarrow (x \Rightarrow x) = 1.
\end{aligned}
$$

由于 G 是 L 上的滤子, 且满足 $((((y \Rightarrow x) \rightarrow x) \Rightarrow y) \rightarrow y) \Rightarrow x \in G$, 故可得 $((x \Rightarrow y) \rightarrow y) \Rightarrow x \in G$. 综上可知: 当 $y \Rightarrow x \in G$ 时, 有 $((x \Rightarrow y) \rightarrow y) \Rightarrow x \in G$, 即非空子集 G 是非交换剩余格 $L = (M, \wedge, \vee, \otimes, \rightarrow, \Rightarrow, 0, 1)$ 的极滤子. 证毕.

推论 4.2.3 非交换剩余格 $L = (M, \wedge, \vee, \otimes, \rightarrow, \Rightarrow, 0, 1)$ 的每一个滤子都是 L 上的极滤子, 当且仅当集合 $\{1\}$ 是 L 上的极滤子.

定理 4.2.20 设非空子集 F 是非交换剩余格 $L = (M, \wedge, \vee, \otimes, \rightarrow, \Rightarrow, 0, 1)$ 的正规滤子, 则 F 是 L 上的极滤子当且仅当商代数 L/F 上的每一个滤子都是极滤子.

证明 **必要性** 设非空子集 F 是非交换剩余格 L 上的极滤子, 且对于任意的 $x, y \in L$, 使得 $[y \Rightarrow x] = [y] \Rightarrow [x] = [1]$, 则 $y \Rightarrow x \in F$, 由命题 4.2.5 可知: $((x \Rightarrow y) \rightarrow y) \Rightarrow x \in F.$ 因此可得

$$((([x] \Rightarrow [y]) \rightarrow [y]) \Rightarrow [x]) = [((x \Rightarrow y) \rightarrow y) \Rightarrow x] = [1].$$

综上可知, 集合 $\{[1]\}$ 是商代数 L/F 上的极滤子, 再由推论 4.2.3 可知商代数 L/F 上的每一个滤子都是极滤子.

充分性　设商代数 L/F 上的每一个滤子都是极滤子. 对于任意的 $x, y \in L$, 使得 $y \Rightarrow x \in F$, 则 $[y] \Rightarrow [x] = [y \Rightarrow x] = [1]$. 因为集合 $\{[1]\}$ 是商代数 L/F 上的极滤子, 故可得

$$[((x \Rightarrow y) \to y) \Rightarrow x] = ((([x] \Rightarrow [y]) \to [y]) \Rightarrow [x]) = [1],$$

即有 $((x \Rightarrow y) \to y) \Rightarrow x \in F$. 因此综上可知, 对于任意的 $x, y \in L$, 当 $y \Rightarrow x \in F$ 时, 蕴涵着 $((x \Rightarrow y) \to y) \Rightarrow x \in F$, 由命题 4.2.5 可知非空子集 F 是非交换剩余格 L 上的极滤子. 证毕.

推论 4.2.4　设非空子集 F 是非交换剩余格 $L = (M, \wedge, \vee, \otimes, \to, \Rightarrow, 0, 1)$ 的一个滤子, 若 F 是 L 上的子正蕴涵滤子当且仅当 F 既是 L 上的极滤子又是 L 上的正蕴涵滤子.

该推论的证明略, 有兴趣的读者可根据本节中前面给出的定理自行证明.

4.3　非交换剩余格上模糊滤子的性质特征

在这一节中, 我们将在非交换剩余格上分别给出模糊蕴涵滤子、模糊极滤子、模糊布尔滤子等的概念, 并研究相应模糊滤子的性质和它们之间的相互关系.

4.3.1　非交换剩余格上模糊滤子的概念及相关性质

定义 4.3.1　设 $L = (M, \wedge, \vee, \otimes, \to, \Rightarrow, 0, 1)$ 是非交换剩余格, $\mu : L \to [0, 1]$ 为 L 上的一个模糊集, 则 μ 为 L 上的模糊滤子, 如果对于任意的 $x, y \in L$, 有

(FFF1) $\mu(1) \geqslant \mu(x)$;

(FFF2) $\mu(x) \wedge \mu(x \to y) \leqslant \mu(y)$;

(FFF3) $\mu(x) \wedge \mu(x \Rightarrow y) \leqslant \mu(y)$.

例 4.3.1　设 $M = \{0, a, b, c, 1\}$, 使得 $0 < a < b < c < 1$, 定义 $x \wedge y = \min\{x, y\}$ 和 $x \vee y = \max\{x, y\}$, 以及二元运算 $\to, \otimes$ 和 $\Rightarrow$ 如下表所示.

$\to$	0	a	b	c	1	$\otimes$	0	a	b	c	1	$\Rightarrow$	0	a	b	c	1
0	1	1	1	1	1	0	0	0	0	0	0	0	1	1	1	1	1
a	c	1	1	1	1	a	0	0	0	a	a	a	b	1	1	1	1
b	c	c	1	1	1	b	0	a	b	a	b	b	0	c	1	c	1
c	0	b	b	1	1	c	0	0	0	c	c	c	b	b	b	1	1
1	0	a	b	c	1	1	0	a	b	c	1	1	0	a	b	c	1

则 $L = (M, \wedge, \vee, \otimes, \to, \Rightarrow, 0, 1)$ 构成一个非交换剩余格. 设映射 $\mu : L \to [0, 1]$, 其中 $\mu(0) = \mu(a) = \mu(b) = \alpha$, $\mu(c) = \beta$, $\mu(1) = \gamma$, 且 $\alpha < \beta < \gamma$. 则可以验证 μ 为 L 上的模糊滤子.

性质 4.3.1 设 $L = (M, \wedge, \vee, \otimes, \rightarrow, \Rightarrow, 0, 1)$ 是非交换剩余格, μ 为 L 上的模糊滤子, 对于任意的 $x, y, z \in L$, 下列性质成立:

(1) 如果 $x \leqslant y$, 则 $\mu(x) \leqslant \mu(y)$, 即模糊滤子 μ 是保序的;

(2) 如果 $x \rightarrow (y \rightarrow z) = 1$ 或 $x \Rightarrow (y \Rightarrow z) = 1$, 则 $\mu(z) \geqslant \mu(x) \wedge \mu(y)$;

(3) 如果 $\mu(x \rightarrow y) = \mu(1)$ 或 $\mu(x \Rightarrow y) = \mu(1)$, 则 $\mu(x) \leqslant \mu(y)$;

(4) $\mu(y \otimes x) = \mu(x \wedge y) = \mu(x) \wedge \mu(y)$, $\mu(0) = \mu(x) \wedge \mu(x \rightarrow 0)$;

(5) $\mu(x \rightarrow z) \geqslant \mu(y \rightarrow z) \wedge \mu(x \rightarrow y)$, $\mu(x \Rightarrow z) \geqslant \mu(y \Rightarrow z) \wedge \mu(x \Rightarrow y)$.

定理 4.3.1 设 $L = (M, \wedge, \vee, \otimes, \rightarrow, \Rightarrow, 0, 1)$ 是非交换剩余格, μ 是 L 上的模糊子集, 则 μ 是 L 上的模糊滤子当且仅当对于任意的 $x, y, z \in L$, 当 $x \rightarrow (y \rightarrow z) = 1$ 或 $x \Rightarrow (y \Rightarrow z) = 1$ 时, 有 $\mu(z) \geqslant \mu(x) \wedge \mu(y)$.

证明 必要性 设 $L = (M, \wedge, \vee, \otimes, \rightarrow, \Rightarrow, 0, 1)$ 是非交换剩余格, μ 是 L 上的模糊子集, 则对于任意的 $x, y, z \in L$, 有 $\mu(z) \geqslant \mu(y) \wedge \mu(y \rightarrow z)$ 且 $\mu(y \rightarrow z) \geqslant \mu(x) \wedge \mu(x \rightarrow (y \rightarrow z))$. 若 $x \rightarrow (y \rightarrow z) = 1$, 就有 $\mu(y \rightarrow z) \geqslant \mu(1) \wedge \mu(x) = \mu(x)$. 因此可得 $\mu(z) \geqslant \mu(y) \wedge \mu(y \rightarrow z) \geqslant \mu(y) \wedge \mu(x)$. 即必要性得证.

充分性 因为 $x \rightarrow (y \rightarrow z) = 1$, 则 $\mu(1) \geqslant \mu(x) \wedge \mu(x) = \mu(x)$. 在非交换剩余格上有 $(x \rightarrow y) \rightarrow (x \rightarrow y) = 1$, 因此可得 $\mu(y) \geqslant \mu(x) \wedge \mu(x \rightarrow y)$, 即 μ 是 L 上的模糊滤子.

综上可知命题成立. 证毕.

推论 4.3.1 设 $L = (M, \wedge, \vee, \otimes, \rightarrow, \Rightarrow, 0, 1)$ 是非交换剩余格, μ 是 L 上的模糊子集, 则 μ 是 L 上的模糊滤子当且仅当对于任意的 $x, y, z \in L$, 当 $x \otimes y \leqslant z$ 或 $y \otimes x \leqslant z$ 时, 有 $\mu(z) \geqslant \mu(x) \wedge \mu(y)$ 成立.

定理 4.3.2 设 $L = (M, \wedge, \vee, \otimes, \rightarrow, \Rightarrow, 0, 1)$ 是非交换剩余格, μ 是 L 上的模糊子集, 则 μ 是 L 上的模糊滤子当且仅当对于任意的 $x, y \in L$, 满足下列条件

(1) 模糊子集 μ 是保序的;

(2) $\mu(x \otimes y) \geqslant \mu(x) \wedge \mu(y)$.

证明 必要性 设 $L = (M, \wedge, \vee, \otimes, \rightarrow, \Rightarrow, 0, 1)$ 是非交换剩余格, μ 是 L 上的模糊滤子, 若 $x \leqslant y$, 则 $x \otimes x \leqslant x \leqslant y$, 即有 $\mu(y) \geqslant \mu(x) \wedge \mu(x) = \mu(x)$. 因为 $x \rightarrow (y \rightarrow (x \otimes y)) = 1$, 则可得 $\mu(x \otimes y) \geqslant \mu(x) \wedge \mu(y)$. 结论成立.

充分性 在非交换剩余格上, 对于任意的 $x, y \in L$, 若 $x \otimes y \leqslant z$ 或 $y \otimes x \leqslant z$, 由条件 (1) 和 (2) 可得 $\mu(z) \geqslant \mu(x) \wedge \mu(y)$, 即 μ 是 L 上的模糊滤子. 证毕.

推论 4.3.2 设 $L = (M, \wedge, \vee, \otimes, \rightarrow, \Rightarrow, 0, 1)$ 是非交换剩余格, μ 是 L 上保序的模糊子集, 则 μ 是 L 上的模糊滤子当且仅当对于任意的 $x, y \in L$, 有 $\mu(x \otimes y) = \mu(x) \wedge \mu(y)$ 成立.

4.3.2 非交换剩余格上的模糊子正蕴涵滤子与模糊极滤子

利用非交换剩余格上滤子与模糊滤子的关系, 我们将给出非交换剩余格上模糊子正蕴涵和模糊极滤子的概念.

定义 4.3.2 设 $L = (M, \wedge, \vee, \otimes, \rightarrow, \Rightarrow, 0, 1)$ 是非交换剩余格, μ 为 L 上的一个模糊集, 则 μ 被称为 L 上的模糊子正蕴涵滤子 (fuzzy sub positive implicative filter), 如果对于任意的 $x, y, z \in L$, 满足下列条件:

(1) $\mu(1) \geqslant \mu(x)$;

(2) $\mu((x \rightarrow y) \Rightarrow y) \geqslant \mu(((x \rightarrow y) \otimes z) \Rightarrow ((y \Rightarrow x) \rightarrow x)) \wedge \mu(z)$;

(3) $\mu((x \Rightarrow y) \rightarrow y) \geqslant \mu((z \otimes (x \Rightarrow y)) \rightarrow ((y \rightarrow x) \Rightarrow x)) \wedge \mu(z)$.

定义 4.3.3[36] 设 $L = (M, \wedge, \vee, \otimes, \rightarrow, \Rightarrow, 0, 1)$ 是非交换剩余格, μ 为 L 上的一个模糊集, 则 μ 被称为 L 上的模糊极滤子 (fuzzy fantastic filter), 如果对于任意的 $x, y, z \in L$, 满足下列条件:

(1) $\mu(1) \geqslant \mu(x)$;

(2) $\mu(((x \Rightarrow y) \rightarrow y) \Rightarrow x) \geqslant \mu(z \rightarrow (y \Rightarrow x)) \wedge \mu(z)$;

(3) $\mu(((x \rightarrow y) \Rightarrow y) \rightarrow x) \geqslant \mu(z \Rightarrow (y \rightarrow x)) \wedge \mu(z)$.

引理 4.3.1 设 $L = (M, \wedge, \vee, \otimes, \rightarrow, \Rightarrow, 0, 1)$ 是非交换剩余格, 对于任意的 $x, y \in L$, 则有

$$((x \Rightarrow z) \rightarrow z) \Rightarrow ((y \Rightarrow z) \rightarrow z) \geqslant x \Rightarrow y.$$

证明 在非交换剩余格 $L = (M, \wedge, \vee, \otimes, \rightarrow, \Rightarrow, 0, 1)$ 上, 由性质 4.3.1 可知

$$((x \Rightarrow z) \rightarrow z) \Rightarrow ((y \Rightarrow z) \rightarrow z) = (y \Rightarrow z) \rightarrow (((x \Rightarrow z) \rightarrow z) \Rightarrow z)$$
$$\geqslant (y \Rightarrow z) \rightarrow (x \Rightarrow z)$$
$$\geqslant x \Rightarrow y.$$

引理 4.3.2 设 $L = (M, \wedge, \vee, \otimes, \rightarrow, \Rightarrow, 0, 1)$ 是非交换剩余格, 模糊集 μ 是 L 上的模糊滤子, 则对于任意的 $x, y, z \in L$, 下列条件等价:

(1) μ 是 L 上的模糊极滤子;

(2) $\mu(y \Rightarrow x) \leqslant \mu(((x \Rightarrow y) \rightarrow y) \Rightarrow x)$;

(3) $\mu(y \rightarrow x) \leqslant \mu(((x \rightarrow y) \Rightarrow y) \rightarrow x)$.

证明 (1)$\Rightarrow$(2) 因为 μ 是 L 上的模糊极滤子, 故由定义 4.3.3 可知

$$\mu(((x \Rightarrow y) \rightarrow y) \Rightarrow x) \geqslant \mu(z \rightarrow (y \Rightarrow x)) \wedge \mu(z).$$

在该式中令 $z = 1$, 即可得 $\mu(y \Rightarrow x) \leqslant \mu(((x \Rightarrow y) \rightarrow y) \Rightarrow x)$.

(2)$\Rightarrow$(1) 因为 $\mu(((x \Rightarrow y) \rightarrow y) \Rightarrow x) \geqslant \mu(y \Rightarrow x) = \mu(1 \rightarrow (y \Rightarrow x)) \wedge \mu(1)$, 故由定义 4.3.3 可得 μ 是 L 上的模糊极滤子.

同理可证 (1) 式与 (3) 式相互等价. 综上可知定理的结论成立. 证毕.

引理 4.3.3 设 $L = (M, \wedge, \vee, \otimes, \rightarrow, \Rightarrow, 0, 1)$ 是非交换剩余格, 模糊集 μ 是 L 上的模糊滤子, 则对于任意的 $x, y, z \in L$, 下列条件等价:

(1) μ 是 L 上的模糊子正蕴涵滤子;

(2) $\mu(y) \geqslant \mu((y \rightarrow z) \Rightarrow (x \rightarrow y)) \wedge \mu(x)$;

(3) $\mu(y) \geqslant \mu((y \Rightarrow z) \rightarrow (x \Rightarrow y)) \wedge \mu(x)$.

证明 (1)$\Rightarrow$(2) 因为在非交换剩余格 L 上, 一方面, 由性质 4.1.1 可得 $z \leqslant y \rightarrow z$, 故有 $(y \rightarrow z) \Rightarrow y \leqslant z \Rightarrow y$, 进而 $\mu((y \rightarrow z) \Rightarrow y) \leqslant \mu(z \Rightarrow y)$. 而另一方面

$$\mu((y \rightarrow z) \Rightarrow y) \leqslant \mu((y \rightarrow z) \Rightarrow ((z \Rightarrow y) \rightarrow y))$$
$$= \mu((y \rightarrow z) \Rightarrow z)$$
$$\leqslant \mu((z \Rightarrow y) \rightarrow ((y \rightarrow z) \Rightarrow z))$$
$$= \mu((z \Rightarrow y) \rightarrow y),$$

即 $\mu((y \rightarrow z) \Rightarrow y) \leqslant \mu((z \Rightarrow y) \rightarrow y)$. 综合这两方面, 再由模糊滤子的定义可知

$$\mu((y \rightarrow z) \Rightarrow y) \leqslant \mu(z \Rightarrow y) \wedge \mu((z \Rightarrow y) \rightarrow y) \leqslant \mu(y),$$

又因为

$$\mu((y \rightarrow z) \Rightarrow (x \rightarrow y)) \wedge \mu(x) = \mu(x \rightarrow ((y \rightarrow z) \Rightarrow y)) \wedge \mu(x)$$
$$\leqslant \mu((y \rightarrow z) \Rightarrow y),$$

即 $\mu((y \rightarrow z) \Rightarrow (x \rightarrow y)) \wedge \mu(x) \leqslant \mu(y)$. 结论得证.

(2)$\Rightarrow$(1) 因为在非交换剩余格 L 上由性质 4.1.1 可知 $x \leqslant (x \rightarrow y) \Rightarrow y$, 故可得 $((x \rightarrow y) \Rightarrow y) \Rightarrow x \leqslant x \Rightarrow x$, 进而

$$(y \Rightarrow x) \rightarrow (((x \rightarrow y) \Rightarrow y) \Rightarrow x) \leqslant (y \Rightarrow x) \rightarrow (x \Rightarrow x) = 1.$$

又因为

$$(y \Rightarrow x) \rightarrow (((y \Rightarrow x) \rightarrow x) \Rightarrow x) = ((y \Rightarrow x) \rightarrow x) \Rightarrow ((y \Rightarrow x) \rightarrow x) = 1,$$

故可得

$$(y \Rightarrow x) \rightarrow (((x \rightarrow y) \Rightarrow y) \Rightarrow x) \leqslant (y \Rightarrow x) \rightarrow (((y \Rightarrow x) \rightarrow x) \Rightarrow x).$$

再由性质可得 $((x \rightarrow y) \Rightarrow y) \Rightarrow x \leqslant ((y \Rightarrow x) \rightarrow x) \Rightarrow x$, 从而 $(y \Rightarrow x) \rightarrow x \leqslant (x \rightarrow y) \Rightarrow y$, 又因为 $x \rightarrow y = ((x \rightarrow y) \Rightarrow y) \rightarrow y$, 所以

$$(x \rightarrow y) \Rightarrow ((y \Rightarrow x) \rightarrow x) \leqslant (((x \rightarrow y) \Rightarrow y) \rightarrow y) \Rightarrow ((x \rightarrow y) \Rightarrow y).$$

综上可得

$$\mu((x \to y) \Rightarrow ((y \Rightarrow x) \to x))$$
$$\leqslant \mu((((x \to y) \Rightarrow y) \to y) \Rightarrow ((x \to y) \Rightarrow y))$$
$$= \mu((((x \to y) \Rightarrow y) \to y) \Rightarrow (1 \to ((x \to y) \Rightarrow y))) \wedge \mu(1)$$
$$\leqslant \mu((x \to y) \Rightarrow y).$$

因此 $\mu((x \to y) \Rightarrow y) \geqslant \mu(((x \to y) \otimes 1) \Rightarrow ((y \Rightarrow x) \to x)) \wedge \mu(1)$. 故可由定义 4.3.2 可得 μ 是 L 上的模糊子正蕴涵滤子.

同理可证 (1) 式与 (3) 式相互等价. 综上可知定理的结论成立. 证毕.

引理 4.3.4 设 $L = (M, \wedge, \vee, \otimes, \to, \Rightarrow, 0, 1)$ 是非交换剩余格, 模糊集 μ 是 L 上的模糊滤子, 则对于任意的 $x, y \in L$, 下列条件等价:

(1) μ 是 L 上的模糊子正蕴涵滤子;

(2) $\mu((x \to y) \Rightarrow x) = \mu(x)$;

(3) $\mu((x \Rightarrow y) \to x) = \mu(x)$.

证明 (1)⇒(2) 因为 μ 是 L 上的模糊子正蕴涵滤子, 由引理 4.3.3 可知

$$\mu((x \to y) \Rightarrow x) = \mu((x \to y) \Rightarrow (1 \to x)) \wedge \mu(1) \leqslant \mu(x).$$

另一方面, 在非交换剩余格 L 上满足 $x \leqslant ((x \to y) \Rightarrow x)$, 则 $\mu(x) \leqslant \mu((x \to y) \Rightarrow x)$, 综合这两方面可得 $\mu(x) = \mu((x \to y) \Rightarrow x)$.

(2)⇒(1) 因为由非交换剩余格 L 上模糊滤子的性质可得

$$\mu((y \to z) \Rightarrow (x \to y)) \wedge \mu(x) = \mu(x \to ((y \to z) \Rightarrow y)) \wedge \mu(x)$$
$$\leqslant \mu((y \to z) \Rightarrow y) = \mu(y),$$

即 $\mu((y \to z) \Rightarrow (x \to y)) \wedge \mu(x) \leqslant \mu(y)$, 故由引理 4.3.3 可得模糊滤子 μ 是非交换剩余格 L 上的模糊子正蕴涵滤子.

同理可证 (1) 式与 (3) 式相互等价. 综上可知定理的结论成立. 证毕.

定理 4.3.3 设 $L = (M, \wedge, \vee, \otimes, \to, \Rightarrow, 0, 1)$ 是非交换剩余格, 若 μ 是 L 上的模糊极滤子, 则 μ 是 L 上的模糊滤子.

证明 设 μ 是 L 上的模糊极滤子, 则由定义 4.3.3 及性质 4.3.1 可知: 对于任意的 $x \in L$, 有

$$\mu(x) \wedge \mu(x \Rightarrow y) = \mu(x) \wedge \mu(x \Rightarrow (1 \to y))$$
$$\leqslant \mu(((y \to 1) \Rightarrow 1) \to y) = \mu(y).$$

再结合 (FFF1) 式, 可得模糊极滤子 μ 是 L 上的模糊滤子. 定理得证.

定理 4.3.4 设 $L = (M, \wedge, \vee, \otimes, \to, \Rightarrow, 0, 1)$ 是非交换剩余格, 若模糊集 φ, δ 都是 L 上的模糊滤子, 且满足 $\varphi \leqslant \delta$, $\varphi(1) = \delta(1)$, 如果 φ 是 L 上的模糊极滤子时, 则 δ 也是 L 上的模糊极滤子.

证明 对于任意的 $x, y \in L$, 则满足 $y \Rightarrow ((y \Rightarrow x) \to x) = (y \Rightarrow x) \to (y \Rightarrow x) = 1$, 即可得 $\varphi(1) = \varphi(y \Rightarrow ((y \Rightarrow x) \to x))$, 又因为 φ 是 L 上的模糊极滤子, 且满足 $\varphi \leqslant \delta$ 和 $\varphi(1) = \delta(1)$, 故由引理 4.3.2 可得

$$\varphi(1) = \varphi(y \Rightarrow ((y \Rightarrow x) \to x))$$
$$\leqslant \varphi[((((y \Rightarrow x) \to x) \Rightarrow y) \to y) \Rightarrow ((y \Rightarrow x) \to x)]$$
$$= \varphi[(y \Rightarrow x) \to (((((y \Rightarrow x) \to x) \Rightarrow y) \to y) \Rightarrow x)]$$
$$\leqslant \delta[(y \Rightarrow x) \to (((((y \Rightarrow x) \to x) \Rightarrow y) \to y) \Rightarrow x)],$$

即 $\delta(1) \leqslant \delta[(y \Rightarrow x) \to (((((y \Rightarrow x) \to x) \Rightarrow y) \to y) \Rightarrow x)]$, 结合 (FFF1) 式可得

$$\delta(1) = \delta[(y \Rightarrow x) \to (((((y \Rightarrow x) \to x) \Rightarrow y) \to y) \Rightarrow x)].$$

从而由性质 4.3.1 可得 $\delta(y \Rightarrow x) \leqslant \delta[((((y \Rightarrow x) \to x) \Rightarrow y) \to y) \Rightarrow x]$. 又因为

$$\delta[(((((y \Rightarrow x) \to x) \Rightarrow y) \to y) \Rightarrow x) \to (((x \Rightarrow y) \to y) \Rightarrow x)]$$
$$= \delta[((x \Rightarrow y) \to y) \Rightarrow (((((y \Rightarrow x) \to x) \Rightarrow y) \to y) \Rightarrow x) \to x)]$$
$$\geqslant \delta[((x \Rightarrow y) \to y) \Rightarrow ((((y \Rightarrow x) \to x) \Rightarrow y) \to y)]$$
$$\geqslant \delta[x \Rightarrow ((y \Rightarrow x) \to x)]$$
$$= \delta((y \Rightarrow x) \to (x \Rightarrow x)) = \delta(1).$$

再结合 (FFF1) 式可得

$$\delta[(((((y \Rightarrow x) \to x) \Rightarrow y) \to y) \Rightarrow x) \to (((x \Rightarrow y) \to y) \Rightarrow x)] = \delta(1),$$

从而 $\delta(((((y \Rightarrow x) \to x) \Rightarrow y) \to y) \Rightarrow x) \leqslant \delta(((x \Rightarrow y) \to y) \Rightarrow x)$.

综上可知: $\delta(y \Rightarrow x) \leqslant \delta(((x \Rightarrow y) \to y) \Rightarrow x)$. 根据引理 4.3.2 可知: 模糊集 δ 也是 L 上的模糊极滤子, 即当模糊集 φ 是 L 上的模糊极滤子, 且 $\varphi \leqslant \delta$, $\varphi(1) = \delta(1)$ 时, 模糊集 δ 也是 L 上的模糊极滤子. 证毕.

定理 4.3.5 设 $L = (M, \wedge, \vee, \otimes, \to, \Rightarrow, 0, 1)$ 是非交换剩余格, 若模糊集 μ 是 L 上的模糊子正蕴涵滤子, 则对于任意的 $x, y \in L$, 模糊滤子 μ 是 L 上的模糊极滤子.

证明　在非交换剩余格 $L = (M, \wedge, \vee, \otimes, \rightarrow, \Rightarrow, 0, 1)$ 上, 对于任意的 $x, y \in L$, 由性质 4.1.1 可知 $x \leqslant ((x \rightarrow y) \Rightarrow y) \rightarrow x$, 进而 $(((x \rightarrow y) \Rightarrow y) \rightarrow x) \rightarrow y \leqslant x \rightarrow y$. 又因为模糊滤子 μ 是 L 上的模糊子正蕴涵滤子, 故由引理 4.3.4 可得

$$\mu(((x \rightarrow y) \Rightarrow y) \rightarrow x)$$
$$= \mu(((((x \rightarrow y) \Rightarrow y) \rightarrow x) \rightarrow y) \Rightarrow (((x \rightarrow y) \Rightarrow y) \rightarrow x))$$
$$\geqslant \mu((x \rightarrow y) \Rightarrow (((x \rightarrow y) \Rightarrow y) \rightarrow x))$$
$$= \mu(((x \rightarrow y) \Rightarrow y) \rightarrow ((x \rightarrow y) \Rightarrow x))$$
$$\geqslant \mu(y \rightarrow x).$$

综上可知 $\mu(((x \rightarrow y) \Rightarrow y) \rightarrow x) \geqslant \mu(y \rightarrow x)$. 故由引理 4.3.2 可得模糊滤子 μ 是 L 上的模糊极滤子. 证毕.

定理 4.3.6　设 $L = (M, \wedge, \vee, \otimes, \rightarrow, \Rightarrow, 0, 1)$ 是非交换剩余格, 若模糊集 μ 是 L 上的模糊极滤子, 则对于任意的 $x, y, z \in L$, 当 $\mu(x \rightarrow (y \Rightarrow z)) = \mu(y \Rightarrow z)$(或 $\mu(x \Rightarrow (y \rightarrow z)) = \mu(y \Rightarrow z)$) 时, 模糊集 μ 是 L 上的模糊子正蕴涵滤子.

证明　在非交换剩余格 $L = (M, \wedge, \vee, \otimes, \rightarrow, \Rightarrow, 0, 1)$ 上, 对于任意的 $x, y \in L$, 由性质 4.1.1 可知 $y \leqslant x \Rightarrow y$, 进而 $(x \Rightarrow y) \rightarrow x \leqslant y \rightarrow x$, 再由性质 4.3.1 及引理 4.3.2 可得

$$\mu((x \Rightarrow y) \rightarrow x) \leqslant \mu(y \rightarrow x) \leqslant \mu(((x \rightarrow y) \Rightarrow y) \rightarrow x).$$

又因为 $(x \Rightarrow y) \rightarrow x \leqslant (x \Rightarrow y) \rightarrow ((x \rightarrow y) \Rightarrow y)$, 故对于任意的 $x, y, z \in L$, 当 $\mu(x \rightarrow (y \Rightarrow z)) = \mu(y \Rightarrow z)$ 时, 可得

$$\mu((x \Rightarrow y) \rightarrow x) \leqslant \mu((x \Rightarrow y) \rightarrow ((x \rightarrow y) \Rightarrow y)) = \mu((x \rightarrow y) \Rightarrow y).$$

因此,

$$\mu((x \Rightarrow y) \rightarrow x) \leqslant \mu(((x \rightarrow y) \Rightarrow y) \rightarrow x) \wedge \mu((x \rightarrow y) \Rightarrow y) \leqslant \mu(x),$$

即 $\mu((x \Rightarrow y) \rightarrow x) \leqslant \mu(x)$.

另一方面, 在非交换剩余格 L 上由性质 4.1.1 可知 $x \leqslant (x \Rightarrow y) \rightarrow x$, 故可得 $\mu(x) \leqslant \mu((x \Rightarrow y) \rightarrow x)$.

综上可知 $\mu(x) = \mu((x \Rightarrow y) \rightarrow x)$, 由引理 4.3.4 可得: 模糊集 μ 是 L 上的模糊子正蕴涵滤子. 证毕.

4.3.3　非交换剩余格上的模糊蕴涵滤子

定义 4.3.4　设 $L = (M, \wedge, \vee, \otimes, \rightarrow, \Rightarrow, 0, 1)$ 是非交换剩余格, μ 为 L 上的一个模糊滤子, 则 μ 被称为 L 上的模糊蕴涵滤子 (fuzzy implicative filter), 如果对于任意的 $x, y \in L$, 满足下列条件:

(1) $\mu(x) \leqslant \mu(1)$;

(2) $\mu(x \to (x \Rightarrow y)) \leqslant \mu(x \to y) \wedge \mu(x \Rightarrow y)$;

(3) $\mu(x \Rightarrow (x \to y)) \leqslant \mu(x \to y) \wedge \mu(x \Rightarrow y)$.

例 4.3.2 设 $M = \{0, a, b, c, d, 1\}$, 使得 $0 < a < b < c < d < 1$, 定义 $x \wedge y = \min\{x, y\}$ 和 $x \vee y = \max\{x, y\}$, 以及二元运算 $\to, \otimes$ 和 $\Rightarrow$ 如下表所示.

$\to$	0	a	b	c	d	1
0	1	1	1	1	1	1
a	c	1	1	1	1	1
b	c	c	1	c	1	1
c	b	b	b	1	1	1
d	a	a	b	c	1	1
1	0	a	b	c	d	1

$\otimes$	0	a	b	c	d	1
0	0	0	0	0	0	0
a	0	0	0	0	0	a
b	0	0	0	0	0	b
c	0	0	0	c	c	c
d	0	a	b	c	d	d
1	0	a	b	c	d	1

$\Rightarrow$	0	a	b	c	d	1
0	1	1	1	1	1	1
a	d	1	1	1	1	1
b	c	c	1	c	1	1
c	b	b	b	1	1	1
d	a	a	b	c	1	1
1	0	a	b	c	d	1

则 $L = (M, \wedge, \vee, \otimes, \to, \Rightarrow, 0, 1)$ 构成一个非交换剩余格. 设映射 $\mu: L \to [0, 1]$, 并且满足 $\mu(0) = \mu(a) = \mu(b) = \alpha$, $\mu(c) = \mu(d) = \mu(1) = \beta$, 其中 $\alpha < \beta$. 则可以验证 μ 为 L 上的一个模糊蕴涵滤子.

定理 4.3.7 设 μ 是非交换剩余格 $L = (M, \wedge, \vee, \otimes, \to, \Rightarrow, 0, 1)$ 上的一个模糊子集, 则 μ 是 L 上的模糊蕴涵滤子当且仅当对于任意的 $x, y, z \in L$, μ 满足下列条件:

(1) $\mu(x) \leqslant \mu(1)$;

(2) $\mu(x \to y) \wedge \mu(y \to (x \Rightarrow z)) \leqslant \mu(x \Rightarrow z)$;

(3) $\mu(x \Rightarrow y) \wedge \mu(y \Rightarrow (x \to z)) \leqslant \mu(x \to z)$.

证明 **必要性** 设模糊子集 μ 是 L 上的模糊蕴涵滤子, 则由定义 4.3.4 可知: μ 是 L 上的模糊滤子, 故有 $\mu(x) \leqslant \mu(1)$ 成立. 而另一方面, 由性质 4.3.1 可知: 在非交换剩余格上, 对于任意的 $x, y, z \in L$, 恒有 $(y \to (x \Rightarrow z)) \otimes (x \to y) \leqslant x \to (x \Rightarrow z)$, 则可得

$$\mu((y \to (x \Rightarrow z)) \otimes (x \to y)) \leqslant \mu(x \to (x \Rightarrow z)).$$

又由定义 4.3.4 可知 $\mu(x \to y) \wedge \mu(y \to (x \Rightarrow z)) \leqslant \mu((y \to (x \Rightarrow z)) \otimes (x \to y))$, 从而可得 $\mu(x \to y) \wedge \mu(y \to (x \Rightarrow z)) \leqslant \mu(x \to (x \Rightarrow z))$. 则 $\mu(x \to (x \Rightarrow z)) \leqslant \mu(x \Rightarrow z)$, 故 $\mu(x \to y) \wedge \mu(y \to (x \Rightarrow z)) \leqslant \mu(x \Rightarrow z)$. 同理可证 $\mu(x \Rightarrow y) \wedge \mu(y \Rightarrow (x \to z)) \leqslant \mu(x \to z)$. 综上可知必要性得证.

充分性 设 μ 是非交换剩余格 $L = (M, \wedge, \vee, \otimes, \to, \Rightarrow, 0, 1)$ 上的一个模糊子集, 对于任意的 $x, y, z \in L$, 由条件 (2) 可知 $\mu(x \to y) \wedge \mu(y \to (x \Rightarrow z)) \leqslant \mu(x \Rightarrow z)$, 在该式中令 $x = 1$, 则可得 $\mu(1 \to y) \wedge \mu(y \to (1 \Rightarrow z)) \leqslant \mu(1 \Rightarrow z)$, 从而 $\mu(x) \wedge \mu(x \to y) \leqslant \mu(y)$, 结合条件 (1), 由定义 4.3.1 可知: μ 是 L 上的模糊滤子.

另一方面, 由条件 (2) 式与 (3) 式可得 $\mu(x \to x) \wedge \mu(x \to (x \Rightarrow y)) \leqslant \mu(x \Rightarrow y)$ 和 $\mu(x \Rightarrow x) \wedge \mu(x \Rightarrow (x \to y)) \leqslant \mu(x \to y)$, 从而可得 $\mu(x \to (x \Rightarrow y)) \leqslant \mu(x \Rightarrow y)$ 和 $\mu(x \Rightarrow (x \to y)) \leqslant \mu(x \to y)$. 再由性质 4.3.1 可知: 对于任意的 $x, y \in L$, 恒有 $x \to (x \Rightarrow y) = x \Rightarrow (x \to y)$, 则 $\mu(x \to (x \Rightarrow y)) = \mu(x \Rightarrow (x \to y))$. 从而就有 $\mu(x \to (x \Rightarrow y)) \leqslant \mu(x \to y)$, 故 $\mu(x \to (x \Rightarrow y)) \leqslant \mu(x \to y) \wedge \mu(x \Rightarrow y)$.

综上, 由定义 4.3.4 可知 μ 是 L 上的模糊蕴涵滤子. 证毕.

4.3.4　非交换剩余格上的模糊正蕴涵滤子

定义 4.3.5　设 $L = (M, \wedge, \vee, \otimes, \to, \Rightarrow, 0, 1)$ 是非交换剩余格, μ 为 L 上的一个模糊滤子, 则 μ 被称为 L 上的模糊正蕴涵滤子 (fuzzy positive implicative filter), 如果对于任意的 $x, y \in L$, 满足下列条件:

(1) $\mu(x) \leqslant \mu(1)$;

(2) $\mu((x \to y) \Rightarrow x) \vee \mu((x \Rightarrow y) \to x) \leqslant \mu(x)$;

(3) $\mu((x \Rightarrow y) \to x) \vee \mu((x \to y) \Rightarrow x) \leqslant \mu(x)$.

在例 4.3.2 中同样可以验证 μ 也是非交换剩余格 L 上的模糊正蕴涵滤子.

定理 4.3.8　设 $L = (M, \wedge, \vee, \otimes, \to, \Rightarrow, 0, 1)$ 是非交换剩余格, $\mu : L \to [0, 1]$ 为 L 上的一个模糊滤子, 则 μ 是 L 上的模糊正蕴涵滤子当且仅当 $\mu(\neg x \Rightarrow x) \vee \mu(\sim x \to x) \leqslant \mu(x)$, 其中 $\neg x = x \to 0, \sim x = x \Rightarrow 0$.

证明　**必要性**　设 $L = (M, \wedge, \vee, \otimes, \to, \Rightarrow, 0, 1)$ 是非交换剩余格, $\mu : L \to [0, 1]$ 为 L 上的模糊正蕴涵滤子, 则对于任意的 $x \in L$, 有 $\mu((x \to 0) \Rightarrow x) \vee \mu((x \Rightarrow 0) \to x) \leqslant \mu(x)$, 即可得 $\mu(\neg x \Rightarrow x) \vee \mu(\sim x \to x) \leqslant \mu(x)$.

充分性　设 $L = (M, \wedge, \vee, \otimes, \to, \Rightarrow, 0, 1)$ 是非交换剩余格, 由性质 4.1.1 可知 $\neg x \leqslant x \to y$, 进而 $(x \to y) \Rightarrow x \leqslant \neg x \Rightarrow x$, 故可得 $\mu((x \to y) \Rightarrow x) \leqslant \mu(\neg x \Rightarrow x)$. 又因为 $\mu(\neg x \Rightarrow x) \leqslant \mu(x)$, 可得 $\mu((x \to y) \Rightarrow x) \leqslant \mu(x)$. 同理可证 $\mu((x \Rightarrow y) \to x) \leqslant \mu(x)$. 综上有 $\mu((x \to y) \Rightarrow x) \vee \mu((x \Rightarrow y) \to x) \leqslant \mu(x)$, 即 μ 是 L 上的模糊正蕴涵滤子. 证毕.

定理 4.3.9　设 $L = (M, \wedge, \vee, \otimes, \to, \Rightarrow, 0, 1)$ 是非交换剩余格, $\mu : L \to [0, 1]$ 为 L 上的一个模糊子集, 则 μ 是 L 上的模糊正蕴涵滤子当且仅当满足下列条件:

(1) $\mu(x) \leqslant \mu(1)$;

(2) $\mu(x) \wedge \mu(x \to ((y \Rightarrow z) \to y)) \leqslant \mu(y)$;

(3) $\mu(x) \wedge \mu(x \Rightarrow ((y \to z) \Rightarrow y)) \leqslant \mu(y)$.

证明　**必要性**　设 $L = (M, \wedge, \vee, \otimes, \to, \Rightarrow, 0, 1)$ 是非交换剩余格, 模糊子集 μ 是 L 上的模糊正蕴涵滤子, 则由定义 4.3.4 可知: μ 是 L 上的模糊滤子, 故有 $\mu(x) \leqslant \mu(1)$ 成立.

另一方面, 由性质 4.3.1 可知 $(x \to ((y \Rightarrow z) \to y)) \otimes x \leqslant (y \Rightarrow z) \to y$, 从而可得 $\mu((x \to ((y \Rightarrow z) \to y)) \otimes x) \leqslant \mu((y \Rightarrow z) \to y)$. 再由定义 4.3.5 可知

$$\mu(x) \wedge \mu(x \to ((y \Rightarrow z) \to y)) \leqslant \mu((x \to ((y \Rightarrow z) \to y)) \otimes x).$$

从而 $\mu(x) \wedge \mu(x \to ((y \Rightarrow z) \to y)) \leqslant \mu((y \Rightarrow z) \to y)$. 因为 μ 是 L 上的模糊正蕴涵滤子, 则 $\mu((y \Rightarrow z) \to y) \leqslant \mu(y)$, 从而 $\mu(x) \wedge \mu(x \to ((y \Rightarrow z) \to y)) \leqslant \mu(y)$. 同理可证: $\mu(x) \wedge \mu(x \Rightarrow ((y \to z) \Rightarrow y)) \leqslant \mu(y)$ 成立.

充分性 设 μ 是非交换剩余格 $L = (M, \wedge, \vee, \otimes, \to, \Rightarrow, 0, 1)$ 上的一个模糊子集, 对于任意的 $x, y \in L$, 由条件 (2) 式可知 $\mu(x) \wedge \mu(x \to ((y \Rightarrow 1) \to y)) \leqslant \mu(y)$, 从而可得 $\mu(x) \wedge \mu(x \to y) \leqslant \mu(y)$, 结合条件 (1), 由定义 4.3.1 可知: μ 是 L 上的模糊滤子.

另一方面, 由条件 (2) 式与 (3) 式可知, 对于任意的 $x, y \in L$, 恒有

$$\mu(1) \wedge \mu(1 \to ((x \Rightarrow y) \to x)) \leqslant \mu(x) \quad \text{和} \quad \mu(1) \wedge \mu(1 \Rightarrow ((x \to y) \Rightarrow x)) \leqslant \mu(x).$$

从而可得 $\mu((x \Rightarrow y) \to x) \leqslant \mu(x)$ 和 $\mu((x \to y) \Rightarrow x) \leqslant \mu(x)$. 故综上有

$$\mu((x \to y) \Rightarrow x) \vee \mu((x \Rightarrow y) \to x) \leqslant \mu(x).$$

因此由定义 4.3.5 可知: 模糊子集 μ 是非交换剩余格 L 上的模糊正蕴涵滤子. 证毕.

下面我们将讨论在非交换剩余格上模糊蕴涵滤子与模糊正蕴涵滤子之间的关系.

定理 4.3.10 设 $L = (M, \wedge, \vee, \otimes, \to, \Rightarrow, 0, 1)$ 是非交换剩余格, $\mu : L \to [0, 1]$ 为 L 上的一个模糊正蕴涵滤子, 则 μ 也是 L 上的模糊蕴涵滤子.

证明 设 $L = (M, \wedge, \vee, \otimes, \to, \Rightarrow, 0, 1)$ 是非交换剩余格, $\mu : L \to [0, 1]$ 为 L 上的一个模糊正蕴涵滤子, 对于任意的 $x, y \in L$, 由性质 4.3.1 可知

$$\sim (x \vee \sim x) \to (x \vee \sim x) = (\sim x \wedge \sim (\sim x)) \to (x \vee \sim x) = 1.$$

从而 $\mu(\sim (x \vee \sim x) \to (x \vee \sim x)) = \mu(1)$. 再根据定理 4.3.6, $\mu(x \vee \sim x) = \mu(1)$. 同理可证: $\mu(x \vee \neg x) = \mu(1)$.

另一方面, 对于任意的 $x, y \in L$, 由性质 4.3.1 可知 $\sim x \leqslant x \Rightarrow y$, 则 $\sim x \to (x \Rightarrow y) = 1$, 从而

$$(x \vee \sim x) \to (x \Rightarrow y) = (x \to (x \Rightarrow y)) \wedge (\sim x \to (x \Rightarrow y)) = x \to (x \Rightarrow y).$$

因此有 $\mu((x \vee \sim x) \to (x \Rightarrow y)) = \mu(x \to (x \Rightarrow y))$. 又因为 μ 是 L 上的模糊滤子, 故由定义 4.3.1, $\mu(x \vee \sim x) \wedge \mu((x \vee \sim x) \to (x \Rightarrow y)) \leqslant \mu(x \Rightarrow y)$, 从而可得

$\mu((x \vee \sim x) \to (x \Rightarrow y)) \leqslant \mu(x \Rightarrow y)$, 故 $\mu(x \to (x \Rightarrow y)) \leqslant \mu(x \Rightarrow y)$. 同理可证得 $\mu(x \Rightarrow (x \to y)) \leqslant \mu(x \to y)$. 再由性质 4.3.1 可知 $x \to (x \Rightarrow y) = x \Rightarrow (x \to y)$, 则有 $\mu(x \to (x \Rightarrow y)) = \mu(x \Rightarrow (x \to y))$, 因此 $\mu(x \to (x \Rightarrow y)) \leqslant \mu(x \Rightarrow y)$, 从而综上可知: $\mu(x \to (x \Rightarrow y)) \leqslant \mu(x \to y) \wedge \mu(x \Rightarrow y)$, 即 μ 是 L 上的模糊蕴涵滤子. 证毕.

注 由定理 4.3.8 可知非交换剩余格 L 上的模糊正蕴涵滤子也是非交换剩余格 L 上的模糊蕴涵滤子, 但反之, 却不成立.

例 4.3.3 设 $M = \{0, a, b, c, d, 1\}$, 使得 $0 < a < b < c < d < 1$, 定义 $x \wedge y = \min\{x, y\}$ 和 $x \vee y = \max\{x, y\}$, 以及二元运算 $\otimes, \to$ 和 $\Rightarrow$ 如下表所示.

$\to$	0	a	b	c	d	1	$\otimes$	0	a	b	c	d	1	$\Rightarrow$	0	a	b	c	d	1
0	1	1	1	1	1	1	0	0	0	0	0	0	0	0	1	1	1	1	1	1
a	0	1	1	1	1	1	a	0	a	a	a	a	a	a	0	1	1	1	1	1
b	0	c	1	1	1	1	b	0	a	a	a	a	b	b	0	d	1	1	1	1
c	b	b	b	1	1	1	c	0	a	a	c	c	c	c	0	b	b	1	1	1
d	0	b	b	c	1	1	d	0	a	b	c	d	d	d	0	a	b	c	1	1
1	0	a	b	c	d	1	1	0	a	b	c	d	1	1	0	a	b	c	d	1

则 $L = (M, \wedge, \vee, \otimes, \to, \Rightarrow, 0, 1)$ 构成一个非交换剩余格. 设映射 $\mu : L \to [0, 1]$, 并且满足 $\mu(0) = \alpha$, $\mu(a) = \mu(b) = \beta$, $\mu(c) = \mu(d) = \mu(1) = \gamma$, 其中 $\alpha < \beta < \gamma$. 则可以验证 μ 为 L 上的模糊蕴涵滤子, 但不是 L 上的模糊正蕴涵滤子, 这是因为 $\mu(\neg a \Rightarrow a) = \mu(1) > \mu(a)$.

定理 4.3.11 设 $L = (M, \wedge, \vee, \otimes, \to, \Rightarrow, 0, 1)$ 是非交换剩余格, $\mu : L \to [0, 1]$ 为 L 上的一个模糊蕴涵滤子, 若对于任意的 $x \in L$, 使得 μ 满足 $\mu(\neg(\sim x)) = \mu(\sim(\neg x)) = \mu(x)$, 则 μ 也是 L 上的模糊正蕴涵滤子.

证明 设 $L = (M, \wedge, \vee, \otimes, \to, \Rightarrow, 0, 1)$ 是非交换剩余格, 由性质 4.3.1 可知 $x \leqslant \sim(\neg x)$, 则 $\neg x \Rightarrow x \leqslant \neg x \Rightarrow (\sim(\neg x))$, 从而 $\mu(\neg x \Rightarrow x) \leqslant \mu(\neg x \Rightarrow (\sim(\neg x)))$. 又因为 $\mu(\neg x \Rightarrow (\sim(\neg x))) = \mu(\neg x \to (\sim(\neg x)))$, 所以可得 $\mu(\neg x \Rightarrow x) \leqslant \mu(\neg x \to (\sim(\neg x)))$. 由于 μ 是 L 上的模糊蕴涵滤子, 则由定义 4.3.5 可知 $\mu(\neg x \to (\neg x \Rightarrow 0)) \leqslant \mu(\neg x \Rightarrow 0)$, 即 $\mu(\neg x \to (\sim(\neg x))) \leqslant \mu(\sim(\neg x))$, 从而 $\mu(\neg x \Rightarrow x) \leqslant \mu(\sim(\neg x))$, 又因为 $\mu(\sim(\neg x)) = \mu(x)$, 所以 $\mu(\neg x \Rightarrow x) \leqslant \mu(x)$.

另一方面, 由性质 4.3.1 知 $x \leqslant \neg(\sim x)$, 则 $(\sim x) \to x \leqslant (\sim x) \to \neg(\sim x)$, 从而有 $\mu((\sim x) \to x) \leqslant \mu((\sim x) \to \neg(\sim x))$. 因为 $\mu((\sim x) \to \neg(\sim x)) = \mu((\sim x) \Rightarrow \neg(\sim x))$, 所以 $\mu((\sim x) \to x) \leqslant \mu((\sim x) \Rightarrow \neg(\sim x))$. 又因为 μ 是 L 上的模糊蕴涵滤子, 则由定义 4.3.4 可得 $\mu((\sim x) \Rightarrow (\sim x \to 0)) \leqslant \mu((\sim x \to 0))$, 即 $\mu((\sim x) \Rightarrow \neg(\sim x)) \leqslant \mu(\neg(\sim x))$, 从而有 $\mu((\sim x) \to x) \leqslant \mu(\neg(\sim x))$. 再因为 $\mu(\neg(\sim x)) = \mu(x)$, 故有 $\mu((\sim x) \to x) \leqslant \mu(x)$.

综上可知: $\mu(\neg x \Rightarrow x) \vee \mu((\sim x) \to x) \leqslant \mu(x)$, 由定理 4.3.5 可知 μ 也是 L 上的模糊正蕴涵滤子. 证毕.

第 5 章　非自伴算子代数的基本概念

本章将简要地介绍 Banach 空间及其对偶空间的基本概念和联系两个空间的几个著名结果, 还将介绍 Hilbert 空间及其算子空间中的几种主要拓扑, 最后介绍非自伴算子代数的基本概念以及本书着重讨论的几种非自伴算子代数的基本概念. 5.1 节介绍 Banach 空间及其对偶空间, 在此基础上介绍零化子和预零化子. 5.2 节介绍 Hilbert 空间及 $B(H)$ 上的拓扑, 以及 $B(H)$ 与紧算子、迹类算子空间的对偶关系, 5.3 节介绍作为本书重点讨论对象的几个非自伴算子代数, 参见文献 [37—40], 如套代数、CSL 代数、原子布尔格代数、完全分配格代数、三角代数.

5.1　Banach 空间及其对偶空间

本书中的线性空间通常是指复数域 $\mathbf{C}$ 上的向量空间, 赋值空间 X 是一线性空间且在 X 上定义了一个非负函数 $\|\cdot\| : X \to [0, +\infty)$, 对任意 $x, y \in X, \alpha \in \mathbf{C}$ 满足

(1) $\|x + y\| \leqslant \|x\| + \|y\|$;

(2) $\|\alpha x\| = |\alpha| \cdot \|x\|$;

(3) $\|x\| = 0$ 当且仅当 $x = 0$.

具有以上性质的函数称为范数. 进一步, 如果 X 按度量 $d(x, y) = \|x - y\|$ 完备, 则称 X 是一个 Banach 空间. 记

$$X_r = \{x \in X : \|x\| < r\},$$
$$\bar{X}_r = \{x \in X : \|x\| \leqslant r\},$$

分别称为 X 中以零向量为球心, r 为半径的开球和闭球. 特别地, 当 $r = 1$ 时分别称为开、闭单位球.

设 X, Y 为赋范空间, 线性算子 $T : X \to Y$, 定义

$$\|T\| = \sup\{\|T(x)\| : \|x\| \leqslant 1\},$$

称之为 T 的范数. 如果 $\|T\| < \infty$, 则称 T 是有界的. 我们用 $\operatorname{ran} T$ 表示 T 的值域, 用 $\ker T$ 表示 T 的核. $B(X, Y)$ 表示有界线性算子 $T : X \to Y$ 全体构成的线性空间. $F(X, Y)$ 为有限秩线性算子构成的子空间, 称为 X 的对偶空间, X^* 中元素称为有界线性泛函. 若 Y 是 Banach 空间, 则对任意赋范空间 X, $B(X, Y)$ 也是

Banach 空间. 这样任意赋范空间 X 的对偶空间 X^* 都为 Banach 空间. 若线性算子 $T : X \to Y$ 满足 $T(X_{\|\cdot\| \leqslant 1})$ 的范数闭包在 Y 中范数紧, 则称 T 为紧的. 记 $K(X, Y)$ 为全体紧的有界线性算子 $T : X \to Y$ 构成的线性空间. 我们有

$$B(X, Y) \supseteq K(X, Y) \supseteq F(X, Y).$$

$K(X, Y)$ 在 $B(X, Y)$ 中范数闭, 且如果 Y 是 Hilbert 空间, 则 $K(X, Y)$ 是 $F(X, Y)$ 的范数闭包. 若 $X = Y$, 记 $B(X) = B(X, X), F(X) = F(X, X)$ 和 $K(X) = K(X, X)$.

　　设映射 $T : X \to Y$ 是线性算子, 如果 $\|T\| \leqslant 1$ (或 $\|T(x)\| \leqslant \|x\|, \forall x \in X$), 对每个有界线性算子 $T : X \to Y$ 都决定一对偶线性算子 $T^* : Y^* \to X^*$, 使得 $T^*(f)(x) = f(T(x))$, 则称线性算子 $T : X \to Y$ 为压缩 (或等距) 算子, 由 Hahn-Banach 定理知, $\|T^*\| = \|T\|$.

　　设 L 为赋范空间 X 的闭子空间, 在商线性空间 X/L 上可定义商范数

$$\|x + L\| = \inf \left\{ \|x + L\| : \forall l \in L \right\}.$$

若 X 是 Banach 空间, 则 X/L 也是 Banach 空间. 设 X, Y 为赋范空间, 映射 $T : X \to Y$ 是有界线性算子且 $L = \ker T$, 则诱导线性算子 $\tilde{T} : x + L \to T(x)$ 满足 $\left\| \tilde{T} \right\| = \|T\|$, 且 $\tilde{T}$ 为 $X/L \to Y$ 上的单射.

　　设 L 为赋范空间 X 的一个子集, M 在 X^* 中的零化定义为

$$L^{\perp} = \{ f \in X^* : f(x) = 0, \forall x \in L \}.$$

　　类似地, 若 M 为 X^* 的一个子集, M 在 X 中的预零化子定义为

$$M_{\perp} = \{ x \in X : f(x) = 0, \forall x \in M \}.$$

　　设 X 为赋范空间, $\{x_\alpha\} \subseteq X$, 若存在 $x \in X$ 使得对任意 $f \in X^*$, 有

$$f(x_\alpha) \to f(x),$$

则称 $\{x_\alpha\}$ 按弱拓扑收敛于 x, 记为 $x_\alpha \overset{\omega}{\longrightarrow} x$. 相应地, 如果设 $\{f_\alpha\} \subseteq X^*$, 若存在 $f \in X^*$, 使得对任意 $x \in X$ 有

$$f_\alpha(x) \to f(x),$$

则称 $\{f_\alpha\}$ 按弱 $*$ 拓扑收敛于 f, 记为 $f_\alpha \overset{\omega^*}{\longrightarrow} f$, 以上两种拓扑分别记为 $\sigma(X, X^*)$, $\sigma(X^*, X)$.

　　设 L 为 X 的子集, 如果 $\{x_\alpha\} \subseteq L, x_\alpha \overset{\omega}{\longrightarrow} x$ 蕴含 $x \in L$, 则称为 L 弱闭的. 类似地, 可以定义 X^* 中子集的 ω^* 闭性. 一般我们用 $\overline{L}^t$ 或 $[L]^t$ 表示 L 按 t 拓扑的闭包, 在没有异意的情况下, $\overline{L}$ 或 $[L]$ 表示 L 的范数闭包, L 闭指按范数拓扑闭.

下面的命题是 Banach 空间中几个常用的著名结果.

命题 5.1.1 设 X, Y 为 Banach 空间, 则有以下结论成立:

(1) 双极 (bipolar) 定理: 设 L 为 X 的范数闭子空间, M 为 X^* 的弱 $*$ 闭子空间, 则 $L = (L^\perp)_\perp$ 且 $M = (M^\perp)_\perp$;

(2) 设 L 为 X 的范数闭子空间, 则 $(X/L)^* = L^\perp$ 且 $X^*/L^\perp = L^*$;

(3) 线性算子 $T : Y^* \to X^*$ 是弱 $*$ 连续当且仅当 $T\big|_{Y^*_{\|\cdot\|} \leqslant 1}$ 是弱 $*$ 连续. 此时存在有界线性算子 $S : X \to Y$ 使得 $T = S^*$;

(4) 设 M 为 X^* 的闭子空间, 则 M 是弱 $*$ 闭当且仅当 $M_{\|\cdot\| \leqslant 1}$ 是弱 $*$ 闭;

(5) 设 L 为 X 的凸子集, 则 L 范数闭当且仅当 L 是弱闭;

(6) Krein-Milman 定理: 设 L 为 X 的非空凸紧集, 则 L 的端点集 $\mathrm{ext}(L) \neq \varnothing$ 且 $\overline{\mathrm{co}}\,\mathrm{ext}(L) = L$, 其中 $\overline{\mathrm{co}}\,\mathrm{ext}(\cdot)$ 表示端点集的凸闭包.

5.2 Hilbert 空间及 $B(H)$ 上的拓扑

内积空间 H 是一线性空间, 且定义了一个二元函数 $(\cdot, \cdot) : H \times H \to C$ 满足

(1) $(\lambda x_1 + \mu x_2, y) = \lambda(x_1, y) + \mu(x_2, y)$;

(2) $\overline{(x, y)} = (y, x)$;

(3) $(x, x) \geqslant 0$, 且 $(x, x) = 0$ 当且仅当 $x = 0$,

其中 $x, y \in H, \lambda, \mu \in C$, 我们把满足以上性质的二元函数称为 H 上的内积. 若定义 $\|x\| = (x, x)^{\frac{1}{2}}$, 则内积空间 H 成为赋范空间. 如内积空间 H 作为赋范空间是完备的, 则称 H 为 Hilbert 空间, 其中 $B(H), F(H)$ 和 $K(H)$ 分别表示 H 上的有界线性算子、有限秩算子和紧算子全体. 设 $T \in K(H)$, T 的绝对值 $|T|$ 也为紧算子, 这样的 $|T|$ 有可列个特征值 $\{s_k\}_{s=1}^{\infty}$, 并且满足

$$s_1 \geqslant s_2 \geqslant \cdots \geqslant s_k \geqslant \cdots .$$

因此可以称 $\{s_k\}_{s=1}^{\infty}$ 为紧算子 T 的 s-数. 设 $T \in K(H), \varepsilon$ 为 H 的一标准正交基, 定义 T 的 Hilbert-Schmidt 范数为

$$\|T\|_2 = \left(\sum_{x \in \varepsilon} \|Tx\|^2 \right)^{\frac{1}{2}} = \sum_{k=1}^{\infty} s_k^2 .$$

此定义与基的选取无关. 若 $\|T\|_2 < \infty$, 则称 T 为 Hilbert-Schmidt 算子. 内积空间 H 上的全体 Hilbert-Schmidt 算子记为 $C_2(H)$; 定义 T 的迹范数为

$$\|T\|_1 = \sum_{x \in \varepsilon} (|T| x, x) = \sum_{k=1}^{\infty} s_k ,$$

其中 $|T| = (T^*T)^{\frac{1}{2}}$. 若 $\|T\|_1 < \infty$, 则称 T 为迹算子. 内积空间 H 上全体算子记为 $C_1(H)$. 对任意的 $T \in B(H)$, 定义 T 的迹

$$\mathrm{tr}(T) = \sum_{x \in \varepsilon} (Tx, x).$$

下面的命题描述了 $K(H), C_1(H)$ 和 $B(H)$ 三者的关系.

命题 5.2.1[38,39]   设 H 为 Hilbert 空间, 则在等距同构的意义下有

$$C_1(H)^* = B(H),$$

$$K(H)^* = C_1(H).$$

其含义为: 任给 $f \in C_1(H)^*$, 存在唯一的 $A \in B(H)$ 使得

$$\|f\| = \|A\|, \quad f(T) = \mathrm{tr}(AT), \quad \forall T \in C_1(H).$$

任给 $g \in K(H)^*$, 存在唯一的 $B \in C_1(H)$ 使得

$$\|g\| = \|B\|, \quad g(T) = \mathrm{tr}(BT), \quad \forall T \in K(H).$$

下面介绍 $B(H)$ 中常用的五种算子拓扑. 设 T, T_α 属于 $B(H)$, 则有下列结论:

(1) 称 T_α 按范数拓扑收敛于 T, 如果 $\|T_\alpha - T\| \to 0$. 记为 $T_\alpha \xrightarrow{\|\cdot\|} T$.

(2) 称 T_α 按强算子拓扑收敛于 T, 如果 $\|(T_\alpha - T)x\| \to 0, \forall x \in H$. 记为 $T_\alpha \xrightarrow{s} T$.

(3) 称 T_α 按弱算子拓扑收敛于 T, 如果 $(T_\alpha x, y) \to (Tx, y), \forall x, y \in H$. 记为 $T_\alpha \xrightarrow{\omega} T$.

(4) 称 T_α 按强 $*$ 算子拓扑收敛于 T, 如果 $T_\alpha \xrightarrow{s} T$ 且 $T_\alpha^* \xrightarrow{s} T^*$. 记为 $T_\alpha \xrightarrow{s^*} T$.

(5) 称 T_α 按弱 $*$ 算子拓扑收敛于 T, 如果 $\mathrm{tr}(T_\alpha S) \to \mathrm{tr}(TS), \forall S \in C_1(H)$. 记为 $T_\alpha \xrightarrow{\omega^*} T$.

命题 5.2.2   设映射 $f : B(H) \to C$ 为线性泛函, 则 f 为弱 $*$ 连续的充要条件是存在唯一的 $T \in C_1(H)$, 对于任意的 $S \in B(H)$, 使得 $f(S) = \mathrm{tr}(ST)$.

5.3   非自伴算子代数

本节主要讨论非自伴算子上的基本概念以及非自伴算子上几类特殊的算子代数, 如套代数、CLS 代数、布尔格代数以及三角代数等的相关性质和特征.

定义 5.3.1[38]   设 L 是 Banach 空间 X 的一族闭子空间, 称 L 是子空间格, 如果

(1) $(0), X \in L$;

(2) 对 L 的任一族子空间 $\{L_i \in L : i \in \wedge\}$, 总有 $\vee_{i \in \wedge} L_i, \wedge_{i \in \wedge} L_i \in L$, 其中 $\vee$ 表示子空间的闭线性扩张, $\wedge$ 表示集合交.

设 L 是 Banach 空间 X 上的一族闭子空间, 对于任意的 $A \subseteq B(X)$, 则定义

$$\mathrm{Alg} L = \{T \in B(X) : T(l) \subseteq l, \forall l \in L\},$$

$$\mathrm{Lat} A = \{L : L \text{是} X \text{的闭子空间}, \text{使得} T(L) \subseteq L, \forall T \in A\}.$$

易证 $\mathrm{Alg}\, L$ 是含单位元的弱闭算子代数, 其中 $\mathrm{Lat} A$ 是子空间格, 并称 $A\lg L$ 为对应于 L 的子空间格代数, $\mathrm{Lat}\, A$ 为对应于 A 的子空间格.

定义 5.3.2 设 X 是 Banach 空间, 对于任意的 $A \subseteq B(X)$ 是一算子代数, 如果 $A = \mathrm{Alg} \mathrm{Lat} A$, 则称算子代数 A 是自反的; 相应地, 如果 $L = \mathrm{Lat} A \lg L$, 则称 X 上的子空间格 L 是自反的.

定义 5.3.3 设 X 是 Banach 空间, 对于任意的 $S \subseteq B(X)$ 是子空间, 记

$$\mathrm{Ref}\, S = \{T \in B(X) : Tx \in \overline{Sx}, \forall x \in X\},$$

其中 $\overline{Sx}$ 表示由 $\{sx : s \in S\}$ 生成的闭子空间. 如果 $S = \mathrm{Ref}\, S$, 则称 S 是自反的.

易知 $\mathrm{Ref}\, S$ 是弱闭算子空间, 因此自反算子空间必是弱闭的. 此外可以证明, 如果 A 是 X 上的含单位元的算子代数, 那么

$$\mathrm{Ref}\, A = A\lg \mathrm{Lat} A.$$

因此对于这类代数, 其自反性在上述两种定义下是一致的.

注 设 H 是 Hilbert 空间, 给定算子 $T \in B(H)$, 如果由算子 T 和单位算子生成的弱闭代数是自反的, 则称算子 T 是自反的. 显然, 如果算子 T 自反, 则 T 必有非平凡的不变闭子空间. 这说明自反算子代数与著名的尚未解决的不变子空间问题 (是否每个算子都具有非平凡的不变闭子空间) 有密切的联系.

容易验证 $A\lg L$ 是自反的, 因此自反算子代数等价于子空间格代数, 在 Hilbert 空间上, 自伴的自反算子代数是 von Neumann 代数; 反之, 任意 von Neumann 代数都是自反的, 这类代数的理论已经比较成熟, 而非自伴自反算子代数的研究却进展缓慢, 其主要原因在于其不变子空间格的结构的复杂性.

在子空间格中, 经常使用下列记号.

定义 5.3.4 设 L 是 Banach 空间 X 上的子空间格, 对于任意的 $l \in L$, 则可以定义

(1) $l_- = \vee \{M \in L : L \not\subset M\}, (0)_- = (0)$;

(2) $l_+ = \wedge \{M \in L : M \not\subset L\}, X_+ = X$;

(3) $l_\# = \vee \{K \in L : L \not\subset K_-\}$;

(4) $l_* = \wedge \{K_- : K \in L, K \not\subset L\}$.

注意, 其中集合 $L_\# \subseteq L \subseteq L_*$ 恒成立. 下面介绍几类重要的非自伴算子代数 (参见 [39]—[42]).

1. 套代数

设 L 是 Banach 空间 X 上的子空间格, 如果 L 是全序集, 则称 L 是套 (nest), 并称 $A \lg L$ 是套代数. 如果 L 是套, 对于任意的 $l \in L$, 则定义 5.3.4 中的 l_- 和 l_+ 可以分别记为

$$l_- = \vee \{M \in l : M \supset l\},$$
$$l_+ = \wedge \{M \in l : M \supset l\},$$

易见 $l_- \subseteq l \subseteq l_+$.

2. CLS 代数

设 L 是 Hilbert 空间 H 上的子空间格, 则 L 中每个元素都对应唯一的正交投影. 如果这些正交投影两两可交换, 则称 L 是交换子空间格, 简记为 CLS, 并称 $A \lg L$ 是交换子空间格代数, 简称 CLS 代数.

3. 原子布尔格代数

设 L 是 Banach 空间 X 上的子空间格, 如果对于任意的 $l \in L$, 使得 $0 \subseteq L \subseteq K$, 则称 $K \in L$ 是原子, 则必有 $L = 0$ 或 $L = k$. 如果 L 中每个元素都是它所包含的原子的闭线性扩张, 则称 L 是原子格. 如果对任意的 $L, M, N \in L$ 都有下列的分配律:

$$L \wedge (M \vee N) = (L \wedge M) \vee (L \wedge N),$$
$$L \vee (M \wedge N) = (L \vee M) \wedge (L \vee N), \tag{5.3.1}$$

则称 L 是分配格, 如果它是分配格, 并且对于任意的 $l \in L$, 都存在 $l' \in L$, 使得 $l \vee l' = X, l \wedge l' = (0)$, 则称 L 是布尔格. 如果 L 是原子布尔格, 则称 $A \lg L$ 是原子布尔格代数.

4. 完全分配格代数

设 L 是 Banach 空间 X 上的子空间格, 如果分配律 (5.3.1) 对 L 的任一族子空间成立, 确切地说有下列无穷分配律:

$$\mathop{\wedge}_{a \in A} \mathop{\vee}_{b \in B} L_{a,b} = \mathop{\vee}_{f \in B^A} \mathop{\wedge}_{a \in A} L_{a,f(a)}$$

和

$$\bigwedge_{a\in A}\bigvee_{b\in B} L_{a,b} = \bigwedge_{f\in B^A}\bigvee_{a\in A} L_{a,f(a)},$$

其中 A, B 是任意指标集, B^A 表示映射 $f: A \to B$ 的全体, 则称 L 是完全分配格.

如果 L 是完全分配格, 则称 $\mathrm{Alg}\, L$ 是完全分配格代数. 注意套和原子布尔子空间格是两类重要的完全分配格, 对于完全分配格, 我们有如下常用的等价命题.

命题 5.3.1 设 L 是子空间格, 则下列命题等价:

(1) L 为完全分配格;

(2) $l = l_{\#}, \forall l \in L$;

(3) $l = l_{*}, \forall l \in L$.

5. JSL 代数

设 L 是 Banach 空间 X 上的子空间格, 定义

$$J(L) = \big\{ K \in L, K \neq (0) \text{且} K_- \neq X \big\},$$

称 L 是 J-子空间格, 简称 JSL. 如果

(1) $\vee \{ K : K \in J(L) \} = X$;

(2) $\wedge \{ K_- : K \in J(L) \} = (0)$;

(3) $K \vee K_- = X, \forall K \in J(L)$;

(4) $K \wedge K_- = (0), \forall K \in J(L)$,

称 $\mathrm{Alg}\, L$ 是 J-子空间格代数, 简称 JSL 代数.

可以证明原子布尔子空间格是 J-子空间格, 并且 Hilbert 空间上的交换 J-子空间格是原子布尔格, 但并非所有的 J-子空间格都可交换.

命题 5.3.2 设 L 是 Banach 空间 X 上的子空间格, 则一秩算子 $x \otimes f \in \mathrm{Alg}\, L$ 的充要条件为: 存在 $l \in L$ 使得 $x \in l, f \in l^{\perp}_-$.

证明 充分性 假设存在 $l \in L$, 使得 $x \in l', f \in l^{\perp}_-$. 则对于任意的 $M \in l$, 若 $M \supseteq L$, 则有 $x \otimes f(M) \subseteq L \subseteq M$; 若 $l \not\subseteq M$, 由 l_- 的定义可知 $M \in l_-$, 这样 $x \otimes f(M) = (0)$. 因此总有 $x \otimes f(M) \subseteq M$, 故 $x \otimes f = \mathrm{Alg}\, L$.

必要性 假设 $x \otimes f \in \mathrm{Alg}\, L$. 记 l 为 L 中包含 x 的最小元, 即 $l = \wedge \{ M \in L : x \in M \}$, 则 $x \in l$. 下证 $f \in l^{\perp}_-$. 设 $M \in l$, 使得 $l \not\subseteq M$. 由 L 的定义知 $x \notin M$, 由于 $x \otimes f \in \mathrm{Alg}\, L$, 故可得 $x \otimes f(M) \subseteq M$, 因此必然有 $f(M) = (0)$, 由 l_- 的定义可知 $f \in l^{\perp}_-$. 证毕.

6. 三角代数

最后介绍另一类非自伴算子代数, 即三角代数. 设 S 为 $B(H)$ 的子代数, 记 $S^* = \{ A^* : A \in S \}$, 其中 $D = S \wedge S^*$ 称为 S 的对角. 如过 D 为 $B(H)$ 中的极大

的交换 von Neumann 代数, 则称 S 为三角代数. 若 S 中不真包含在其他三角代数中, S 就称为极大三角代数. 由 Zorn 引理易知, 任意的三角代数包含在一个具有相同对角的极大三角代数中. 极大三角代数的不变子空间格 $\text{Lat}S$ 是一个套 ([12, 引理 2.3.3]), 称为 S 的包套, 且 $\text{AlgLat}S$ 称为 S 的包套代数. 一般地, 包套 $\text{Lat}S$ 是拟极大的, 即 $\text{Lat}S$ 的原子的维数要么不大于 1, 要么是无穷 ([13, 定理 1]). 若 $\text{Lat}S = \{(0), H\}$, 则称 S 是不可约的; 若 $\text{Lat}S$ 是极大套, 称 S 是强可约的. 记 C 为投影 $\{N : N \in \text{Lat}S\}$ 生成的 von Neumann 代数, 称 C 为 S 的核. 若 $C = D$, 称 S 为超可约极大三角代数.

因为三角代数的子空间格是一个套, 所以三角代数与套代数就有着密切的关系, 故举几个例子说明两者的关系.

例 5.3.1　$A = \left\{ \begin{bmatrix} a_{11} & a_{12} & a_{13} \\ & a_{22} & a_{23} \\ & & a_{33} \end{bmatrix} : a_{ij} \in C \right\}$, 即是套代数, 又是三角代数

而且是超可约的.

例 5.3.2　$A = \left\{ \begin{bmatrix} a_{11} & 0 & a_{13} \\ & a_{22} & a_{23} \\ & & a_{33} \end{bmatrix} : a_{ij} \in C \right\}$, 是三角代数, 但不是套代数.

例 5.3.3　$A = \left\{ \begin{bmatrix} a_{11} & a_{12} & a_{13} & a_{14} \\ & a_{22} & a_{23} & a_{24} \\ & a_{32} & a_{33} & a_{34} \\ & & & a_{44} \end{bmatrix} : a_{ij} \in C \right\}$, 是套代数, 但不是三角

代数. 因为 A 的对角 $D = \left\{ \begin{bmatrix} a_{11} & 0 & 0 & 0 \\ & a_{22} & a_{23} & 0 \\ & a_{32} & a_{33} & 0 \\ & & & a_{44} \end{bmatrix} : a_{ij} \in C \right\}$ 不是交换的.

第 6 章 三角代数上的初等映射与结构特征

在 20 世纪 30—40 年代初, von Neumann 和他的合作者 Murray 对算子代数理论做了大量的研究, 为算子代数这一新的领域奠定了基础. 此后, 很多数学家致力于这方面的研究, 涌现了大量的文献结果. 关于算子代数结构的研究具有非常重要的意义. 本章主要介绍三角代数上的初等映射与几何结构. 全章共 6 节, 6.1 节主要研究三角代数上的有限秩算子的可分解性和稠密性问题; 6.2 节讨论极大三角算子代数上的代数同构; 6.3 节研究次强可约极大三角代数上的满线性等距映射; 6.4—6.6 节研究三角代数上的几类初等映射.

6.1 三角代数上的有限秩算子

一秩算子和有限秩算子既是算子代数理论的研究对象, 又是研究算子代数的重要工具. 本章主要讨论三角代数中有限秩算子的可分解性和稠密性. 所谓有限秩算子的可分解性问题是指某个算子代数中的有限秩算子是否能写成该代数中的有限个一秩算子之和. 由于极大三角代数的不变子空间格是一个套, 因此三角代数是某个套代数的子代数.

引理 6.1.1 设 S 是 $B(H)$ 中范数闭的子代数, 且满足下列的条件:

(1) $I \in S$;

(2) $\mathrm{Lat} S = \{(0), H\}$;

(3) $S \wedge S^*$ 交换,

则 $B(H)$ 中范数闭的子代数 S 不含一秩算子.

证明 设非零一秩算子 $x \otimes y \in S$. 由条件 (1) 和 (2) 可知集合 $\{Ax : A \in S\}$ 在 H 中稠密. 从而对任意的 $z \in H$, 存在 $\{A_\alpha\} \subseteq S$ 使得 $\lim_\alpha A_\alpha x = z$, 于是 $z \otimes y = \lim_\alpha A_\alpha x \otimes y$. 但子代数 S 是闭的, 所以 $z \otimes y \in S$. 类似地, 又因为 $\mathrm{Lat} S^* = \{(0), H\}$, 所以对任何 $\omega \in H$, 存在 $\{S_\beta\} \subseteq S$ 使得 $\lim_\beta S_\beta^* y = \omega$, 于是 $z \otimes \omega \in S$. 这就是说子代数 S 包含了 $B(H)$ 中所有一秩算子.

另一方面, 设 u 和 v 在 H 中线性无关, 但却是不互相直交的向量, 则 $u \otimes v$ 和 $v \otimes u$ 都在 S 中, 进而在 $S \wedge S^*$ 中,

$$(u \otimes v)(v \otimes u) = (v, u)u \otimes v \neq (u, v)v \otimes u = (v \otimes v)(u \otimes u),$$

故和条件 (3) 矛盾, 因此 $B(H)$ 中范数闭的子代数 S 不含一秩算子. 证毕.

引理 6.1.2　设 Ω 是 H 中的稠密的线性流形, $A : \Omega \to H$ 为线性映射. 若存在有限秩算子 $F \in B(H)$, 对于任意的 $x \in \Omega$, 使得 $F(\Omega) \subseteq \Omega$ 且 $FAx = AFx$, 则 A 有特征向量.

证明　设 $x_0 \in H$, 由 Ω 的稠密性知, 存在序列 $\{x_n\} \subseteq \Omega$ 使得 $x_0 = \lim\limits_{n \to \infty} x_n$. 由于 $\{Fx : x \in \Omega\} \subseteq \mathrm{ran}(F)$, 因此 $\{Fx : x \in \Omega\}$ 是有限维的线性流形, 从而它是闭的. 于是 $Fx_0 = \lim\limits_{n \to \infty} Fx_n \in \{Fx : x \in \Omega\}$, 进而 $\mathrm{ran}(F) = \{Fx : x \in \Omega\}$.

另一方面, 由 $F(\Omega) \subseteq \Omega$ 得 $\mathrm{ran}(F) \subseteq \Omega$, 对任何 $y \in \mathrm{ran}(F)$, 设 $x \in \Omega$ 使得 $y = Fx$, 则 $Ay = AFx = FAx \in \mathrm{ran}(F)$. 因此 $A\big|_{\mathrm{ran}(F)}$ 是从 $\mathrm{ran}(F)$ 到 $\mathrm{ran}(F)$ 的映射, 但 $\mathrm{ran}(F)$ 是有限维的, 所以 A 有属于 $\mathrm{ran}(F)$ 的特征向量. 证毕.

引理 6.1.3　设 T 是 $B(H)$ 中闭的不可约三角代数, 则 T 中不含任何有限秩算子.

证明　由引理 6.1.1 知, T 不含一秩算子. 设 T 不含秩小于 n 的算子, 下面证 T 不含秩为 n 的算子. 从而由归纳法, 定理得证. 证毕.

设 $F = x_1 \otimes y_1 + x_2 \otimes y_2 + \cdots + x_n \otimes y_n \in T$ 为 n 秩算子, 令 M 为 $\{(tx_1, tx_2, \cdots, tx_n) : t \in T\}$ 的范数闭包, 则有下列结论成立.

(1) 若 $(z_1, z_2, \cdots, z_n) \in M, t \in T$, 则 $(tz_1, tz_2, \cdots, tz_n) \in M$.

事实上, 由于存在 $t_k \in T$ 使得

$$\lim_{k \to \infty} (t_k x_1, t_k x_2, \cdots, t_k x_n) = (z_1, z_2, \cdots, z_n),$$

进而

$$(tz_1, tz_2, \cdots, tz_n) = \lim_{k \to \infty} (tt_k x_1, tt_k x_2, \cdots, tt_k x_n) \in M.$$

下面记

$$\Omega = \big\{ x \in H : 存在 \ z_2, \cdots, z_n \in H \ 使得 \ (x, z_2, \cdots, z_n) \in M \big\}.$$

(2) Ω 是 H 中的稠密的线性流形 $T\Omega \subseteq \Omega$.

设 $x \in \Omega$, 则存在 $z_1, z_2, \cdots, z_n \in M$. 由结论 (1) 可知, 对于任意的 $t \in T$ 有 $(tx, tz_2, \cdots, tz_n) \in M$, 因此 $tx \in \Omega$. 由 x 和 t 的任意性得 $T\Omega \subseteq \Omega$, 进而由 T 的不可约性知 Ω 稠密.

(3) 设 $x \in \Omega$, 则存在唯一的 $z_2, \cdots, z_n \in H$ 使得 $(x, z_2, \cdots, z_n) \in M$.

只需证: 如果 $(0, z_2, \cdots, z_n) \in M$, 那么 $z_2 = \cdots = z_n = 0$. 设 $(0, z_2, \cdots, z_n) \in M$, 则存在 $t_k \in T$ 使得 $\lim\limits_{k \to \infty} t_k x_1 = 0, \lim\limits_{k \to \infty} t_k x_i = z_i, i = 2, \cdots, n$. 于是 $z_2 \otimes y_2 + \cdots + z_n \otimes y_n = \lim\limits_{k \to \infty} t_k F \in T$ 但 T 不含秩小于 n 的非零算子, 所以 $z_2 = \cdots = z_n = 0$, 进而结论 (3) 成立.

现在由结论 (3) 可知, 存在线性算子 $A_1, A_2, \cdots, A_{n-1} : \Omega \to H$ 使得

$$M = \{(x, A_1 x, \cdots, A_{n-1} x) : x \in \Omega\}.$$

由结论 (1) 有 $(tx, tA_1 x, \cdots, tA_{n-1} x) = (tx, A_1 tx, \cdots, A_{n-1} tx) \in M$, 并且再由结论 (2) 和结论 (3) 可得, 对于每个 i 有

$$tA_i x = A_i tx, \quad t \in T, \quad x \in \Omega.$$

于是由引理 6.1.2 可得 A_1 有特征向量. 设对应的特征值为 λ_1, 令

$$\Omega_1 = \{x \in \Omega : A_1 x = \lambda_1 x\}.$$

如果 $x \in \Omega_1, t \in T$, 则 $tA_1 x = A_1 tx = \lambda_1 tx$, 因此 $T\Omega_1 \subseteq \Omega_1$, 从而 Ω_1 在 H 中稠密. 令

$$M_1 = \{(x, \lambda_1 x, A_2 x, \cdots, A_{n-1} x) : x \in \Omega_1\},$$

则 M_1 是 M 的闭子空间. 再由引理 6.1.2 可得 $A_2|_\Omega$ 有特征向量, 设对应的特征向量为 λ_2. 令

$$\Omega_2 = \{x \in \Omega_1 : A_2 x = \lambda_2 x\},$$

则 $T\Omega_2 \subseteq \Omega, \Omega_2$ 在 H 中稠密, 而且

$$M_2 = \{(x, \lambda_1 x, \lambda_2 x, \cdots, A_{n-1} x) : x \in \Omega_2\}$$

是 M_1 的闭子空间. 如此继续下去就能得到稠密的线性流形 Ω_{n-1} 和数 $\lambda_1, \lambda_2, \cdots, \lambda_{n-1}$ 使得

$$M_{n-1} = \{(x, \lambda_1 x, \lambda_2 x, \cdots, \lambda_{n-1} x) : x \in \Omega_{n-1}\}$$

为闭的子空间. 但 M_{n-1} 的闭性蕴涵着 Ω_{n-1} 是闭的. 于是 $\Omega_{n-1} = H$, 进而 $\Omega = \Omega_{n-1} = H$, 这样就有

$$M = \{(x, \lambda_1 x, \lambda_2 x, \cdots, \lambda_{n-1} x) : x \in H\}.$$

特别地, 存在 $x \in H$ 使得 $(x_1, x_2, \cdots, x_n) = (x, \lambda_1 x, \lambda_2 x, \cdots, \lambda_{n-1} x)$, 这和 F 的秩大于 1 矛盾.

引理 6.1.4 设 T 是 $B(H)$ 中的极大三角代数, N 是其包套, E 是 N 的一个无穷维原子, 则 $T_1 = ETE$ 是 $B(E)$ 中的不可约三角代数.

证明 易验证 $T_1 \wedge T_1^* = E(T \wedge T^*)E$. 而 $E(T \wedge T^*)E$ 是 $B(E)$ 中的极大交换的自伴子代数, 因此 T_1 是三角代数. 下面证明 T_1 是不可约的.

设 $E = n \oplus n_-$, 这里 $n \in \mathbf{N}$. 设 $F_1 \subseteq E$ 是 T_1 的不变子空间, F 是 H 到 F_1 的投影, 则 $EF = F$, 对于任意 $t_1 \in T_1$, 有 $t_1 F_1 = F_1 t_1 F_1$ 成立. 因此对任意 $t \in T$, 就有 $EtF = FtF$, 于是由于 $Ftn_- = Fn_- tn_- = 0$, 故

$$t(n_- \oplus F) = n_- tn_- + (n_- \oplus F)tF = (n_- \oplus F)t(n_- \oplus F)t(n_- \oplus F).$$

这表明 $n_- \oplus F \in N$. 进而由于 $n_- \leqslant n_- \oplus F \leqslant n$, 所以 $F = 0$ 或 $F = n\ominus n_- = E$. 因此 T_1 是不可约的. 证毕.

定义 6.1.1　设 T 是 $B(H)$ 中的极大三角代数, N 是其包套, E 是 N 的一个无穷维原子, 若有限秩算子 F 满足 $F = EFE$, 则称 F 是关于 T 的无穷有限秩算子.

定理 6.1.1　设 T 是 $B(H)$ 中的闭极大三角代数, 则 T 不含无穷有限秩算子.

证明　设 E 是 T 的包套的任一无穷维原子, 则由引理 6.1.4 知 ETE 是闭的三角代数. 故 ETE 不含有限秩算子. 进而由 E 的任意性, T 中不含无穷有限秩算子. 证毕.

引理 6.1.5　设 T 是 $B(H)$ 中的极大三角代数, N 是其包套, $n \in N \setminus \{0, I\}$. 对于任意的 $t \in B(H)$ 满足 $t = ntn^\perp$, 则 $t \in T$.

证明　设 $D = T \wedge T^*$, 令 T_0 为 t 和 T 生成的代数. 我们证明 $D = T_0 \wedge T_0^*$, 进而由极大性得 $T = T_0$, 这样就证明了 $t \in T$.

因为对于任意的 $S \in T$ 有 $tSt = 0$, 所以 $T_0 = \{S_1 + tS_2 + S_3t : S_1, S_2, S_3 \in T\}$. 设 $A = S_1 + tS_2 + S_3t \in S_0$ 自伴. 因为 $ntS_2n = nS_3tn = 0$, 所以 $nAn = nS_1n$, 又因为 $n^\perp tS_2n^\perp = n^\perp S_3 tn^\perp = 0$, 所以 $n^\perp An^\perp = n^\perp S_1 n^\perp$, 因此

$$A = nAn + n^\perp An^\perp = nS_1n + n^\perp S_1 n^\perp.$$

这表明 A 是 T 中的自伴算子, 因而 $A \in D$. 进而由于 $T_0 \wedge T_0^*$ 是由 T_0 中的自伴元生成, 因此 $T_0 \wedge T_0^* \subseteq D$, 反包含关系是显然的, 所以 $T_0 \wedge T_0^* = D$. 证毕.

引理 6.1.6　设 T 是 $B(H)$ 中的极大三角代数, N 是其包套, 如果 $n \in N \setminus \{0, I\}$ 满足 $\dim(n\ominus n_-) \leqslant 1$, 则对任何 $t \in B(H)$ 都有 $ntn_-^\perp \in T$. 特别地, 若 $x \in n, y \in n^\perp$, 则 $x \otimes y \in T$.

证明　记 $S = ntn_-^\perp$, 则

$$S = nSn_-^\perp = n_- Sn^\perp + (n\ominus n_-)Sn^\perp + (n\ominus n_-)S(n\ominus n_-).$$

由引理 6.1.5 知 $n_- Sn^\perp$ 和 $(n\ominus n_-)Sn^\perp$ 都属于 T. 因为 $\dim(n\ominus n_-) \leqslant 1$, 故 $(n\ominus n_-)S(n\ominus n_-)$ 是 $n\ominus n_-$ 的一个数量倍, 进而它属于 T. 证毕.

推论 6.1.1　设 T 是 $B(H)$ 中的极大三角代数, N 是其包套, 则 T 包含 $\mathrm{Alg}\, N$ 中所有一秩算子的充分必要条件为 T 是强可约的.

证明 **充分性** 由引理 6.1.6 可得.

必要性 只需验证对每个 $n \in N$ 有 $\dim(n \ominus n_-) \leqslant 1$. 为此, 假设存在 $n \in N$ 使得 $\dim(n \ominus n_-) > 1$. 取 $n \ominus n_-$ 中的线性无关向量 e_1 和 e_2, 使得 $(e_1, e_2) = 1$, 则 $e_1 \otimes e_1$ 和 $e_2 \otimes e_2$ 属于 $A \lg N$, 进而属于 T. 又因为它们是自伴的, 所以属于 T 的对角. 但是

$$(e_1 \otimes e_1)(e_2 \otimes e_2) = e_1 \otimes e_2 \neq e_2 \otimes e_1 = (e_2 \otimes e_2)(e_1 \otimes e_1),$$

这和 T 的对角的交换性矛盾. 证毕.

推论 6.1.2 设 T 是闭的极大三角代数, N 是其包套, 则一秩算子 $x \otimes y$ 属于 T 当且仅当下列条件之一成立:

(1) 存在 $n \in N$ 满足 $\dim(n \ominus n_-) \leqslant 1$, 使得 $x \in n, y \in n_-^\perp$;

(2) 存在 $n \in N$ 满足 $\dim(n \ominus n_-) = \infty$, 使得 $x \in n, y \in n_-^\perp$, 或 $x \in n_-, y \in n^\perp$.

证明 **充分性** 由引理 6.1.5 和引理 6.1.6 可得.

必要性 设 $x \otimes y \in T$, 则 $x \otimes y \in A \lg N$, 因此存在 $n \in N$, 使得 $x \in n$ 且 $y \in n_-^\perp$. 记

$$x = x_1 + x_2 \in n_- \oplus (n \ominus n_-),$$

$$y = y_1 + y_2 \in (n \ominus n_-) \oplus n^\perp,$$

则 $x \otimes y = x_1 \otimes y + x_2 \otimes y_1 + x_2 \otimes y_2$. 由引理 6.1.5 可知, $x_1 \otimes y$ 和 $x_2 \otimes y_2$ 都属于 T, 所以 $x_2 \otimes y_1 \in T$. 若 $\dim(n \ominus n_-) = \infty$, 则可得 $x_2 \otimes y_1 = 0$, 于是或者 $x_2 = 0$ 或者 $y_1 = 0$. 证毕.

下面研究三角代数中有限秩算子的可分解性.

定理 6.1.2 设 T 是闭的极大三角代数, F 是 T 中的 r 秩算子, 则 F 可以写成 T 中最多 $2r$ 个一秩算子的和.

证明 设 N 是 T 的包套, 则 $F \in A \lg N$, 因此知存在 $\{n_i\}_{i=1}^r \subseteq N$ 及 $\{x_i\}_{i=1}^r$ 和 $\{y_i\}_{i=1}^r$ 满足 $x_i \in n_i, y_i \in H \ominus n_{i-}, i = 1, 2, \cdots, r$, 使得

$$F = x_1 \otimes y_1 + x_2 \otimes y_2 + \cdots + x_n \otimes y_n.$$

首先设对每个 $i \in \{1, 2, \cdots, r\}, \dim(n_i \ominus (n_i)_-) = \infty$. 记

$$x_i = x_i^1 + x_i^2 \in n_{i-} \oplus (n \ominus n_{i-}),$$

$$y_i = y_i^1 + y_i^2 \in (n_i \ominus n_{i-}) \oplus n_i^\perp,$$

则可得

$$F = \sum_{i=1}^r (x_i^1 \otimes y_i^1 + (x_i^1 + x_i^2) \otimes y_i^2 + x_i^2 \otimes y_i^1) = F_1 + F_2,$$

其中 $F_1 = \sum_{i=1}^{r}(x_i^1 \otimes y_i^1 + x_i \otimes y_i^2), F_2 = \sum_{i=1}^{r} x_i^2 \otimes y_i^1$. 由推论 6.1.2 可得 $F_1 \in T$, 于是 $F_2 \in T$.

令 $E_i = n_i\Theta(n_i)_-, i = 1, 2, \cdots, r$, 不妨设 $E_1, E_2, \cdots, E_r$ 互不相等, 则对任意的 $i \neq j$ 有 $E_iE_j = E_jE_i = 0$, 从而 $F_2 = \sum_{i=1}^{r} E_iF_2E_i$. 又因为每个 $E_iF_2E_i = 0$, 因此 $F_2 = 0$, 进而 $F = F_1$.

再令 $\Lambda = \{i \in \{1, 2, \cdots, r\} : \dim(n_i\Theta(n_i)_-) \leqslant 1\}$, 并设 Λ 的秩为 k, 则对于每个 $i \in \Lambda$, 就有 $x_i \otimes y_i \in T$, 进而 $r - k$ 的秩算子为 $A = F - \sum_{i \in \Lambda} x_i \otimes y_i \in T$. 又由于 $A = \sum_{i \notin \Lambda} x_i \otimes y_i$, 而当 $i \notin \Lambda$ 时 $\dim(n_i\Theta(n_i)_-) = \infty$, 由前面的结果知 A 可以写成 T 中至多 $2(r-k)$ 个一秩算子的和, 因而 F 可以写成 T 中至多 $k + 2(r - k)$ 个一秩算子的和. 证毕.

下面将讨论极大三角代数中有限秩算子的弱 $*$ 闭包. 设 N 是 H 上的一个拟极大套. 对 $n \in N$, 定义

$$\tilde{n} = n_-, n_\sim = n, \text{ 如果 } \dim(n\Theta n_-) \leqslant 1,$$

$$\tilde{n} = n_-, n_\sim = n, \text{ 如果 } \dim(n\Theta n_-) = \infty,$$

则映射 $n \mapsto \tilde{n}$ 和 $n \mapsto n_\sim$ 是 N 到其自身的两个序同态. 令

$$W(N) = \{t \in B(H) : tn \subseteq \tilde{n}, \forall n \in N\},$$

$$V(N) = \{t \in B(H) : tn \subseteq n_\sim, \forall n \in N\}.$$

接下来将证明闭极大三角代数中有限秩算子的弱 $*$ 闭包等于 $V(N)$(N 为其包套). 首先给出 $W(N)$ 的一些性质.

引理 6.1.7　设 N 是 H 上的拟极大套, 则

(1) $W(N)$ 是 $A\lg N$ 的弱闭理想;

(2) 设 $M \in N, t \in B(H)$, 则 $\tilde{M}tM^\perp \in W(N)$;

(3) 一秩算子 $x \otimes y \in W(N)$, 当且仅当存在 $n \in N$ 使得 $x \in n$ 且 $y \in n_\sim^\perp$;

(4) 设 $n \in N, x \in n_*$ 且 $y \in n^\perp$, 其中 $n_* = \wedge\{\tilde{M} : M \in N, M > n\}$, 则一秩算子 $x \otimes y \in W(N)$.

证明　(1) 显然 $W(N)$ 是 $A\lg N$ 的弱闭双边模, 故只需验证 $W(N) \subseteq A\lg N$, 但 $t \in W(N)$, 对任何 $n \in N$, 都有 $\tilde{n}^\perp tn = 0$ 成立, 进而对任何 $n \in N$, 有 $\tilde{n} \leqslant n$, 即 $n^\perp tn = 0$. 因此 $t \subseteq A\lg N$.

(2) 设 $n \in N$. 若 $n \leqslant M$, 则 $tn = 0$; 若 $n > M$, 则 $\tilde{n} \geqslant \tilde{M}$, 从而 $tn \subseteq \tilde{M} \subseteq \tilde{n}$. 因此 $t \subseteq A\lg N$.

(3) **充分性** 设 $n \in N, x \in n$ 且 $y \in n_\sim^\perp$.

情况 1 设 $\dim(n\Theta n_-) \leqslant 1$, 则 $n_\sim = n$. 当 $M > n$ 时, $\tilde{M} \geqslant n$. 从而 $(x \otimes y)M \subseteq n \subseteq \tilde{M}$; 而当 $M \leqslant n$ 时, 有 $(x \otimes y)M = 0$. 总之, 对于任何的 $M \in N$ 都有 $(x \otimes y)M \subseteq \tilde{M}$, 因此 $x \otimes y \in W(N)$.

情况 2 $\dim(n\Theta n_-) = \infty$, 则 $n_\sim = n_-$. 当 $M \geqslant n$ 时, $\tilde{M} \geqslant n$, 从而 $(x \otimes y)M \subseteq n \subseteq \tilde{M}$; 当 $M < n$ 时, $M < n_-$, 从而 $(x \otimes y)M = 0$. 总之, 对任何 $M \in N$ 有 $(x \otimes y)M \subseteq \tilde{M}$, 因此 $x \otimes y \in W(N)$.

必要性 设一秩算子 $x \otimes y \in W(N)$. 令 $n \in N$ 是 N 中包含 x 的最小元, 下证 $y \in n_\sim^\perp$.

情况 1 $n = n_-$, 则 $n_\sim = n$. 对任何 $M < n$ 和 $z \in M$, 由于 $(z, y)x = (x \otimes y)z \in \tilde{M} \subseteq M$, 因此 $(z, y) = 0$, 进而 $y \in M^\perp$. 于是由 M 的任意性可得

$$y \in \vee \{M^\perp : M \in N, M < n\} = \wedge \{M \in N : M < n\}^\perp = n^\perp.$$

情况 2 设 $\dim(n\Theta n_-) = 1$, 则 $n_\sim = n, \tilde{n} = n_-$. 于是对于任何的 $z \in n$ 都应有 $(z, y)x = (x \otimes y)z \in n_-$. 因此由 N 的定义必有 $(z, y) = 0$, 因此 $y \in n^\perp$.

情况 3 设 $\dim(n\Theta n_-) = \infty$, 则 $n_\sim = n$. 由于 $x \otimes y \in W(N)$, 所以对任何 $z \in n_-$ 应有 $(z, y)x = (x \otimes y)z \in \tilde{n}_- \subseteq n_-$. 由 N 的定义必有 $(z, y) = 0$. 因此 $y \in n^\perp$.

(4) 当 $M \leqslant n$ 时, $(x \otimes y)M = 0$; 当 $M > n$ 时, $\tilde{M} \supseteq n_*$, 于是 $(x \otimes y)M \subseteq n_* \subseteq \tilde{M}$. 因此 $x \otimes y \in W(N)$. 证毕.

命题 6.1.1 设 T 是 H 上的闭极大三角代数, N 是其包套, $T \in C_1(H)$. 则对所有的 $f \in T \wedge F(H)$ 都有 $\operatorname{tr}(TF) = 0$ 的充分必要条件是 $T \in W(N)$.

证明 **必要性** 设 $n \in N$ 是任意的. 若 $X \in F(H)$, 则 $nX\tilde{n}^\perp \in T \wedge F(H)$, 因此有

$$\operatorname{tr}(\tilde{n}^\perp tnX) = \operatorname{tr}(tnX\tilde{n}^\perp) = 0, \quad X \in F(H).$$

又因为 $F(H)$ 在 $B(H)$ 中弱 $*$ 稠密, 故对所有 $X \in B(H)$, 有 $\operatorname{tr}(\tilde{n}^\perp tnX) = 0$ 成立, 进而 $\tilde{n}^\perp tn = 0, t \in W(N)$. 证毕.

充分性 设 $x \otimes y \in T$, 根据推论 6.1.2 分两种情况证明 $(tx, y) = 0$.

情况 1 设存在 $n \in N$ 且满足 $\dim(n\Theta n_-) \leqslant 1$, 使得 $x \in n, y \in n_-^\perp$, 又因为 $\tilde{n} = n_-$, 于是 $(tx, y) = (\tilde{n}^\perp tnx, y) = 0$.

情况 2 存在 $n \in N$ 使得 $x \in n, y \in n^\perp$. 由于 $tn \subseteq \tilde{n} \subseteq n$, 所以 $(tx, y) = (n^\perp tnx, y) = 0$. 因此对任何一秩算子 $x \otimes y \in T$, 都有 $\operatorname{tr}(T(x \otimes y)) = (tx, y) = 0$. 进而由定理 6.1.2 和迹运算的线性性质可知, 对所有的 $f \in T \wedge F(H)$ 有 $\operatorname{tr}(TF) = 0$.

总之, 综上可知 $K(H)^* = C_1(H)$, 因此将 $T \wedge F(H)$ 看成 $K(H)$ 的子空间时就有 $(T \wedge F(H))^\perp = W(N) \wedge C_1(H)$, 而当 $T \wedge F(H)$ 看成 $C_1(H)$ 的子空间时也有 $(T \wedge F(H))_\perp = W(N) \wedge C_1(H)$. 证毕.

下面的目的是计算 $(W(N) \wedge C_1(H))^\perp$, 为此需要引用下述两个引理.

引理 6.1.8　设 P 和 Q 是 H 上的投影, $t \in C_1(H)$ 满足 $Q^\perp t P = 0$, 则存在 $t_1, t_2 \in C_1(H)$, 使得 $t = t_1 + t_2$, 并且

(1) $Q^\perp t_1 = 0, t_2 P = 0$;

(2) $\|t\|_1 = \|t_1\|_1 + \|t_2\|_1$.

引理 6.1.9　设 $t_n, t \in C_1(H)$ 满足 $\|t_n\|_1 \leqslant 1, \|t\| = 1$. 如果 t_n 弱 $*$ 收敛于 t, 则 t_n 依范数收敛于 t.

引理 6.1.10　设 N 是拟极大套, $t \in W(N) \wedge C_1(H)$ 是 $W(N) \wedge C_1(H)$ 的单位球的端点, 则 t 是一秩算子 $\|t\| = 1$.

证明　因为 t 是 $W(N) \wedge C_1(H)$ 的单位球的端点, 所以 $\|t\|_1 = 1$. 设 $n \in N$, 则 $\tilde{n}^\perp t n = 0$. 因此 $t = t_1 + t_2$, 其中 $t_1, t_2 \in C_1(H)$, 满足 $\tilde{n}^\perp t_1 = 0, t_2 n = 0$, 并且

$$1 = \|t\|_1 = \|t_1\|_1 + \|t_2\|_1. \tag{6.1.1}$$

若 $tn \neq 0$ 且 $\tilde{n}^\perp t \neq 0$, 则 $t_1 n = tn \neq 0, \tilde{t}_2 = \tilde{n}^\perp t \neq 0$, 进而 $t_1 \neq 0, t_2 \neq 0$. 由于

$$t_1 = \tilde{n}^\perp t_1 = \tilde{n}^\perp t_1 n + \tilde{n}^\perp t_1 n^\perp = \tilde{n}^\perp t n + \tilde{n}^\perp t_1 n^\perp,$$

所以由引理 6.1.7 可知, $t_1 \in W(N)$. 同理, $t_2 \in W(N)$. 进而由 (6.1.1) 式可知, t 不是 $W(N) \wedge C_1(H)$ 的单位球的端点. 因此, 对任意 $n \in N$, 要么 $tn \neq 0$, 要么 $\tilde{n}^\perp t \neq 0$. 故令

$$M = \vee\{n \in N : tn = 0\},$$

则 $tM = 0$, 而且对任何 $n > M, tn \neq 0$. 于是对任何 $n > M, \tilde{n}^\perp t = 0$, 令

$$M_* = \wedge\{\tilde{n} : n > M\},$$

则 $M_*^\perp t = 0$. 于是 $t = M_* t M^\perp$.

因为 t 是紧算子, 所以 $t = \sum\limits_{k=1}^\infty \lambda_k x_k \otimes y_k$, 其中 λ_k 是 t 的 s 数, $\|x_k\| = \|y_k\| = 1, x_k \in M_*, y_k \in M^\perp$, 级数是依范数拓扑收敛. 由引理 6.1.7 可得 $x_k \otimes y_k \in W(N)$. 因为 $\sum\limits_{k=1}^\infty \lambda_k = \|t\|_1 = 1$, 所以 t 是 $W(N) \wedge C_1(H)$ 的单位球中的元素 $x_k \otimes y_k$ 的凸组合. 但 t 是端点, 所以 $\lambda_1 = 1, \lambda_2 = \lambda_k = \cdots = 0$. 证毕.

引理 6.1.11　设 T 是闭的极大三角代数, N 是其包套, 则 $W(N) \wedge C_1(H)$ 的单位球是其端点的范数凸闭包.

证明 由命题 6.1.1 及其后的说明可得

$$\overline{(T \wedge F(H))^\perp} = (T \wedge F(H))^\perp = W(N) \wedge C_1(H),$$

于是

$$(T \wedge F(H))^\perp = (K(H)/\overline{T \wedge F(H)})^*.$$

由 Krein-Milman 定理可知, $W(N) \wedge C_1(H)$ 的单位球是其端点的弱 $*$ 凸闭包, 进而由引理 6.1.9 可知, $W(N) \wedge C_1(H)$ 的单位球面在端点的范数凸闭包中. 因此, $W(N) \wedge C_1(H)$ 的单位球是其端点的范数凸闭包. 证毕.

定理 6.1.3 设 T 是闭的极大三角代数, N 是其包套, 则 $(W(N) \wedge C_1(H))^\perp = V(N)$.

证明 首先设 $t \in (W(N) \wedge C_1(H))^\perp$. 对任意的 $n \in N, x \in n, y \in n_\sim^\perp$, 由引理 6.1.7 知 $x \otimes y \in W(N) \wedge C_1(H)$, 进而 $0 = \mathrm{tr}(tx \otimes y) = (tx, y)$. 由 x 和 y 的任意性, 得 $tn \subseteq n_\sim$. 再由 n 的任意性和 $V(N)$ 的定义, 可得 $t \in V(N)$. 因此, $(W(N) \wedge C_1(H))^\perp \subseteq V(N)$.

为证明反向包含关系, 设 $t \in V(N)$, 则对任意的 $n \in N, x \in n, y \in n_\sim^\perp$, 有

$$tr(tx \otimes y) = (tx, y) = (n_\sim^\perp tnx, y) = 0.$$

这表明 t 零化 $W(N)$ 中的所有一秩算子. 特别地, 由引理 6.1.10 知, t 零化 $W(N) \wedge C_1(H)$ 的单位球的所有端点, 进而由引理 6.1.11 可知, t 零化 $W(N) \wedge C_1(H)$ 的单位球, 从而 $t \in (W(N) \wedge C_1(H))^\perp$. 证毕.

定理 6.1.4 设 T 是闭的极大三角代数, N 是其包套, 则

$$\overline{T \wedge F(H)}^{\omega*} = \overline{T \wedge F(H)}^\omega = \overline{T \wedge F(H)}^s = V(N).$$

证明 由命题 6.1.1 和定理 6.1.3 可得

$$\overline{T \wedge F(H)}^{\omega*} = (T \wedge F(H)_\perp)^\perp = (W(N) \wedge C_1(H))^\perp = V(N).$$

又因为 $V(N)$ 是弱闭的, 所以

$$V(N) \supseteq \overline{T \wedge F(H)}^\omega \supseteq \overline{T \wedge F(H)}^{\omega*} = V(N).$$

最后, 由 $T \wedge F(H)$ 的凸性, 就有 $\overline{T \wedge F(H)}^s = \overline{T \wedge F(H)}^\omega = V(N)$. 证毕.

综上可知, 套代数中的有限秩算子在该套代数中是弱稠密的. 因此自然会问: 极大三角代数中的有限秩算子具有这一性质吗? 下面将回答该问题.

推论 6.1.3 设 T 是闭的极大三角代数, 则 $T \wedge F(H)$ 在 T 中弱 (弱 $*$、强) 稠密当且仅当 T 是强可约的.

证明　设 N 是 T 的包套, 则 $T \subseteq \mathrm{Alg}\, N$, 故弱 T 是强可约的, 则由推论 6.1.1 和 Erdos 稠密性定理知 $T \wedge F(H)$ 在 $\mathrm{Alg}\, N$ 中, 进而在 T 中弱稠密.

现由 $T \wedge F(H)$ 在 T 中弱稠密及定理 6.1.4 得

$$T \subseteq \overline{T \wedge F(H)}^{\,\omega} = V(N).$$

特别地, $I \in V(N)$. 于是对任何 $n \in N$ 有 $n = In \leqslant n_\sim$, 进而 $n = n_\sim$. 因此由定义 $\dim(n \ominus n_-) \leqslant 1$ 对任何 $n \in N$ 成立, 即 T 是强可约的. 证毕.

6.2　极大三角算子代数上的代数同构

代数同构是算子代数理论中的一个重要的研究内容, 对代数同构的刻画, 是进一步了解算子代数结构的重要途径. 本节研究极大三角算子代数上的代数同构, 由于极大三角算子代数是套代数中特殊的子代数, 因此首先证明如下的定理.

定理 6.2.1[39]　设 N_i 是 Hilbert 空间 H_i 上的端点极大套, 即 $\dim(0)_+ \leqslant 1$ 且 $\dim(H_i)^\perp \leqslant 1, i = 1, 2$, 若 T_i 是套代数 $\mathrm{Alg}\, N_i$ 中的子代数, 满足下列条件:

(1) T_i 包含一个极大交换的 von Neumam 代数 D_i;

(2) T_i 包含 R_{N_i} 中的所有一秩算子;

(3) $\mathrm{Lat}\, T_i = N_i$.

如果 $\phi : T_1 \to T_2$ 是代数同构, 则 ϕ 是空间实现的.

在定理的条件下, 先给出以下几个引理.

引理 6.2.1　$D_i \supseteq N_i$.

证明　因为 D_i 是自伴的, 而且 $D_i \subseteq \mathrm{Alg}\, N_i \wedge T(N_i)^*$, 从而 N_i 在 D_i 的交换子中. 又 D_i 是极大交换的, 所以 $D_i \supseteq N_i$. 证毕.

引理 6.2.2　若 $(H_i)_- \neq H_i$, 则对于任意的 $x \in H_i, y \in (H_i)^\perp$, 有 $x \otimes y \in T_i$.

证明　任取单位向量 $x_0 \in (H_i)^\perp_-$. 因为 $\dim(H_i)^\perp_- = 1$, 故存在数 λ 使得 $y = \lambda x_0$. 同样可分解 $x = x_1 + \mu x_0 \in (H_i)_- \oplus (H_i)^\perp_-$, 于是 $x \otimes y = x_1 \otimes y + \lambda \mu x_0 \otimes x_0$. 由条件 $x_1 \otimes y \in T_i$ 和由引理 6.2.1 可得 $x_0 \otimes x_0 \in D_i$, 因此 $x \otimes y \in T_i$. 证毕.

引理 6.2.3　若 N_i 满足 $(0)_+ \neq (0)$, 则对任何 $x \in (0)_+, y \in H_i$, 有 $x \otimes y \in T_i$.

利用引理 6.2.2 和引理 6.2.3 可得下面的引理.

引理 6.2.4　若 $A \in T_i$ 是一秩算子当且仅当 A 是单元.

引理 6.2.5　ϕ 双边保一秩算子.

下面若 A 是幂等算子, $P(A)$ 表示到 A 的值域 (是闭的) 上的正交投影, 于是 $P(A)A = A$ 和 $AP(A) = P(A)$.

引理 6.2.6　(1) 若 $E \in N_1$, 则 $P(\phi(E)) \in N_2$ 且 $P(\phi^{-1}(P(\phi(E)))) = E$;

(2) $P(\phi(\cdot))$ 是从 N_1 到 N_2 的保序双射;

(3) 若 $E \in N_1$, 则 $P(\phi(E))_- = P(\phi(E_-))$.

证明 (1) 对于任意的 $A \in N_1$, 就有

$$\phi(A)\phi(E) = \phi(AE) = \phi(EAE)$$
$$= \phi(E)\phi(A)\phi(E) = P(\phi(E))\phi(E)\phi(A)\phi(E).$$

从而

$$\phi(A)P(\phi(E)) = \phi(A)\phi(E)P(\phi(E))$$
$$= P(\phi(E))\phi(E)\phi(A)\phi(E)P(\phi(E))$$
$$= P(\phi(E))\phi(A)P(\phi(E))$$

由于 ϕ 是满的, 则可得 $P(\phi(E)) \in N_2$, 又因为

$$P(\phi(E))\phi(E) = \phi(E), \quad \phi(E)P(\phi(E)) = P(\phi(E)),$$

所以

$$\phi^{-1}(P(\phi(E)))E = E, \quad E\phi^{-1}(P(\phi(E))) = \phi^{-1}(P(\phi(E))),$$

因此 $P(\phi^{-1}(P(\phi(E)))) = E$.

(2) 设 $F \in N_2$. 由条件 (1) 式可知 $P(\phi^{-1}(F)) \in N_1$ 且 $P(\phi(P(\phi^{-1}(F)))) = F$, 因此 $P(\phi(\cdot))$ 是满射. 再需证 $P(\phi(\cdot))$ 保序的. 故设 $E_1, E_2 \in N_1$ 而且满足 $E_1 < E_2$, 则 $\phi(E_1) = \phi(E_2 E_1) = \phi(E_2)\phi(E_1)$, 这表明 $\phi(E_1)$ 的值域包含在 $\phi(E_2)$ 的值域中, 进而 $P(\phi(E_1)) \leqslant P(\phi(E_2))$. 若 $P(\phi(E_1)) = P(\phi(E_2))$, 由 (1) 式可知 $E_1 = E_2$ 矛盾. 因此必有 $P(\phi(E_1)) < P(\phi(E_2))$.

(3) 由 (2) 式可得 $P(\phi(E))_- = \vee\{P(\phi(F)) : F < E\} = P(\phi(E_-))$. 证毕.

为了表示方便, 以下记 $N_i^0 = N_i \backslash \{(0), H_i\}$.

引理 6.2.7 设 $E \in N_1^0$, 则

$$\phi(\{x \otimes y : x \in E, y \in E^\perp\}) = \{u \otimes v : u \in P(\phi(E)), v \in P(\phi(E))^\perp\}.$$

证明 由引理 6.2.5 可得

$$\phi(\{x \otimes y : x \in E, y \in E^\perp\}) = \phi(E)\phi(\{x \otimes y : x \in E, y \in E^\perp\})\phi(E^\perp)$$
$$\subseteq \{u \otimes v : u \in P(\phi(E)), v \in P(\phi(E))^\perp\}.$$

再由引理 6.2.5 和引理 6.2.6 可得

$$\phi^{-1}(\{u \otimes v : u \in P(\phi(E)), v \in P(\phi(E))^\perp\}) \subseteq \{x \otimes y : x \in E, y \in E^\perp\}.$$

证毕.

引理 6.2.8   设 $E \in N_1, x_1, x_2 \in E$, 若 $y \in H_1$ 使得 $x \otimes y \in T_1$ 对任何 $x \in E$ 成立, 则 $\phi(x_j \otimes y) = u_j \otimes v$.

证明   由引理可知存在 $d_j \in D_1$ 和 $x \in E$, 使得 $d_j x = x_j$. 设 $\phi(x \otimes y) = u \otimes v$, 则

$$\phi(x_j \otimes y) = \phi(d_j x \otimes y) = \phi(d_j) u \otimes v.$$

证毕.

定理 6.2.1 的证明   分两种情形来证明该定理.

(1) 设 $(H_1)_- = H_1$, 故由引理 6.2.2 可得 $(H_2)_- = H_2$.

对于任意的 $E \in N_1^0$, 固定 $y_E \in E^\perp$. 则由引理 6.2.7 和引理 6.2.8 可知存在线性双射 $t_E : E \to P(\phi(E))$ 和向量 $v_E \in P(\phi(E))^\perp$, 使得

$$\phi(x \otimes y_E) = t_E x \otimes v_E, \quad x \in E.$$

设存在双射 $t : \vee \{E : E \in N_1^0\} \to \{F : F \in N_2^0\}$, 使得 $\phi(A) t = tA$ 在 $K = \vee \{E : E \in N_1^0\}$ 上成立.

现在只需证明 t 在 K 上有界即可. 固定 $E \in N_1^0$.

情况 1 $\sup \{\|tx\| : x \in E, \|x\| \leqslant 1\} = M_1 < \infty$. 只需证明 t 限制到 E 上是闭算子.

设 $\{x_n\} \subseteq E$ 使得 $x_n \to x$ 且 $tx_n \to y$. 对任何一秩算子 $B \in T_2$, 因为 $\phi^{-1}(B)$ 是一秩算子, 所以 $Bt = t\phi^{-1}(B)$ 也是一秩算子, 进而有界, 从而 $Btx_n \to By$ 且 $Btx_n \to Btx$. 因此, 对任何一秩算子 $B \in T_2$ 有

$$Btx = By. \tag{6.2.1}$$

我们将由此证明 $tx = y$, 记 $(0_2)_+ = \wedge \{F \in N_2 : F > (0)\}$.

(a) $(0_2)_+ \neq (0)$. 固定非零向量 $u \in (0_2)_+$, 则对于任意的 $v \in H_2$, 因为 $\dim (0_2)_+ = 1$, 所以存在数 λ 使得

$$v = \lambda u + v' \in (0_2) \oplus (0_2)_+^\perp.$$

因为由引理 6.2.7 知 $u \otimes u \in D_2$, 则 $u \otimes v' \in T_2$, 所以 $u \otimes v \in T_2$. 在 (6.2.1) 式中令 $B = u \otimes v$, 得 $(tx, v) = (y, v)$, 对任意 $v \in H_2$ 成立, 进而 $tx = y$.

(b) 设 $(0_2)_+ = (0)$, $v \in H_2$, 则存在 $\{v_\beta \in Q_\beta^\perp : Q_\beta \in N_2\}$, 使得对每个 β 取非零向量 $u_\beta \in Q_\beta$. 在 (6.2.1) 式中令 $B = u_\beta \otimes v_\beta$, 得 $(tx, v_\beta) = (y, v_\beta)$, 从而可得 $(tx, v) = (y, v)$, 再由 v 的任意性得 $tx = y$.

情况 2 $\sup \{|(tx, v)| : x \in K, \|x\| \leqslant 1, v \in (P(\phi(E)))^\perp, \|v\| \leqslant 1\} = M_2 < \infty$.

对于任意的 $u \in P(\phi(E)), v = P(\phi(E))^\perp$, 因为 $(u \otimes v)t = t\phi^{-1}(u \otimes v)$, 所以 $\{(u \otimes v)tx, x \in K, \|x\| \leqslant 1\}$ 是有界集. 因此 $\{(tx, v)u, x \in K, \|x\| \leqslant 1\}$, 对于任意 $u \in P(\phi(E)), v \in P(\phi(E))^\perp$ 有界, 进而由一致有界性定理可知情况 2 成立.

于是, 由情况 1 知: $\|tEx\| \leqslant M_1 \|x\|, x \in K$, 进而

$$\|\phi(E)tx\| = \|tEx\| \leqslant M_1 \|x\|, \quad x \in K.$$

由情况 2 知

$$\begin{aligned}
\|\phi(E^\perp)tx\| &= \sup \left\{\left|(\phi(E^\perp)tx, v)\right| : v \in H_2, \|v\| = 1\right\} \\
&= \sup \left\{tx, \left|(\phi(E^\perp)^*v)\right| : v \in H_2, \|v\| = 1\right\} \\
&\leqslant \|\phi(E^\perp)\| M_2 \|x\|, \quad x \in K,
\end{aligned}$$

从而

$$\|tx\| \leqslant \|\phi(E)tx\| + \|\phi(E^\perp)tx\| \leqslant (M_1 + \|\phi(E^\perp)\| M_2) \|x\|, \quad x \in K,$$

即 t 在 K 上有界.

(2) 设 $\dim(H_1)^\perp = 1$. 由引理 6.2.6 可知 $\dim(H_2)^\perp = 1$. 固定 $y_0 \in (H_1)_\perp$, 则由引理 6.2.8 知存在线性双射 $t : H_1 \to H_2$ 和 $v_0 \in (H_2)_\perp$, 对任意 $x \in H_1$, 使得 $\phi(x \otimes y_0) = tx \otimes v_0$ 成立. 进而对任意 $A \in T_1$ 有 $\phi(A) = tAt^{-1}$. 类似于情况 1 的证明可得 T 有界. 证毕.

一个极大三角代数称为次强可约的, 如果它的包套是端点极大的.

推论 6.2.1 次强可约极大三角代数间的代数同构是空间实现的.

推论 6.2.2 设 N_1 和 N_2 分别是 Hilbert 空间 H_1 和 H_2 上的套, T_1 和 T_2 分别是套代数 $\operatorname{Alg} N_1$ 和 $\operatorname{Alg} N_2$ 的标准子代数, ϕ 是从 T_1 和 T_2 的代数同构. 如果 T_1 和 T_2 都包含某个极大交换的 von Neumann 代数, 则 ϕ 是空间实现的.

证明 若 N_1 不是端点连续的, 则 ϕ 是空间实现的. 再由引理 6.2.6 知, N_1 是端点连续的. 若证明了 $\operatorname{Lat} T_i = N_i$, 则可知 ϕ 是空间实现的.

现在证明 $\operatorname{Lat} T_i = N_i$. 设 $M \in \operatorname{Lat} T_i$, 令 E 是 N_i 中包含 M 的最小元, 则对任意满足 $F_- < E$ 的 $F \in N_i$, 因为 $M \not\subset F_-$, 故存在单位向量 $y \in M$, 使得 $y = F_\perp^\perp y \neq 0$. 对任意 $x \in F$, 由于 $x \otimes y \in T_i$, 所以 $x = (x \otimes y)y \in M$, 因此 $M \supseteq \vee \{F : F_- < E\} = E$, 从而 $M = E \in N_i$, 进而 $\operatorname{Lat} T_i = N_i$. 证毕.

6.3 三角代数上的等距映射

本节研究次强可约极大三角代数上的满线性等距映射. 我们知道极大三角代数的不变子空间格是一个套, 称其为包套. 如果 Hilbert 空间 H 上的极大三角代数

的包套是端点极大的, 即 $\dim(0)_+ \leqslant 1$ 且 $\dim H_-^\perp \leqslant 1$, 则称该极大三角代数为次强可约的.

首先给出一般算子代数上等距映射的一些基本性质.

引理 6.3.1[40]　设 A 和 B 是 Hilbert 空间上范数闭的算子代数, $\phi: A \to B$ 是满线性等距映射, 则

(1) $\phi(A \wedge A^*) = B \wedge B^*$;

(2) 对任意 $x, z \in A$ 和 $y \in A \wedge A^*$, 有

$$\phi(xy^*z + zy^*x) = \phi(x)\phi(y)^*\phi(z) + \phi(z)\phi(y)^*\phi(x);$$

(3) $V = \phi(I)$ 是 $B \wedge B^*$ 中的酉算子;

进一步, 若 $\phi(I) = I$, 则

(4) 对任意的 $x, z \in A$, 有 $\phi(xz + zx) = \phi(x)\phi(z) + \phi(z)\phi(x)$;

(5) 对任意的 $x \in A \wedge A^*$, 有 $\phi(x^*) = \phi(x)^*$;

(6) 对任意的 $x, y, z \in A$, 有 $\phi(xyz + zyx) = \phi(x)\phi(y)\phi(z) + \phi(z)\phi(y)\phi(x)$ 和 $\phi(xyx) = \phi(x)\phi(y)\phi(x)$.

命题 6.3.1　设 A 和 B 是三角代数, ϕ 是从 A 到 B 的满线性等距映射, 则

(1) $\phi(A \wedge A^*) = B \wedge B^*$;

(2) 对任意 $x, z \in A$ 和 $y \in A \wedge A^*$, 有

$$\phi(xy^*z + zy^*x) = \phi(x)\phi(y)^*\phi(z) + \phi(z)\phi(y)^*\phi(x);$$

(3) $V = \phi(I)$ 是 $B \wedge B^*$ 中的酉算子;

进一步, 若 $\phi(I) = I$, 则

(4) 对于任意的 $x, z \in A$, 有 $\phi(xz + zx) = \phi(x)\phi(z) + \phi(z)\phi(x)$;

(5) 对于任意的 $x \in A \wedge A^*$, 有 $\phi(x^*) = \phi(x)^*$;

(6) 对于任意的 $x, y, z \in A$, 有 $\phi(xyz + zyx) = \phi(x)\phi(y)\phi(z) + \phi(z)\phi(y)\phi(x)$ 和 $\phi(xyx) = \phi(x)\phi(y)\phi(x)$.

证明　设 D_1 和 D_2 分别是 A 和 B 的对角, $\overline{A}$ 和 $\overline{B}$ 分别是 A 和 B 的范数闭包, 而且设 $\tilde{\phi}$ 是 ϕ 的延拓, 则 $\tilde{\phi}$ 是从 $\overline{A}$ 到 $\overline{B}$ 的满的线性等距映射. 由引理 6.3.1 知, (2) 式及 (4)—(6) 式均成立且 $V = \phi(I) = \tilde{\phi}(I)$ 是 $\overline{B} \wedge \overline{B}^*$ 中的酉算子. 下面证 (1) 和 (3).

对每个 $a \in A$, 定义 $\varphi(a) = V^*\phi(A)$, 则 φ 是从 A 到 $V * B$ 的满线性等距映射且 $\phi(I) = I$. 易验证

$$\varphi(D_1) = V^*\phi(A) \wedge (V^*\phi(A))^* = V^*B \wedge B^*V.$$

又因为 $V = \phi(I) \in B$, 所以 $V^* D_2 = (V D_2^* V)^* V \subseteq B^* V$. 因此 $\varphi(D_1) \supseteq V^* D_2$, 进而 $\phi(D_1) = V\varphi(D_1) \supseteq D_2$. 类似可得 $\phi^{-1}(D_2) \supseteq D_1$, 进而 $D_2 \supseteq \phi(D_1)$. 这样就证明了 (1), 因而 $V = \phi(I) \in D_2$. 证毕.

引理 6.3.2 设 A 和 B 是极大三角代数, N 和 M 分别是 A 和 B 的包套. 如果 ϕ 是从 A 到 B 的满线性等距映射, 使得 $\phi(I) = I$, 则下列之一成立:

(1) ϕ 诱导一个从 N 到 M 的序同构, 并且对任意的 $a \in A$ 及 $p, q \in N$, 有

$$\phi(paq) = \phi(p)\phi(a)\phi(q);$$

(2) ϕ 诱导一个从 N 到 $M^\perp$ 的序同构, 并且对任意的 $a \in A$ 及 $p, q \in N$, 有

$$\phi(paq) = \phi(q)\phi(a)\phi(p);$$

证明 设 $n \in N$. 对任何 $a = nan^\perp \in A$, 由命题 6.3.1 的 (6) 式可得

$$\phi(a) = \phi(nan^\perp + n^\perp an) = \phi(n)\phi(a)\phi(n)^\perp + \phi(n)^\perp \phi(a)\phi(n).$$

从而可得下列结论之一:

(a) 对所有 $a \in A$ 且 $a = nan^\perp$, $\phi(a) = \phi(n)\phi(a)\phi(n)^\perp$ 成立;

(b) 对所有 $a \in A$ 且 $a = nan^\perp$, $\phi(a) = \phi(n)^\perp \phi(a)\phi(n)$ 成立;

不妨设 (a) 成立, 证明此时 (1) 成立.

对任意 $a \in A$, 因为 $n^\perp an = 0$, 有

$$a = nan + n^\perp an^\perp + nan^\perp.$$

由命题 6.3.1 和假设可得

$$\phi(a) = \phi(n)\phi(a)\phi(n) + \phi(n)^\perp \phi(a)\phi(n)^\perp + \phi(n)\phi(a)\phi(n)^\perp.$$

因此 $\phi(n)^\perp \phi(a)\phi(n) = 0$, 即 $\phi(n)$ 在 $\phi(a)$ 作用下不变. 又因为 ϕ 的值域是 B 而 $\text{Lat} B = M$, 所以 $\phi(n) \in M$, 进而 $\phi(n) \subseteq M$. 同样可以考虑 ϕ^{-1}, 因此 $\phi(M) \subseteq N$.

设 $a \in A$ 及 $p, q \in N$, 则有

$$\phi(paq) = \phi(paqp^\perp + paqp) = \phi(p)\phi(aq)\phi(p)^\perp + \phi(p)\phi(aq)\phi(p)$$
$$= \phi(p)\phi(qaq) = \phi(p)\phi(q)\phi(a)\phi(q)$$
$$= \phi(p)\phi(a)\phi(q).$$

证毕.

引理 6.3.3 设 A 是 Hilbert 空间 H 上的次强可约极大三角代数, 则 $a \in A$ 是一秩算子当且仅当 a 是单元.

证明　必要性显然成立, 其证明略.

充分性　设 N 是 A 的包套. 假设 a 的秩大于等于 2.

情况 1　若 $(0)_+ = (0)$ 且 $H_- = H$. 此时存在 N 中的元 n_1 和 n_2 满足 $(0) < n_i < H, i = 1, 2$, 使得 $a|_{n_1}$ 和 $S^*\big|_{n_2^\perp}$ 的秩至少为 2, 其中 $S = a|_{n_1}$. 取 n_1 中的向量 x_1 和 x_2 使得 $n_2^\perp a x_1$ 和 $n_2^\perp a x_2$ 正交. 取 $0 \neq g \in n_1^\perp$ 和 $0 \neq h \in n_2$, 令 $C = h \otimes n_2^\perp a x_1, D = x_2 \otimes g$. 故可知 C 和 D 属于 A, 但当 $CaD = 0$ 时, $Cax_1 \neq 0$, $aDg \neq 0$, 这和 a 的单元性矛盾.

情况 2　若 $(0)_+ \neq (0)$ 且 $H_- = H$. 此时存在 N 中的元 n 满足 $(0) < n < H$, 使得 $\dim[an] \geqslant 2$. 选取 n 中的向量 x 和 y 使得 Ax 和 Ay 线性无关. 取 H 中的向量使得 $(ax, f) \neq 0$ 且 $(ay, f) = 0$. 设 $z \in (0)_+, g \in n^\perp$. 定义 $C = z \otimes f, D = y \otimes g$. 由 A 的次强可约性, 可知 C 和 D 属于 A, 并且易验证 $Ca \neq 0 \neq aD$ 但 $CaD = 0$, 这和 a 的单元性矛盾.

类似地, 可有以下两种情形:

情况 3　若 $(0)_+ = (0)$ 且 $H_- \neq H$.

情况 4　若 $(0)_+ \neq (0)$ 且 $H_- \neq H$.

同理可证的结论成立. 证毕.

下面设 A 和 B 均为 $B(H)$ 中的极大三角子代数, 设 N 和 M 分别是设 A 和 B 的包套, 设 ϕ 是从 A 到 B 的满线性等距映射使得 $\phi(I) = I$, 并且满足:

假定 1　ϕ 诱导一从 N 到 M 的序同构;

假定 2　$\phi(paq) = \phi(p)\phi(a)\phi(q)$, 对任意 $a \in A$ 和 $p, q \in N$.

由假定 1 易知, $\phi(n_-) = \phi(n)_-$.

引理 6.3.4　设 $n \in N, a_1, a_2, a \in A$ 满足 $a_1 = a_1 n, a_2 = n^\perp a_2$ 和 $a = nan^\perp$, 则

(1) $\phi(a_1 a) = \phi(a_1)\phi(a)$;

(2) $\phi(aa_2) = \phi(a)\phi(a_2)$;

(3) $\phi(a_1 a a_2) = \phi(a_1)\phi(a)\phi(a_2)$.

证明　因为 $aa_1 = nan^\perp a_1 n = 0$, 所以 $\phi(aa_1) = 0$. 由假定 2 知

$$\phi(a)\phi(a_1) = \phi(a)\phi(n)^\perp\phi(a_1)\phi(n) = 0.$$

进而由命题 6.3.1 的 (4) 式可得

$$\phi(a_1 a) = \phi(a_1 a + aa_1) = \phi(a_1)\phi(a) + \phi(a)\phi(a_1) = \phi(a_1)\phi(a).$$

类似可得 $\phi(aa_2) = \phi(a)\phi(a_2)$. 因此

$$\phi(aa_2)\phi(a_1) = \phi(a)\phi(a_2)\phi(a_1) = \phi(a_1)\phi(n)^\perp\phi(a_2)\phi(a_1)\phi(n) = 0.$$

又因为 $aa_2a_1 = 0$, 所以由命题 6.3.1 可得

$$\phi(a_1aa_2) = \phi(a_1(aa_2) + (aa_2)a_1)$$
$$= \phi(a_1)\phi(aa_2) + \phi(aa_2)\phi(a_1)$$
$$= \phi(a_1)\phi(a)\phi(a_2).$$

证毕.

引理 6.3.5 设 n 是 N 中的非平凡元, 记 $\hat{n} = \phi(n)$. 设 x 和 y 分别是 n 和 $n^\perp$ 中的非零元. 如果 B 是次强可约的, 则存在非零向量 $u \in \hat{n}$ 和 $v \in n^\perp$ 使得 $\phi(x \otimes y) = u \otimes v$.

证明 由条件可知 $x \otimes y \in A$, 记 $R = \phi(x \otimes y)$. 设 b_1 和 b_2 属于 B 使得 $b_1Rb_2 = 0$, a_1 和 a_2 属于 A 使得 $\phi(a_i) = b_i, i = 1, 2$. 因为 $R = \phi(nx \otimes yn^\perp) = \hat{n}R\hat{n}^\perp$, 故由引理 6.3.4 可得

$$\phi(a_1(x \otimes y)a_2) = \phi(a_1n(x \otimes y)n^\perp a_2) = \phi(a_1n)R\phi(n^\perp a_2)$$
$$= \phi(a_1)\hat{n}R\hat{n}^\perp\phi(a_2)$$
$$= b_1Rb_2 = 0.$$

于是 $a_1(x \otimes y)a_2 = 0$, 进而 $a_1x \otimes y = 0$ 或 $x \otimes ya_2 = 0$. 从而

$$b_1R = b_1\hat{n}R = \phi(a_1n)\phi(x \otimes y) = \phi((a_1n)(x \otimes y)) = \phi(a_1x \otimes y) = 0,$$
$$Rb_2 = R_1\hat{n}b_2 = \phi(x \otimes y)\phi(n^\perp a_2) = \phi(x \otimes yn^\perp a_2) = 0.$$

由引理 6.3.3 知 R 是一秩算子, 其中 $R = \hat{n}R\hat{n}^\perp$, 故结论成立. 证毕.

下面为了避免混淆, 记 $(0^A)_+ = \wedge\{n \in N : n > (0)\}$, $(H^A)_- = \vee\{n \in N : n < H\}$. 而且 $(0^B)_+$ 和 $(H^B)_-$ 也可类似定义. 令 $(I^A)_-$ 和 $(I^N)_-$ 分别为到 $(H^A)_-$ 和 $(H^N)_-$ 的正交投影, 而到 $(0^A)_+$ 和 $(0^B)_+$ 的正交投影仍为 $(0^A)_+$ 和 $(0^B)_+$.

命题 6.3.2 设 A 和 B 是次强可约的. 如果 $\dim(H^A)^\perp_- = 1$ 或 $\dim(0^A)_+ = 1$, 则存在酉算子 U 使得 $\phi(a) = UaU^*$ 对应所有 $a \in A$ 成立.

证明 设 $\dim(H^A)^\perp_- = 1$, 由假定 1 和 B 的次强可约性得 $\dim(H^B)^\perp_- = 1$.

设 y_0 和 v_0 分别是 $(H^A)^\perp_-$ 和 $(H^B)^\perp_-$ 中的单位向量, 则有 $I - (I^A)_- = y_0 \otimes y_0$ 及 $I - (I^B)_- = v_0 \otimes v_0$. 于是由假定 1 可知, $\phi(y_0 \otimes y_0) = v_0 \otimes v_0$. 对任意 $x \in H$, 由条件知 $x \otimes y_0 \in A$. 因此

$$x = x_1 + \lambda y_0 \in (H^A)_- \oplus (H^A)^\perp_-,$$

其中 $\lambda \in R$. 据引理 6.3.5 知, 存在向量 $u \in (H^B)_-$ 和 $v \in (H^B)^\perp_-$, 使得 $\phi(x_1 \otimes y_0) = u \otimes v$. 于是

$$\phi(x \otimes y_0) = \phi(x_1 \otimes y_0) + \lambda\phi(y_0 \otimes y_0) = u \otimes v + \lambda v_0 \otimes v_0.$$

又因为 v 和 v_0 线性相关, 所以存在数 t 使得 $\phi(x \otimes y_0) = (tu + \lambda v_0) \otimes v_0$, 也就是说, 对每个 $x \in H$, 都存在 $u(x) \in H$, 使得 $\phi(x \otimes y_0) = u(x) \otimes v_0$. 因此映射 $x \to u(x)$ 是线性等距满的. 证毕.

定义 H 上的算子 U 为 $Ux = u(x)$, 则 U 是酉算子且 $\phi(x \otimes y_0) = Ux \otimes v_0$. 对任意 $a \in A$, 存在数 μ 使得 $a^* y_0 = \overline{\mu} y_0$. 由命题 6.3.1 的 (4) 可知, 对于任意的 $x \in H$ 可得

$$Uax \otimes v_0 + \mu Ux \otimes v_0 = \phi(ax \otimes y_0 + x \otimes a^* y_0)$$
$$= \phi(a)\phi(x \otimes y_0) + \phi(x \otimes y_0)\phi(a)$$
$$= \phi(a)Ux \otimes v_0 + Ux \otimes (\phi(a)^* v_0),$$

即

$$(\phi(a)Ux - Uax) \otimes v_0 = Ux \otimes (\phi(a)^* v_0 - \overline{\mu} v_0).$$

从而有函数 $s(x)$ 使得

$$\phi(a)Ux - Uax = s(x)Ux,$$

进而存在数 s 使得

$$\phi(a)U - Ua = sU. \tag{6.3.1}$$

下面证明 $s = 0$, 故得到 $\phi(a) = UaU^*$. 再由 (6.3.1) 式可得

$$U^* \phi(a)U = a + s \in A, \quad 其中 \ \phi(a) = UaU^* + s,$$

因此 $\phi(U^* \phi(a)U) = \phi(a) + s = UaU^* + 2s$, 进而

$$\|a\| = \|\phi(a)\| = \|U^* \phi(a)U\| = \|\phi(U^* \phi(a)U)\|$$
$$= \|UaU^* + 2s\| = \|a + 2s\|.$$

对任意自然数 n 归纳可得 $\|a\| = \|a + ns\|$, 据此必有 $s = 0$. 如果 $\dim(0^A)_+ = 1$, 同理可证的结论成立. 证毕.

引理 6.3.6　设 $(H^A)_- = H$ 且 $(0^A)_- = (0)$, n 是 N 中的非平凡元, 记 $\hat{n} = \phi(n)$, 则存在算子 U_n 和 V_n 满足

(1) $U_n : n \to \hat{n}$ 和 $V_n : n^\perp \to \hat{n}^\perp$;

(2) U_n 和 V_n 都是酉算子;

(3) 若 $x \in n, y \in n^\perp$, 则 $\phi(x \otimes y) = (U_n x) \otimes (U_n y)$.

证明　首先证明以下两种情况.

情况 1　设 $x_1, x_2 \in n, y \in n^\perp$, 则存在 $u_i \in \hat{n}$ 和 $v \in n^\perp$, 使得 $\phi(x_i \otimes y) = u_i \otimes v$, $i = 1, 2$.

由引理 6.3.5 知, 存在 $u_i \in \hat{n}$ 和 $v \in n^\perp$ 使得

$$\phi(x_i \otimes y) = u_i \otimes v, \quad i = 1, 2. \tag{6.3.2}$$

于是为证明情况 1 只需证明 v_1 和 v_2 线性相关, 因此设 D 是 A 的对角, 则存在 $d_i \in D$ 和 $x \in H$, 使得 $d_i x = x_i, i = 1, 2$. 故不妨设 $x \in d$ (否则, 以 nx 代替 x) 及 $d_i = d_i n$, 则 $x \otimes y \in A$, 又设 $\phi(x \otimes y) = u \otimes v$, 则由引理 6.3.4 可得

$$\phi(x_i \otimes y) = \phi(d_i x \otimes y) = \phi(d_i)u \otimes v, \tag{6.3.3}$$

比较 (6.3.2) 和 (6.3.3) 两式可知 v_1 和 v_2 线性相关.

情况 2 设 $x \in n, y_1, y_2 \in n^\perp$, 则存在 $u \in \hat{n}$ 和 $v_i \in n^\perp$, 使得 $\phi(x \otimes y_i) = u \otimes v_i$, $i = 1, 2$.

现固定单位向量 $x_0 \in n$ 及 $y_0 \in n^\perp$. 设 $\phi(x_0 \otimes y_0) = u_0 \otimes v_0$ 且 $\|u_0\| = \|v_0\| = 1$, 由情况 1 可知: 对每个 $x \in n$, 存在 $u(x) \in \hat{n}$ 使得

$$\phi(x \otimes y_0) = u(x) \otimes v_0,$$

于是 $\|u(x)\| = \|x\|$ 且映射 $x \to u(x)$ 是线性满的和等距的. 定义 $U_n : n \to \hat{n}$ 为 $U_n x = u(x)$, 则对任意 $x \in n$, u_n 是酉算子且 $\phi(x \otimes y_0) = U_n x \otimes v_0$. 同理, 由情况 2 知存在从 $n^\perp$ 到 $\hat{n}^\perp$ 的酉算子 V_n, 使得对于任意 $y \in n^\perp$, 有 $\phi(x_0 \otimes y) = u_0 \otimes V_n y$ 成立. 因此, 对于任意的 $x \in n$ 和 $y \in n^\perp$, 存在数 $\mu(x, y)$ 使得 $\phi(x \otimes y) = \mu(x, y)U_n x \otimes V_n y$ 成立.

以下我们证明 $\mu(x, y) = 1$, 设 $x \in n$ 并且 x 和 x_0 线性无关, 则 $U_n x$ 和 $u_0 = U_n x_0$ 线性无关. 对于任意的 $y \in n^\perp$, 就有

$$\mu(x + x_0, y)U_n x \otimes V_n y + \mu(x + x_0, y)U_n x_0 \otimes V_n y$$
$$= \mu(x + x_0, y)U_n(x + x_0) \otimes V_n y + \mu((x + x_0) \otimes y)$$
$$= \mu(x, y)U_n x \otimes V_n y + u_0 \otimes V_n y,$$

即 $(\mu(x + x_0, y) - \mu(x, y))U_n x \otimes V_n y = (1 - \mu(x + x_0, y))u_0 \otimes V_n y$, 进而

$$(\mu(x + x_0, y) - \mu(x, y))U_n x = (1 - \mu(x + x_0, y))u_0.$$

但 $U_n x$ 和 u_0 线性无关, 所以 $\mu(x, y) = \mu(x + x_0, y) = 1$. 如果 x 和 x_0 线性相关, 显然有 $\mu(x, y) = 1$. 证毕.

命题 6.3.3 如果 $(H^A)_- = H$ 且 $(0^A)_+ = (0)$, 则存在酉算子 U 使得 $\phi(a) = UaU^*$, 对所有的 $a \in A$ 成立.

证明　由引理 6.3.6 的证明知, 存在满的线性等距映射:

$$U : \{x : x \in n, n \in N, (0) < n < H\} \to \{x : x \in m, m \in M, (0) < m < H\},$$

$$V : \{x : x \in n^\perp, n \in N, (0) < n < H\} \to \{x : x \in m^\perp, m \in M, (0) < m < H\},$$

使得 $\phi(x \otimes y) = Ux \otimes Vy$, 对任意的 $x \in n$ 及 $y \in n^\perp$ 成立. 因为 U 及 V 的定义域和值域都在 H 中稠密, 故 U 和 V 均可延拓为 H 上的酉算子, 仍记为 U 和 V.

设 $n \in N$ 且满足 $(0) < n < H$. 固定 $y \in n^\perp$, 对任意 $x \in n$ 和 $a \in A$, 由命题 6.3.1 中 (4) 式可得

$$
\begin{aligned}
Uax \otimes Vy + Ux \otimes Va^*y &= \phi(ax \otimes y + x \otimes ya) \\
&= \phi(a)Ux \otimes Vy + Ux \otimes Vy\phi(a),
\end{aligned}
$$

于是存在数 $\lambda(x, n)$ 使得

$$\phi(a)Ux - Uax = \lambda(x, n)Ux.$$

进而存在数 $\lambda(n)$, 使得限制在 n 上有

$$\phi(a)U - Ua = \lambda(n)U.$$

对任意的 $n_1, n_2 \in N$, 因为必有 $n_1 \leqslant n_2$ 或 $n_2 < n_1$, 故 $\lambda(n_1) = \lambda(n_2)$. 因此存在数 λ 使得

$$\phi(a)U - Ua = \lambda U$$

在稠密子集 $\{x \,|\, x \in n, n \in N, n < I\}$ 上成立, 进而在 H 上成立. 类似于命题 6.3.2 中讨论的 $\lambda = 0$, 因此 $\phi(a) = UaU^*$. 证毕.

引理 6.3.7　如果 A 和 B 中有一个是次强可约的, 则另一个也是次强可约的.

证明　不妨设 B 是次强可约的.

(1) 如果 $\dim(0^A)_+ > 1$, 那么选取线性无关的向量 $x_1, x_2 \in (0^A)_+$. 设 $y \in (0^A)_\perp^\perp$. 由引理 6.3.6 中情况 1, 存在向量 $u_i \in (0^B)_+$ 和 v 使得

$$\phi(x_i \otimes y) = u_i \otimes v, \quad i = 1, 2.$$

因为 x_1 和 x_2 线性无关, 所以 u_1 和 u_2 也线性无关, 这和 B 的次强可约性矛盾.

(2) 如果 $\dim(H^A)^\perp > 1$, 那么同样可得到矛盾. 证毕.

定理 6.3.1　设 A 和 B 是极大三角代数, ϕ 是从 A 到 B 的满的线性等距映射, 如果 A 和 B 中有一个是次强可约的, 则存在酉算子 U 和 W 使得 $\phi(a) = UaW$ 或 UJa^*JW.

证明 由命题 6.3.1 的证明可知, 存在一个 B 的对角中的酉算子 V 使得 φ: $\varphi(a) = V^*\phi(a), a \in A$, 是从 A 到 V^*B 的满的线性等距映射且 $\varphi(I) = I$. 容易验证 V^*B 是极大三角代数且和 B 有相同的次强可约性. 设 N 和 M 分别是 A 和 V^*B 的包套. 据引理 6.3.2 知, 只需考虑两种情况.

情况 1 映射 φ 诱导一个从 N 到 M 的序同构, 并且对任意的 $a \in A$ 及 $p, q \in N$, $\varphi(paq) = \varphi(p)\varphi(a)\varphi(q)$. 在此情况下, 由命题 6.3.2 和命题 6.3.3 及引理 6.3.7, 存在酉算子 U 使得 $\phi(a) = UaU^*$, 进而 $\phi(a) = V^*UaU^*$.

情况 2 映射 φ 诱导一个从 N 到 $M^\perp$ 的序同构, 并且对任意的 $a \in A$ 及 $p, q \in N$, 有 $\phi(paq) = \phi(q)\phi(a)\phi(p)$. 易验证 $J(V^*B)^*J$ 是极大三角代数并且和 B 有相同的次强可约性, 而 $JM^\perp J$ 是它的外包套. 定义 ψ: $\psi(a) = J\psi(a)^*J$, 则 ψ 满足情况 1, 于是存在酉算子 U 使得 $\psi(a) = UaU^*$, 进而 $\varphi(a) = UJa^*JU^*$. 因此 $\phi(a) = V^*UJa^*JU^*$. 证毕.

6.4 三角代数上的初等映射

1999 年, Brešar 和 Šemarl 引入了下面形式的初等映射: 给定两个环 R, R' 和 两个映射 $M: R \to R', M^*: R' \to R$, 称序对 (M, M^*) 为 R, R' 上的初等映射, 如果

$$\begin{cases} M(aM^*(b)c) = M(a)bM(c), \\ M^*(bM(a)d) = M^*(b)aM^*(d) \end{cases}$$

对任意的 $a, c \in R$ 和 $b, d \in R'$ 都成立. 若 $\phi: R \to R'$ 为可乘映射, 则 (ϕ, ϕ^{-1}) 为 $R \times R'$ 上的初等映射, 初等映射是乘子的推广. 本节主要讨论三角代数上的初等映射及其同构关系, 首先给出三角代数的定义.

设 A, B 是数域 $F(= R, C)$ 上的具有单位元的两个代数, M 既是左 A-模又是右 B-模 (此时, 称 M 是 (A, B)-双边模).

定义 6.4.1[41−43] 如果

$$a \in A, aM = \{0\} \Rightarrow a = 0; \quad b \in B, Mb = \{0\} \Rightarrow b = 0,$$

则称 M 是 (A, B)-忠实双边模.

记

$$\text{Tri}\{A, M, B\} = \left\{ \begin{bmatrix} a & m \\ 0 & b \end{bmatrix} : a \in A, m \in M, b \in B \right\},$$

容易看出: 满足矩阵加法、数乘与乘法运算, 故 $\text{Tri}\{A, M, B\}$ 为一个代数, 称为三角代数.

定理 6.4.1   若 $U = \mathrm{Tri}\{A, M, B\}$ 为三角代数, V 为含单位元的任意代数, $M : U \to V$ 和 $M^* : V \to U$ 为满射, 并且满足

$$\begin{cases} M(aM^*(b)c) = M(a)bM(c), \\ M^*(bM(a)d) = M^*(b)aM^*(d) \end{cases} \tag{6.4.1}$$

对于任意的 $a, c \in R$ 和 $b, d \in R'$ 都成立, 则映射 M, M^* 可加. 进而, 若 $M(I)$ 和 $M^*(I')$ 可逆, 则存在同构 $N : U \to V, N^* : V \to U$, 使得对于任意的 $a \in U, b \in U$, 且 $M(a) = N(a)M(I)$ 及 $M^*(b) = N^*(M(I)b)$.

在以下证明中, 令

$$U_{11} = \left\{ \begin{bmatrix} x & 0 \\ 0 & 0 \end{bmatrix} : x \in A \right\}, \quad U_{12} = \left\{ \begin{bmatrix} 0 & m \\ 0 & 0 \end{bmatrix} : m \in M \right\},$$

$$U_{22} = \left\{ \begin{bmatrix} 0 & 0 \\ 0 & y \end{bmatrix} : y \in B \right\},$$

故可得 $U = U_{11} \oplus U_{12} \oplus U_{22}$. 记

$$e_1 = \begin{bmatrix} 1 & 0 \\ 0 & 0 \end{bmatrix}, \quad e_2 = I - e_1 = \begin{bmatrix} 0 & 0 \\ 0 & 1 \end{bmatrix}.$$

引理 6.4.1 $M(0) = M^*(0) = 0$.

证明 $M(0) = M(0M^*(0)0) = M(0)0M(0) = 0$. 同理可得 $M^*(0) = 0$. 证毕.

引理 6.4.2   映射 M 和 M^* 都是双射.

证明   欲证映射 M 和 M^* 都是双射, 只需证明 M 和 M^* 都是单射, 故先证 M 的单射性.

设 $a = a_{11} \oplus a_{12} \oplus a_{22}, b = b_{11} \oplus b_{12} \oplus b_{22}$, 其中 $a, b \in U$ 使得 $M(a) = M(b)$, 则对于任意的 $x_{ij}, y_{kl} \in U$, 由映射 M^* 的满射性, 存在 $s, t \in V$ 使得 $M^*(s) = x_{ij}, M^*(t) = x_{kl}$, 其中 $1 \leqslant i, j, k, l \leqslant 2$, 而且 $x_{21} = y_{21} = 0$(以下结论类似). 因此由 (6.4.1) 式可知

$$x_{ij}ay_{kl} = M^*(sM(a)t) = M^*(sM(b)t) = x_{ij}by_{kl}.$$

令 $(i, j) = (1, 2), (k, l) = (1, 2)$, 由以上等式就有 $a_{11} = b_{11}$; 令 $(i, j) = (1, 2), (k, l) = (2, 2)$, 由以上等式可得 $a_{22} = b_{22}$; 令 $(i, j) = (1, 1), (k, l) = (2, 2)$, 由以上等式可得 $a_{12} = b_{12}$. 因此 $a = b$, 映射 M 为单射.

同理可证得映射 M^* 的单射性. 证毕.

引理 6.4.3 对于任意的 $a, c \in U$ 和 $b, d \in V$, 则 (M^{*-1}, M^{-1}) 满足

$$\begin{cases} M^{*-1}(aM^{-1}(b)c) = M^{*-1}(a)bM^{*-1}(c), \\ M^{-1}(bM^{*-1}(a)d) = M^{-1}(b)aM^{-1}(d). \end{cases}$$

证明 由 (6.4.1) 式可得, 对于任意的 $a, c \in U$ 和 $b, d \in V$,

$$M^*(M^{*-1}(a)bM^{*-1}(c)) = M^*(M^{*-1}(a)MM^{-1}(b)M^{*-1}(c)) = aM^{-1}(b)c,$$

于是由映射 M^* 的单射性可知第一个等式成立. 同理第二个等式类似可证. 证毕.

引理 6.4.4 设 $s, a, b \in U$ 且满足 $M(s) = M(a) + M(b)$, 则对于任意的 $x, y \in U$, 有

(1) $M(sxy) = M(axy) + M(bxy)$;

(2) $M^{*-1}(xsy) = M^{*-1}(xay) + M^{*-1}(xby)$.

证明 对于任意的 $x, y \in U$, 由 (1) 式可得

$$\begin{aligned} M(sxy) &= M(sM^*M^{*-1}(x)y) = M(s)M^{*-1}(x)M(y) \\ &= (M(a) + M(b))M^{*-1}(x)M(y) \\ &= M(a) + M^{*-1}(x)M(y) + M(b)M^{*-1}(x)M(y) \\ &= M(axy) + M(bxy). \end{aligned}$$

综上可知 (1) 式得证. 同理可证得 (2) 式也成立. 证毕.

引理 6.4.5 设 $a \in U, i, j = 1, 2$, 若 $x_{ij}ax_{ij} = 0$, 对于任意的 $x_{ij} \in U_{ij}$ 成立, 则 $e_jae_i = 0$.

引理 6.4.6 若 $a_{11} \in U_{11}, a_{12} \in U_{12}, a_{22} \in U_{22}$, 则

(1) $M(a_{11} + a_{12} + a_{22}) = M(a_{11}) + M(a_{12}) + M(a_{22})$;

(2) $M^{*-1}(a_{11} + a_{12} + a_{22}) = M^{*-1}(a_{11}) + M^{*-1}(a_{12}) + M^{*-1}(a_{22})$.

证明 由映射 M 的满射性可知, 存在 $s \in U$ 使得 $M(s) = M(a_{11}) + M(a_{12}) + M(a_{22})$, 取任意的 $x_{11} \in U_{11}, y_{12} \in U_{12}$, 由引理 6.4.4 可知

$$\begin{aligned} M^{*-1}(x_{11}sy_{12}) &= M^{*-1}(x_{11}a_{11}y_{12}) + M^{*-1}(x_{11}a_{12}y_{12}) + M^{*-1}(x_{11}a_{22}y_{12}) \\ &= M^{*-1}(x_{11}a_{11}y_{12}), \end{aligned}$$

从而 $x_{11}sy_{12} = x_{11}a_{11}y_{12}$. 故由引理 6.4.5 得 $e_1se_2 = a_{11}$, 再用 $\{x_{11}, y_{22}\}, \{x_{12}, y_{22}\}$ 分别代替 $\{x_{11}, y_{12}\}$, 类似可得 $e_1se_2 = a_{12}, e_2se_2 = a_{22}$, 并且 $e_2se_1 = 0$. 所以

$$s = e_1se_1 + e_1se_2 + e_2se_2 = a_{11} + a_{12} + a_{22}.$$

综上可知 (1) 式得证. 同理, 类似可证得 (2) 式. 证毕.

引理 6.4.7　若 $a_{12}, b_{12} \in U_{12}, c_{22} \in U_{22}$, 则

(1) $M(a_{12} + b_{12}c_{22}) = M(a_{12}) + M(b_{12}c_{22})$;

(2) $M^{*-1}(a_{12} + b_{12}c_{22}) = M^{*-1}(a_{12}) + M^{*-1}(b_{12}c_{22})$.

证明　(1) 设 E 为幂等元 $\begin{bmatrix} 1 & 0 \\ 0 & 0 \end{bmatrix}$, 由引理 6.4.4, 就有

$$
\begin{aligned}
M(a_{12} + b_{12}c_{22}) &= M(E(E + b_{12})(a_{12} + c_{22})) \\
&= M(E)M^{-1}(E + b_{12})M(a_{12} + c_{22}) \\
&= M(E)(M^{*-1}(E) + M^{*-1}(b_{12}))(M(a_{12}) + M(c_{22})) \\
&= M(E)M^{*-1}(E)M(a_{12}) + M(E)M^{*-1}(b_{12})M(a_{12}) \\
&\quad + M(E)M^{*-1}(E)M(c_{22}) + M(E)M^{*-1}(b_{12})M(c_{22}) \\
&= M(EEa_{12}) + M(Eb_{12}a_{12}) + M(EEa_{22}) + M(Eb_{12}c_{22}) \\
&= M(a_{12}) + M(b_{12}c_{22}).
\end{aligned}
$$

(2) 类似可证得.

引理 6.4.8　$M(a_{12} + b_{12}) = M(a_{12}) + M(b_{12})$.

证明　根据映射 M 是满射的, 故存在 $s \in U$, 使得 $M(s) = M(a_{12}) + M(b_{12})$, 对于任意的 $x_{11} \in a_{11}$, 由 $M(sx_{11}) = M(sEx_{11}) = M(a_{12}Ex_{11}) + M(b_{12}Ex_{11}) = 0$, 得 $s_{11} = 0$; 对于任意的 $x_{12} \in a_{12}$ 和 $y_{22} \in a_{22}$, 由 $M^{*-1}(x_{12}sy_{22}) = M^{*-1}(x_{12}a_{12}y_{22}) + M^{*-1}(x_{12}b_{12}y_{22}) = 0$, 得 $s_{22} = 0$; 对于任意的 $x_{11} \in a_{11}$ 和 $y_{22} \in a_{22}$, 由引理 6.4.7 和等式

$$
\begin{aligned}
M^{*-1}(x_{11}sy_{22}) &= M^{*-1}(x_{11}a_{12}y_{22}) + M^{*-1}(x_{11}b_{12}y_{22}) \\
&= M^{*-1}(x_{11}a_{12}y_{22} + x_{11}b_{12}y_{22})
\end{aligned}
$$

得 $s = a_{12} + b_{12}$. 证毕.

引理 6.4.9　$M(a_{11} + b_{11}) = M(a_{11}) + M(b_{11})$.

证明　设 $s \in U$, 使得 $M(s) = M(a_{11}) + M(b_{11})$. 对于任意的 $x_{12} \in a_{12}$ 和 $y_{22} \in a_{22}$, 由 $M^{*-1}(x_{12}sy_{22}) = M^{*-1}(x_{12}a_{11}y_{22}) + M^{*-1}(x_{12}b_{11}y_{22}) = 0$, 得 $s_{22} = 0$; 类似可得 $s_{12} = 0$. 对于任意的 $x_{12} \in a_{12}$, 由引理 6.4.8 和等式

$$
M(sx_{12}) = M(sEx_{12}) = M(a_{11}Ex_{12}) + M(b_{11}Ex_{12}) = M((a_{11} + b_{11})x_{12})
$$

得 $s = a_{11} + b_{11}$. 证毕.

引理 6.4.10　$M(a_{22} + b_{22}) = M(a_{22}) + M(b_{22})$.

证明　与引理 6.4.9 的证明类似.

引理 6.4.11 映射 M 和 M^* 是可加的.

证明 首先证明映射 M 在 U 上是可加的. 对 $a, b \in U$, 将其表示为 $a = a_{11} + a_{12} + a_{22}$, $b = b_{11} + b_{12} + b_{22}$. 由引理 6.4.6—引理 6.4.10, 有

$$
\begin{aligned}
M(a + b) &= M(a_{11} + a_{12} + a_{22} + b_{11} + b_{12} + b_{22}) \\
&= M(a_{11} + b_{11}) + M(a_{12} + b_{12}) + M(a_{22} + b_{22}) \\
&= M(a_{11}) + M(b_{11}) + M(a_{12}) + M(b_{12}) + M(a_{22}) + M(b_{22}) \\
&= M(a) + M(b).
\end{aligned}
$$

下面证映射 M^* 的可加性. 设 $c, d \in v$ 对所有的 $x, y \in U$, 由 M 的可加性, 有

$$
\begin{aligned}
M(x(M^*(c) + M^*(d))y) &= M(x(M^*(c)y)) + M(x(M^*(d)y)) \\
&= M(x)cM(y) + M(x)dM(y) \\
&= M(x)(c + d)M(y) = M(xM^*(c + d)y).
\end{aligned}
$$

从而 $M^*(c + d) = M^*(c) + M^*(d)$.

定理 6.4.1 的证明 (1) 由引理 6.4.2 和引理 6.4.11 可知, 映射 M 和 M^* 为可加双射. 由 (6.1.1) 式有

$$
M(IM^*(M(I)^{-1})I) = M(I)M(I)^{-1}M(I) = M(I),
$$

于是 $M(I)^{-1} = M^{*-1}(I)$. 类似可证 $M^*(I')^{-1} = M^{-1}(I')$. 设 $N(a) = M(a)M(I)^{-1}$, $N^*(b) = N^{-1}(b)$, 显然映射 N 和 N^* 是双射且可加. 令 $N(a) = b$, 则

$$
N^{-1}(b) = N^{-1}(N(a)) = N^{-1}(M(a)M(I)^{-1}), \quad b = M(a)M(I)^{-1}, \quad M(a) = bM(I).
$$

因此, $N^*(b) = N^{-1}(b) = M^{-1}(bM(I))$.

另一方面, 由 $M(aM^*(b)a) = M(a)bM(a)$ 可知, 有 $M(M^*(b)) = M(I)bM(I)$ 和 $M^*(b) = M^{-1}(M(I)bM(I))$. 因此令 $b = M(I)^{-1}c$, 则 $M^*(M(I)^{-1}c) = M^{-1}(cM(I))$, 而且

$$
N^*(b) = N^{-1}(b) = M^{-1}(bM(I)) = M^*(M(I)^{-1}b).
$$

(2) 下证 (N, N^*) 为 $U \times V$ 上的初等映射. 对于任意的 $a, c \in U, b, d \in V$,

$$
\begin{aligned}
N(aN^*(b)c) &= M(aN^*(b)c)M(I)^{-1} \\
&= M(aM^*(M(I)^{-1}b)c)M(I)^{-1} \\
&= M(a)M(I)^{-1}bM(c)M(I)^{-1},
\end{aligned}
$$

$$N(a)bN(c) = M(a)M(I)^{-1}bM(c)M(I)^{-1},$$

从而 $N(aN^*(b)c) = N(a)bN(c)$. 类似可得 $N^*(bN(a)d) = N^*(b)aN^*(d)$. 所以 (N, N^*) 为 $U \times V$ 上的初等映射.

(3) 下证映射 N 和 N^* 为同构. 因为 $N(I) = M(I)M(I)^{-1} = I, N^*(I') = I$, 所以

$$N(ab) = N(aN^*(I)b) = N(a)N(b),$$

$$N^*(cd) = N^*(cN(I)d) = N^*(c)N^*(d),$$

即映射 N 和 N^* 为同构. 证毕.

6.5　三角代数上 Jordan 三重初等映射及 Jordan 同构

给定两个环 R, R' 和两个映射 $M : R \to R', M^* : R' \to R$, 称序对 (M, M^*) 为 $R \times R'$ 上的初等映射, 如果

$$\begin{cases} M(aM^*(b)c) = M(a)bM(c), \\ M^*(bM(a)d) = M^*(b)aM^*(d) \end{cases}$$

对于任意的 $a, c \in R$ 和 $b, d \in R'$ 都成立.

对于任意的 $a \in R$ 和 $b \in R'$, 称序对 (M, M^*) 为 $R \times R'$ 上的半 Jordan 初等映射, 如果满足

$$\begin{cases} M(aM^*(b)a) = M(a)bM(a), \\ M^*(bM(a)b) = M^*(b)aM^*(b). \end{cases}$$

称序对 (M, M^*) 为 $R \times R'$ 上的 Jordan 三重初等映射, 若对于任意的 $a, c \in R$ 和 $b, d \in R'$ 满足

$$\begin{cases} M(aM^*(b)c + cM^*(b)a) = M(a)bM(c) + M(c)bM(a), \\ M^*(bM(a)d + dM(a)b) = M^*(b)aM^*(d) + M^*(d)aM^*(b). \end{cases}$$

称序对 (M, M^*) 为 $R \times R'$ 上的 Jordan 初等映射, 若对于任意的 $a \in R$ 和 $b \in R'$, 满足

$$\begin{cases} M(aM^*(b) + M^*(b)a) = M(a)b + bM(a), \\ M^*(bM(a) + M(a)b) = M^*(b)a + aM^*(b). \end{cases}$$

显然, 以上几种 Jordan 初等映射互不等价. 本节主要研究三角代数上的 Jordan 三重初等映射的可加问题, 并进一步讨论了映射序对 (M, M^*) 与 Jordan 同构的关系.

定理 6.5.1[44]　设 $U = \mathrm{Tri}\{A, M, B\}$ 为三角代数, V 为任意代数, $M : U \to V, M^* : V \to U$ 为满射, 并且满足

$$\begin{cases} M(aM^*(b)c + cM^*(b)a) = M(a)bM(c) + M(c)bM(a), \\ M^*(bM(a)d + dM(a)b) = M^*(b)aM^*(d) + M^*(d)aM^*(b) \end{cases} \quad (6.5.1)$$

对于任意的 $a, c \in U$ 和 $b, d \in V$ 都成立, 则映射 M, M^* 为可加映射.

定理 6.5.2　设 $U = \mathrm{Tri}\{A, M, B\}$ 为三角代数, V 为含单位元的任意代数, 且序对 (M, M^*) 为 $U \times V$ 上的 Jordan 三重初等映射. 如果 $M(I)$ 和 $M^*(I')$ 可逆, 则存在 Jordan 同构 $N : U \to V$ 及 Jordan 同构 $N^* : V \to U$, 使得对于任意的 $a \in U$ 有 $M(a) = N(a)M(I)$; 对于任意的 $b \in V$ 有 $M^*(b) = N^*(M(I)b)$.

为了描述方便, 在以下证明中令

$$U_{11} = \left\{ \begin{bmatrix} x & 0 \\ 0 & 0 \end{bmatrix} : x \in A \right\}, \quad U_{12} = \left\{ \begin{bmatrix} 0 & m \\ 0 & 0 \end{bmatrix} : m \in M \right\},$$

$$U_{22} = \left\{ \begin{bmatrix} 0 & 0 \\ 0 & y \end{bmatrix} : y \in B \right\},$$

故可得 $U = U_{11} \oplus U_{12} \oplus U_{22}$. 记

$$e_1 = \begin{bmatrix} 1 & 0 \\ 0 & 0 \end{bmatrix}, \quad e_2 = I - e_1 = \begin{bmatrix} 0 & 0 \\ 0 & 1 \end{bmatrix}.$$

引理 6.5.1　$M(0) = M^*(0) = 0$.

证明　由映射 M 的满射性知, 存在 $c \in U$ 使得 $M(c) = 0$, 则

$$M(0) = M(0M^*(b)c + cM^*(b)0) = M(0)bM(c) + M(c)bM(0) = 0,$$

同理可得 $M^*(0) = 0$.

引理 6.5.2　映射 M 和 M^* 都是双射.

证明　欲证映射 M 和 M^* 都是双射, 只需证明 M 和 M^* 都是单射, 故先证 M 的单射性.

设 $a = a_{11} \oplus a_{12} \oplus a_{22}, b = b_{11} \oplus b_{12} \oplus b_{22}$, 其中 $a, b \in U$ 使得 $M(a) = M(b)$. 则对于任意的 $x_{ij}, y_{kl} \in U$, 由映射 M^* 的满射性, 存在 $s, t \in V$ 使得 $M^*(s) = x_{ij}, M^*(t) = x_{kl}, 1 \leqslant i, j, k, l \leqslant 2$, 其中 $x_{21} = y_{21} = 0$(以下结论类似). 因此由 (6.5.1) 式可知

$$x_{ij}ay_{kl} + y_{kl}ax_{ij} = M^*(sM(a)t + yM(a)s)$$
$$= M^*(sM(b)t + yM(b)s) = x_{ij}by_{kl} + y_{kl}bx_{ij}.$$

令 $(i,j)=(1,1),(k,l)=(1,2)$, 由以上等式就有 $a_{11}=b_{11}$; 令 $(i,j)=(1,2),(k,l)=(2,2)$, 由以上等式可得 $a_{22}=b_{22}$; 令 $(i,j)=(1,1),(k,l)=(2,2)$, 由以上等式可得 $a_{12}=b_{12}$. 因此 $a=b$, 映射 M 为单射.

同理可证得映射 M^* 的单射性. 证毕.

引理 6.5.3　对于任意的 $a,c\in U$ 和 $b,d\in V$, 则序对 (M^{*-1},M^{-1}) 满足

$$\begin{cases} M^{*-1}(aM^{-1}(b)c+cM^{-1}(b)a)=M^{*-1}(a)bM^{*-1}(c)+M^{*-1}(c)bM^{*-1}M(a), \\ M^{-1}(bM^{*-1}(a)d+dM^{*-1}(a)b)=M^{-1}(b)aM^{-1}(d)+M^{-1}(d)aM^{-1}(b). \end{cases}$$

证明　由 (6.5.1) 式可得

$$M^*(M^{*-1}(a)bM^{*-1}(c)+M^{*-1}(c)bM^{*-1}(a))$$
$$=M^*(M^{*-1}(a)MM^{-1}(b)M^{*-1}(c)+M^{*-1}(c)MM^{-1}(b)M^{*-1}(a))c$$
$$=aM^{-1}(b)c+cM^{-1}(b)a.$$

因此由映射 M^* 的单射性可得第一个等式成立. 同理第二个等式类似可证. 证毕.

引理 6.5.4　设 $s,a,b\in U$ 满足 $M(s)=M(a)+M(b)$, 则对于任意的 $x,y\in U$, 有

(1) $M(sxy+yxs)=M(axy+yxa)+M(bxy+yxb)$;

(2) $M^{*-1}(xsy+ysx)=M^{*-1}(xay+yax)+M^{*-1}(xby+ybx)$.

证明　对于任意的 $x,y\in U$, 由 (1) 式可得

$$M(sxy+yxs)=M(sM^*M^{*-1}(x)y+yM^*M^{*-1}(x)s)$$
$$=M(s)M^{*-1}(x)M(y)+M(y)M^{*-1}(x)M(s)$$
$$=(M(a)+M(b))M^{*-1}(x)M(y)+M(y)M^{*-1}(a)(M(a)+M(b))$$
$$=M(a)M^{*-1}(x)M(y)+M(y)M^{*-1}(x)M(a)$$
$$\quad+M(b)M^{*-1}(x)M(y)+M(y)M^{*-1}(x)M(b)$$
$$=M(axy+yxa)+M(bxy+yxb).$$

综上可知 (1) 式得证. 同理可证得 (2) 式也成立. 证毕.

引理 6.5.5　设 $a\in U$, $i,j=1,2$. 若 $x_{ij}ax_{ij}=0$, 对于任意的 $x_{ij}\in U_{ij}$ 成立, 则 $e_jae_i=0$.

引理 6.5.6　若 $a_{11}\in U_{11},a_{12}\in U_{12},a_{22}\in U_{22}$, 则

(1) $M(a_{11}+a_{12}+a_{22})=M(a_{11})+M(a_{12})+M(a_{22})$;

(2) $M^{*-1}(a_{11}+a_{12}+a_{22})=M^{*-1}(a_{11})+M^{*-1}(a_{12})+M^{*-1}(a_{22})$.

证明 由映射 M 的满射性可知, 存在 $s \in U$ 使得 $M(s) = M(a_{11}) + M(a_{12}) + M(a_{22})$, 取任意的 $x_{11} \in U_{11}, y_{12} \in U_{12}$, 由引理 6.5.1 和引理 6.5.4 中 (2) 式可知

$$
\begin{aligned}
M^{*-1}(x_{11}sy_{12}) &= M^{*-1}(x_{11}sy_{12} + y_{12}sx_{11}) \\
&= M^{*-1}(x_{11}a_{11}y_{12} + y_{12}sx_{11}) + M^{*-1}(x_{11}a_{12}y_{12} + y_{12}a_{12}x_{11}) \\
&\quad + M^{*-1}(x_{11}a_{22}y_{12} + y_{12}a_{22}x_{11}) \\
&= M^{*-1}(x_{11}a_{11}y_{12}),
\end{aligned}
$$

从而 $x_{11}sy_{12} = x_{11}a_{11}y_{12}$. 由引理 6.5.5 得 $e_1se_2 = a_{11}$. 用 $\{x_{11}, y_{22}\}, \{x_{12}, y_{22}\}$ 分别代替 $\{x_{11}, y_{12}\}$, 类似可得 $e_1se_2 = a_{12}, e_2se_2 = a_{22}$, 并且 $e_2se_1 = 0$. 所以

$$
s = e_1se_1 + e_1se_2 + e_2se_2 = a_{11} + a_{12} + a_{22}.
$$

综上可知 (1) 式得证. 同理, 类似可证得 (2) 式. 证毕.

引理 6.5.7 若 $a_{12}, b_{12} \in U_{12}, c_{22} \in U_{22}$, 则

(1) $M(a_{12} + b_{12}) = M(a_{12}) + M(b_{12})$;

(2) $M^{*-1}(a_{12} + b_{12}) = M^{*-1}(a_{12}) + M^{*-1}(b_{12})$.

证明 (1) 设对于任意的 $s \in U$, 使得 $M(s) = M(a_{12}) + M(b_{12})$, 取 $x_{11}, y_{11} \in U_{11}, x_{22} \in U_{22}$, 由于 $x_{22}sx_{11}y_{11} = 0$, 故由引理 6.5.4 中 (2) 式知

$$
\begin{aligned}
M^{*-1}(x_{11}y_{11}sx_{22}) &= M^{*-1}((x_{11}y_{11})sx_{22} + x_{22}s(x_{11}y_{11})) \\
&= M^{*-1}((x_{11}y_{11})a_{12}x_{22} + x_{22}a_{12}(x_{11}y_{11})) \\
&\quad + M^{*-1}((x_{11}y_{11})b_{12}x_{22} + x_{22}b_{12}(x_{11}y_{11})) \\
&= M^{*-1}(x_{11}y_{11}a_{12}x_{22}) + M^{*-1}(x_{11}y_{11}b_{12}x_{22}).
\end{aligned}
$$

而另一方面, 由引理 6.5.3 和引理 6.5.6 以及等式可得

$$
\begin{aligned}
x_{11}y_{11}a_{12}x_{22} + x_{11}y_{11}b_{12}x_{22} &= x_{11}(y_{11} + y_{11}b_{12})(a_{12}x_{22} + x_{22}) \\
&\quad + (a_{12}x_{22} + x_{22})(y_{11} + y_{11}b_{12})x_{11},
\end{aligned}
$$

即有

$$
\begin{aligned}
&M^{*-1}(x_{11}y_{11}a_{12}x_{22} + x_{11}y_{11}b_{12}x_{22}) \\
&= M^{*-1}(x_{11})M(y_{11} + y_{11}b_{12})M^{*-1}(b_{12}x_{22} + x_{22}) \\
&\quad + M^{*-1}(a_{12}x_{22} + x_{22})M(y_{11} + y_{11}b_{12})M^{*-1}(x_{11}) \\
&= M^{*-1}(x_{11})M(y_{11})M^{*-1}(a_{12}x_{22}) + M^{*-1}(a_{12}x_{22})M(y_{11})M^{*-1}(x_{11})
\end{aligned}
$$

$$+ M^{*-1}(x_{11})M(y_{11})M^{*-1}(x_{22}) + M^{*-1}(x_{22})M(y_{11})M^{*-1}(x_{11})$$

$$+ M^{*-1}(x_{11})M(y_{11}b_{12})M^{*-1}(a_{12}x_{22}) + M^{*-1}(a_{12}x_{22})M(y_{11}b_{12})M^{*-1}(x_{11})$$

$$+ M^{*-1}(x_{11})M(y_{11}b_{12})M^{*-1}(x_{22}) + M^{*-1}(x_{22})M(y_{11}b_{12})M^{*-1}(x_{11})$$

$$= M^{*-1}(x_{11}y_{11}a_{12}x_{22} + x_{22}a_{12}y_{11}x_{11}) + M^{*-1}(x_{11}y_{11}x_{22} + x_{22}y_{11}x_{11})$$

$$+ M^{*-1}(x_{11}y_{11}b_{12}a_{12}x_{22} + a_{12}x_{22}y_{11}b_{12}x_{11}) + M^{*-1}(x_{11}y_{11}b_{12}x_{22} + x_{22}y_{11}b_{12}x_{11})$$

$$= M^{*-1}(x_{11}y_{11}a_{12}x_{22}) + M^{*-1}(x_{11}y_{11}b_{12}x_{22}),$$

从而

$$M^{*-1}(x_{11}y_{11}sx_{22}) = M^{*-1}(x_{11}y_{11}a_{12}x_{22} + x_{11}y_{11}b_{12}x_{22}),$$

所以 $x_{11}y_{11}sx_{22} = x_{11}y_{11}(a_{12} + b_{12})x_{22}$. 由引理 6.5.5 有 $e_1s_2e_2 = a_{12} + b_{12}$. 接下来, 对于任意的 $x_{11} \in U_{11}, y_{12} \in U_{12}$, 由引理 6.5.4(2) 可得

$$M^{*-1}(x_{11}sy_{12}) = M^{*-1}(x_{11}sy_{12} + y_{12}sx_{11})$$
$$= M^{*-1}(x_{11}a_{12}y_{12} + y_{12}a_{12}x_{11}) + M^{*-1}(x_{11}b_{12}y_{12} + y_{12}b_{12}x_{11}),$$

此时 $x_{11}sy_{12} = 0$. 由引理 6.5.5 有 $e_1se_1 = 0$, 用 $\{x_{12}, y_{22}\}$ 代替 $\{x_{11}, y_{12}\}$, 其中 $x_{12} \in U_{12}$ 和 $y_{22} \in U_{22}$, 类似可得 $e_2se_2 = 0$, 从而 $s = e_1se_2 = a_{12} + b_{12}$, 故定理 得证.

(2) 类似于 (1) 同理可证得. 证毕.

引理 6.5.8　$M(a_{11} + b_{11}) = M(a_{11}) + M(b_{11})$.

证明　根据映射 M 是满射的, 故可设存在 $s \in U$, 使得 $M(s) = M(a_{11}) + M(b_{11})$, 类似于引理 6.5.6 和引理 6.5.7 可得 $e_1se_1 = e_2se_2 = 0$, 所以 $s = e_1se_1$. 又 对于任意的 $x_{11} \in U_{11}, y_{12} \in U_{12}$, 由引理 6.5.4(2) 和引理 6.5.7(2) 得

$$M^{*-1}(x_{11}sy_{12}) = M^{*-1}(x_{11}sy_{12} + y_{12}sx_{11})$$
$$= M^{*-1}(x_{11}a_{11}y_{12} + y_{12}a_{11}x_{11}) + M^{*-1}(x_{11}b_{11}y_{12} + y_{12}b_{11}x_{11})$$
$$= M^{*-1}(x_{11}a_{11}y_{12}) + M^{*-1}(x_{11}b_{11}y_{12})$$
$$= M^{*-1}(x_{11}a_{11}y_{12} + x_{11}b_{11}y_{12}),$$

从而 $x_{11}sy_{12} = x_{11}(a_{11} + b_{12})y_{12}$. 再由引理 6.5.5 知 $e_1se_1 = a_{11} + b_{11}$, 所以 $s = a_{11} + b_{11}$. 证毕.

引理 6.5.9　$M(a_{22} + b_{22}) = M(a_{22}) + M(b_{22})$.

证明　与引理 6.5.8 的证明类似.

引理 6.5.10　映射 M 在三角代数 U 上可加.

证明 取任意的 $a, b \in U$, 并将其表示为 $a = a_{11} + a_{12} + a_{22}$, $b = b_{11} + b_{12} + b_{22}$. 由引理 6.5.6—引理 6.5.9 可得

$$
\begin{aligned}
M(a + b) &= M(a_{11} + a_{12} + a_{22} + b_{11} + b_{12} + b_{22}) \\
&= M(a_{11} + b_{11}) + M(a_{12} + b_{12}) + M(a_{22} + b_{22}) \\
&= M(a_{11}) + M(b_{11}) + M(a_{12}) + M(b_{12}) + M(a_{22}) + M(b_{22}) \\
&= M(a) + M(b).
\end{aligned}
$$

综上可知: 映射 M 在三角代数 U 上可加. 证毕.

定理 6.5.1 的证明 由引理 6.5.10 知映射 M 在三角代数 U 上可加, 下面将证映射 M^* 在代数 V 上可加. 设任意的 $s, t \in V, x, y \in U$, 由映射 M 的可加性可知

$$
\begin{aligned}
&M(xM^*(s)y + yM^*(s)x + xM^*(t)y + yM^*(t)x) \\
&= M(xM^*(s)y + yM^*(s)x) + M(xM^*(t)y + yM^*(t)x) \\
&= M(x)sM(y) + M(y)sM(x) + M(x)tM(y) + M(y)tM(x) \\
&= M(x)(s + t)M(y) + M(y)(s + t)M(x) \\
&= M(xM^*(s + t)y + yM^*(s + t)x),
\end{aligned}
$$

即得

$$
xM^*(s)y + yM^*(s)x + xM^*(t)y + yM^*(t)x = xM^*(s + t)y + yM^*(s + t)x,
$$

从而 $M^*(s + t) = M^*(s) + M^*(t)$, 即映射 M^* 在代数 V 上可加.

注 对定理 6.5.1 中的三角代数 U 及任意代数 V, 若序对 (M, M^*) 对于任意的 $b, d \in V, a, c \in U$ 以及任意非零实数 r 满足

$$
\begin{cases}
M(r(aM^*(b)c + cM^*(b)a)) = r(M(a)bM(c) + M(c)bM(a)), \\
M^*(r(bM(a)d + dM(a)b)) = r(M^*(b)aM^*(d) + M^*(d)aM^*(b)),
\end{cases}
$$

则由类似的讨论可知映射 M, M^* 可加.

定理 6.5.2 的证明 分三步来完成证明.

(a) $M^{-1}(I') = M^*(I')^{-1}$ 且 $M(I)^{-1} = M^{*-1}(I)$.

在 (6.5.1) 式中分别取 $a = I, b = I', c = M^{-1}(I')$, 则 $M(M^*(I')c + cM^*(I')) = 2M(I)$, 即得

$$
2M(I) = M^*(I')M^{-1}(I') + M^{-1}(I')M^*(I'). \tag{6.5.2}
$$

则对于任意的 $a \in U$, 由 (6.5.1) 式和 (6.5.2) 式可得

$$
2M(a) = M(aM^*(I')M^{-1}(I')) + M^{-1}(I')M^*(I')a
$$

$$= M(a(2I - M^{-1}(I')M^*(I')) + M^{-1}(I')M^*(I')a)$$
$$= 2M(a) + M(M^{-1}(I')M^*(I')a - aM^{-1}(I')M^*(I')),$$

于是 $M^{-1}(I')M^*(I')a = aM^{-1}(I')M^*(I')$. 特别地, 当 $a = M^*(I')^{-1}$ 时有

$$M^{-1}(I')M^*(I')M^*(I')^{-1} = M^*(I')^{-1}M^{-1}(I')M^*(I'),$$

从而有 $M^*(I')M^{-1}(I') = M^{-1}(I')M^*(I')$. 再由 (6.5.2) 式, 则可得

$$M^{-1}(I')M^*(I') = M^*(I')M^{-1}(I') = I.$$

因此 $M^{-1}(I') = M^*(I')^{-1}$, 类似可得 $M(I)^{-1} = M^{*-1}(I)$.

(b) 设 $N(a) = M(a)M^{*-1}(I) = M(a)M(I)^{-1}, N(b) = N^{-1}(b)$, 则序对 (N, N^*) 为 $U \times V$ 上的 Jordan 三重初等映射.

显然映射 N, N^* 是双射且可加. 令 $N(a) = b$, 则 $b = M(a)M(I)^{-1}$, $M(a) = bM(I)$. 因此 $N^*(b) = M^{-1}(bM(I))$. 而另一方面, 由 (6.5.1) 式可得

$$M(M^*(b)) = M(I)bM(I), \quad M^*(b) = M^{-1}(M(I)bM(I)). \tag{6.5.3}$$

在 (6.5.3) 式中, 用 $M(I)^{-1}b$ 替换 b, 则可得

$$N^*(b) = M^{-1}(bM(I)) = M^*(M(I)^{-1}b).$$

所以对于任意的 $b, d \in V, a, c \in U$, 等式

$$N(aN^*(b)c + cN^*(b)a) = M(aN^*(b)c + cN^*(b)a)M(I)^{-1}$$
$$= [M(aM^*(M(I)^{-1}b)c + cM^*(M(I)^{-1}b)a)]M(I)^{-1}$$
$$= [M(a)M(I)^{-1}bM(c) + M(c)M(I)^{-1}bM(a)]M(I)^{-1},$$

又因为

$$N(a)bN(c) + N(c)bN(a)$$
$$= M(a)M(I)^{-1}bM(c)M(I)^{-1} + M(c)M(I)^{-1}bM(a)M(I)^{-1},$$

从而

$$N(aN^*(b)c + cN^*(b)a) = N(a)bN(c) + N(c)bN(a).$$

类似可得 $N^*(bN(a)d + dN(a)b) = N^*(b)aN^*(d) + N^*(d)aN^*(b)$.

(c) 映射 N, N^* 为 Jordan 同构. 由以上证明知 $N(I) = M(I)M(I)^{-1} = I$, 由 N 的双射性及 $N(IN^*(I')I) = N(I)^2 = I$, 有 $N^*(I') = I$, 所以

$$N(ab + ba) = N(aN^*(I)b + bN^*(I)a) = N(a)N(b) + N(b)N(a),$$

$$N^*(cd + dc) = N^*(cN(I)d + dN(I)c) = N^*(c)N^*(d) + N^*(d)N^*(c),$$

即映射 N, N^* 为 Jordan 同构. 证毕.

6.6 三角代数上的非线性可交换映射

线性可交换映射的研究始于 Posner 的工作, 他证明了素环上存在非零可交换的充要条件是该素环可交换. 此后, 许多学者对一般的线性可交换映射进行了深入的研究并得到了丰富而有趣的结果. 本节主要研究三角代数上的非线性可交换映射–模线性可交换映射, 通过刻画三角代数上模线性可交换映射的具体形式, 给出了三角代数上模线性可交换映射是真可交换的一个充分条件.

我们将把三角代数 $\mathrm{Tri}\{A, M, B\}$ 中形如 $\begin{bmatrix} a & 0 \\ 0 & b \end{bmatrix}$ 的元表示成 $a \oplus b$. 记 $P_1 = 1_A \oplus 0$ 且 $P_2 = 0 \oplus 1_B$.

引理 6.6.1[45] 设 $U = \mathrm{Tri}\{A, M, B\}$ 是三角代数, 其中心是

$$Z(U) = \{a \oplus b : am = mb \text{ 对任意的 } m \in M\},$$

并且 $P_1 Z(U) P_1 \subseteq Z(A), P_2 Z(U) P_2 \subseteq Z(B)$, 从而存在唯一的从 $P_1 Z(U) P_1$ 到 $P_2 Z(U) P_2$ 的代数同构 τ, 使得对任意的 $m \in M$, 有 $am = m\tau(a)$.

命题 6.6.1 三角代数 $U = \mathrm{Tri}\{A, M, B\}$ 上的模线性可交换映射 L 具有形式

$$L \begin{bmatrix} a & m \\ 0 & b \end{bmatrix} = \begin{bmatrix} f_1(a) + f_2(m) + f_3(b) + P_1 \lambda P_1 & f_1(m)m - mg_1(1) \\ 0 & g_1(a) + g_2(m) + g_3(b) + P_2 \lambda P_2 \end{bmatrix},$$

其中 $a \in A, b \in B, m \in M$, λ 是依赖于 a, m, b 的 $Z(U)$ 里的元素, $f_1 : A \to A$, $g_3 : B \to B$ 是模线性可交换映射, $g_1 : A \to Z(B)$, $f_2 : M \to Z(A)$, $g_2 : M \to Z(B)$, $f_3 : B \to Z(A)$ 是映射, 且满足以下条件:

(1) 对于任意的 $a \in A$ 和 $m \in M$, 有

$$f_1(a)m - mg_1(a) = a(f_1(1)m - mg_1(1));$$

(2) 对于任意的 $b \in B$ 和 $m \in M$, 有

$$f_3(b)m - mg_3(b) = (f_1(1)m - mg_1(1))b;$$

(3) 对于任意的 $m \in M$, 有 $f_2(m)m = mg_2(m)$.

为了证明这个命题, 首先将给出下列几条性质, 并且可以知道这些性质的证明是显然的.

性质 6.6.1　设 $L(a+m+b) = L(a) + L(m) + L(b) + \lambda(\lambda \in Z(U))$, 则

$$f_1(a) = P_1 L(a) P_1, \quad f_2(m) = P_1 L(m) P_1, \quad f_3(b) = P_1 L(b) P_1;$$

$$g_1(a) = P_2 L(a) P_2, \quad g_2(m) = P_2 L(m) P_2, \quad g_3(b) = P_2 L(b) P_2;$$

$$h_1(a) = P_1 L(a) P_2, \quad h_2(m) = P_1 L(m) P_2, \quad h_3(b) = P_1 L(b) P_2.$$

从而

(1) $L(0) \in Z(U)$;

(2) $P_1 L(0) P_2 = 0, P_1 \lambda P_2 = 0$;

(3) $f_i(0) \in Z(A), g_i(0) \in Z(B)(i = 1, 2, 3)$;

(4) $f_i(0) \oplus g_i(0) \in Z(U)$.

命题 6.6.1 的证明　先来证明 $f_1 \in L_{Z(A)}, g_3 \in L_{Z(B)}$(这里 $L_{Z(A)}, L_{Z(B)}$ 分别表示代数 A 与 B 上的模中心 $Z(A)$ 与 $Z(B)$ 的模线性映射).

设对任意的 $x, y \in A, \theta_1 \in Z(U)$ 与 $\alpha, \beta \in C$, 并注意到 L 是模线性的, 则

$$\begin{aligned} f_1(\alpha x + \beta y) &= P_1 L(\alpha x + \beta y) P_1 = P_1(\alpha L(x) + \beta L(y) + \theta_1) P_1 \\ &= P_1 \alpha L(x) P_1 + P_1 \beta L(y) P_1 + P_1 \theta_1 P_1 \\ &= \alpha f_1(x) + \beta f_1(y) + P_1 \theta_1 P_1. \end{aligned}$$

因为 $P_1 \theta_1 P_1 \in Z(A)$, 从而 $f_1 \in L_{Z(A)}$. 类似地, 我们也能证明 $g_3 \in L_{Z(B)}$. 设

$$L \begin{bmatrix} a & m \\ 0 & b \end{bmatrix} = \begin{bmatrix} f_1(a) + f_2(m) + f_3(b) + P_1 \lambda P_1 & h_1(a) + h_2(m) + h_3(b) + P_1 \lambda P_2 \\ 0 & g_1(a) + g_2(m) + g_3(b) + P_2 \lambda P_2 \end{bmatrix},$$

则

$$L \begin{bmatrix} 1 & 0 \\ 0 & 0 \end{bmatrix} = \begin{bmatrix} f_1(1) + f_2(0) + f_3(0) + P_1 \lambda P_1 & h_1(1) + h_2(0) + h_3(0) + P_1 \lambda P_2 \\ 0 & g_1(1) + g_2(0) + g_3(0) + P_2 \lambda P_2 \end{bmatrix}.$$

由 L 的可交换性和性质 6.6.1(2) 知

$$0 = [L(1 \oplus 0), 1 \oplus 0] = \begin{bmatrix} 0 & -h_1(1) \\ 0 & 0 \end{bmatrix},$$

故 $h_1(1) = 0$, 从而

$$L \begin{bmatrix} 1 & 0 \\ 0 & 0 \end{bmatrix} = \begin{bmatrix} f_1(1) + f_2(0) + f_3(0) + P_1 \lambda P_1 & 0 \\ 0 & g_1(1) + g_2(0) + g_3(0) + P_2 \lambda P_2 \end{bmatrix}.$$

用 $x+y$ 替换 $[L(x),x]=0$ 中的 x 得 $[L(x),y]=[x,L(y)]$, 则可得

$$
\begin{aligned}
[L(a\oplus b),1\oplus 0] &= \begin{bmatrix} 0 & -(h_1(a)+h_3(b)) \\ 0 & 0 \end{bmatrix} \\
&= [a\oplus b, L(1\oplus 0)] \\
&= [a, f_1(1)+f_2(0)+f_3(0)+P_1\lambda P_1] \\
&\quad \oplus [b, g_1(1)+g_2(0)+g_3(0)+P_2\lambda P_2],
\end{aligned}
$$

故 $h_1(a)+h_3(b)=0$. 而另一方面,

$$
\begin{aligned}
[L(a\oplus(-b)),1\oplus 0] &= \begin{bmatrix} 0 & -(h_1(a)-h_3(b)) \\ 0 & 0 \end{bmatrix} \\
&= [a\oplus(-b), L(1\oplus 0)] \\
&= [a, f_1(1)+f_2(0)+f_3(0)+P_1\lambda P_1] \\
&\quad \oplus [g_1(1)+g_2(0)+g_3(0)+P_2\lambda P_2, b],
\end{aligned}
$$

故 $h_1(a)-h_3(b)=0$, 从而 $h_1=0, h_3=0$.

类似地, 由

$$
\begin{aligned}
[L(a\oplus 0),0\oplus b] &= 0\oplus [g_1(a)+g_2(0)+g_3(0)+P_2\lambda P_2, b] \\
&= [a\oplus 0, L(0\oplus b)] \\
&= [a, f_1(0)+f_2(0)+f_3(b)+P_1\lambda P_1]\oplus 0
\end{aligned}
$$

比较元素知

$$
g_1(a)+g_2(0)+g_3(0)+P_2\lambda P_2 \in Z(B),
$$
$$
f_1(0)+f_2(0)+f_3(b)+P_1\lambda P_1 \in Z(A).
$$

从而由性质 6.6.1(3) 得

$$
g_1(a)\in Z(B), \quad f_3(b)\in Z(A).
$$

又由性质 6.6.1(3) 及上面的结论知

$$
\begin{aligned}
[L(a\oplus b),a\oplus b] &= [f_1(a)+f_2(0)+f_3(b)+P_1\lambda P_1, a] \\
&\quad \oplus [g_1(a)+g_2(0)+g_3(b)+P_2\lambda P_2, b] \\
&= [f_1(a),a]\oplus[g_3(b),b]=0,
\end{aligned}
$$

比较元素得

$$
[f_1(a),a]=0, \quad [g_3(b),b]=0,
$$

从而 f_1, g_3 都是可交换映射.

设 $m \in M, \hat{m} = \begin{bmatrix} 0 & m \\ 0 & 0 \end{bmatrix} \in U$, 则

$$[L(\hat{m}), \hat{m}] = \begin{bmatrix} 0 & (f_1(0) + f_2(m) + f_3(0) + P_1\lambda P_1)m \\ 0 & 0 \end{bmatrix}$$

$$- \begin{bmatrix} 0 & m(g_1(0) + g_2(m) + g_3(0) + P_2\lambda P_2) \\ 0 & 0 \end{bmatrix} = 0.$$

因而

$$(f_1(0) + f_2(m) + f_3(0) + P_1\lambda P_1)m = m(g_1(0) + g_2(m) + g_3(0) + P_2\lambda P_2).$$

又由性质 6.6.1(4) 知 $f_i(0_A) \oplus g_i(0_A) \in Z(U)(i = 1, 3)$, 显然 $P_1\lambda P_1 \oplus P_2\lambda P_2 \in Z(U)$, 故可得

$$f_2(m)m = mg_2(m),$$

从而证明了命题 6.6.1 的条件 (3) 式.

由性质 6.6.1(4) 知

$$[L(1 \oplus 0), \hat{m}] = \begin{bmatrix} 0 & f_1(1)m - mg_1(1) \\ 0 & 0 \end{bmatrix}$$

$$= [1 \oplus 0, L(\hat{m})] = \begin{bmatrix} 0 & h_2(m) \\ 0 & 0 \end{bmatrix},$$

故 $h_2(m) = f_1(1)m - mg_1(1)$. 故

$$[L(a \oplus 0), \hat{m}] = \begin{bmatrix} 0 & f_1(a)m - mg_1(a) \\ 0 & 0 \end{bmatrix}$$

$$= [a \oplus 0, L(\hat{m})]$$

$$= \begin{bmatrix} [a, f_1(0) + f_2(m) + f_3(0) + P_1\lambda P_1] & ah_2(m) \\ 0 & 0 \end{bmatrix}.$$

比较元素得 $[a, f_1(0) + f_2(m) + f_3(0) + P_1\lambda P_1] = 0$, 故

$$f_1(0) + f_2(m) + f_3(0) + P_1\lambda P_1 \in Z(A).$$

又由性质 6.6.1(3) 知 $f_1(0) + f_3(0) + P_1\lambda P_1 \in Z(A)$, 从而 $f_2(m) \in Z(A)$, 且

$$f_1(a)m - mg_1(a) = a(f_1(1)m - mg_1(1)),$$

从而证明了命题 6.6.1 的条件 (1).

类似地, 可得

$$[L(0 \oplus b), \hat{m}] = \begin{bmatrix} 0 & f_3(b)m - mg_3(b) \\ 0 & 0 \end{bmatrix}$$

$$= [0 \oplus b, L(\hat{m})]$$

$$= \begin{bmatrix} 0 & h_2(m)b \\ 0 & [b, g_1(0) + g_2(m) + g_3(0) + P_2\lambda P_2] \end{bmatrix},$$

从而 $g_2(m) \in Z(B)$, 且

$$f_3(b)m - mg_3(b) = (f_1(1)m - mg_1(1))b.$$

证毕.

引理 6.6.2 设 L 是三角代数 $U = \mathrm{Tri}\{A, M, B\}$ 上的模线性可交换映射, 记

$$L \begin{bmatrix} a & m \\ 0 & b \end{bmatrix} = \begin{bmatrix} f_1(a) + f_2(m) + f_3(b) + P_1\lambda P_1 & f_1(1)m - mg_1(1) \\ 0 & g_1(a) + g_2(m) + g_3(b) + P_2\lambda P_2 \end{bmatrix},$$

则 $g_1^{-1}(P_2 Z(U) P_2)$ 与 $f_3^{-1}(P_1 Z(U) P_1)$ 分别是 A 与 B 的理想, 且

$$[A, A] \subseteq g_1^{-1}(P_2 Z(U) P_2), \quad [B, B] \subseteq f_3^{-1}(P_1 Z(U) P_1).$$

证明 我们只证明与 A 有关的部分, 而与 B 有关的部分其证明类似.

设 $I = \{a \in A : g_1(a) \in P_2 Z(U) P_2\} = g_1^{-1}(P_2 Z(U) P_2)$. 对任意的 $a, a' \in A, m \in M$, 由命题 6.6.1(1) 知

$$a'a(f_1(1)m - mg_1(1)) = f_1(a'a)m - mg_1(a'a); \tag{6.6.1}$$

$$a'a(f_1(1)m - mg_1(1)) = a'(f_1(a)m - mg_1(a)). \tag{6.6.2}$$

用 (6.6.1) 式减去 (6.6.2) 式可得

$$f_1(a'a)m - mg_1(a'a) - a'f_1(a)m + a'mg_1(a) = 0. \tag{6.6.3}$$

另一方面,

$$a'a(f_1(1)m - mg_1(1)) = f_1(a'a)m - mg_1(aa'); \tag{6.6.4}$$

$$a(f_1(1)a'm - a'mg_1(1)) = f_1(a)a'm - a'mg_1(a). \tag{6.6.5}$$

用 (6.6.4) 式减去 (6.6.5) 式可得

$$a[a', f_1(1)]m = f_1(aa')m - mg_1(aa') - f_1(a)a'm + a'mg_1(a), \tag{6.6.6}$$

从而存在 $\theta_1, \theta_2 \in Z(U)$, 且再由 (6.6.3)—(6.6.6) 式可得

$$\begin{aligned}
a[a', f_1(1)]m &= f_1(aa')m - mg_1(aa') - f_1(a)a'm \\
&\quad - f_1(a'a)m + mg_1(a'a) + a'f_1(a)m \\
&= -f_1[a', a]m + P_1\theta_1 P_1 m + mg_1[a', a] + mP_2\theta_2 P_2 + [a', f_1(a)]m,
\end{aligned}$$

从而

$$m(g_1[a', a] + P_2\theta_2 P_2) = (a[a', f_1(1)] + f_1[a', a] - P_1\theta_1 P_1 - [a', f_1(a)])m,$$

从而 $g_1[a', a] \in P_2 Z(U) P_2$, 即 $[a', a] \in I$.

设 $a \in I$, 由 (6.6.3) 式与引理 6.6.1 知

$$mg_1(a'a) = (f_1(a'a) - a'f_1(a) + a'\tau^{-1}g_1(a))m.$$

另一方面, 由 (6.6.6) 式可知

$$mg_1(a'a) = (-a[a', f_1(1)] + f_1(aa') - f_1(a)a' + a'\tau^{-1}g_1(a))m,$$

则 $g_1(a'a), g_1(aa') \in P_2 Z(U) P_2$. 从而 $a'a, aa' \in I$, 即 I 是包含换位子 $[A, A]$ 的 A 的一个理想. 证毕.

定理 6.6.1 设 L 是三角代数 $U = \mathrm{Tri}\{A, M, B\}$ 上的模线性可交换映射, 记

$$L\begin{bmatrix} a & m \\ 0 & b \end{bmatrix} = \begin{bmatrix} f_1(a) + f_2(m) + f_3(b) + P_1\lambda P_1 & f_1(1)m - mg_1(1) \\ 0 & g_1(a) + g_2(m) + g_3(b) + P_2\lambda P_2 \end{bmatrix}$$

在以下三个条件等价:

(1) L 是真的, 即 L 能被写成 $L(c) = cx + h(c)$, 其中 $c \in U, x \in Z(U)$, h 是一个从 U 到它的中心 $Z(U)$ 里的映射.

(2) $g_1(A) \subseteq P_2 Z(U) P_2, f_3(B) \subseteq P_1 Z(U) P_1$, 且对于任意的 $m \in M$, 有

$$f_2(m) \oplus g_2(m) \in Z(U).$$

(3) $f_1(1) \subseteq P_1 Z(U) P_1, g_1(1) \subseteq P_2 Z(U) P_2$, 且对于任意的 $m \in M$, 有

$$f_2(m) \oplus g_2(m) \in Z(U).$$

证明 (2)$\Rightarrow$(3) 由题意知 $g_1(1) \subseteq g_1(A) \subseteq P_2 Z(U) P_2$. 设 $b = 1$, 由命题 6.6.1(2) 知 $f_3(1)m - mg_3(1) = f_1(1)m - mg_1(1)$, 又由引理 6.6.1 知

$$f_1(1)m = m(g_1(1) - g_3(1) + \tau(f_1(1))),$$

从而 $f_1(1) \in P_1 Z(U) P_1$.

(3)⇒(2)　首先因为 $g_1(1) \subseteq P_2 Z(U) P_2$, 而且 A 的理想为

$$I = \{a \in A : g_1(a) \in P_2 Z(U) P_2\} = g_1^{-1}(P_2 Z(U) P_2),$$

则 A 的理想包含 1, 从而 $g_1(A) \subseteq P_2 Z(U) P_2$. 其次由命题 6.6.1(2) 知

$$f_3(b)m - mg_3(b) = (f_1(1)m - mg_1(1))b.$$

又由引理 6.6.1 知 $f_3(b)m = m(g_3(b) + \tau(f_1(1))b - g_1(1)b)$, 从而 $f_3(B) \subseteq P_1 Z(U) P_1$.

(3)⇒(1)　设 $h(c) = L(c) - cx$, 其中 $a = \begin{bmatrix} a & m \\ 0 & b \end{bmatrix} \in U$, 则可得

$$x \in (f_1(1) - \tau^{-1}(g_1(1))) \oplus (\tau(f_1(1)) - g_1(1)) \in Z(U).$$

由题设知

$$
\begin{aligned}
h \begin{bmatrix} a & m \\ 0 & b \end{bmatrix} &= L \begin{bmatrix} a & m \\ 0 & b \end{bmatrix} - \begin{bmatrix} a & m \\ 0 & b \end{bmatrix} \begin{bmatrix} f_1(1) - \tau^{-1}(g_1(1)) & 0 \\ 0 & \tau(f_1(1)) - g_1(1) \end{bmatrix} \\
&= \begin{bmatrix} f_1(a) - a(f_1(1) - \tau^{-1}(g_1(1))) & 0 \\ 0 & g_1(a) \end{bmatrix} \\
&\quad + \begin{bmatrix} f_3(b) & 0 \\ 0 & g_3(b) - b(\tau(f_1(1)) - g_1(1)) \end{bmatrix} \\
&\quad + \begin{bmatrix} f_2(m) & 0 \\ 0 & g_2(m) \end{bmatrix} + \begin{bmatrix} P_1 \lambda P_1 & 0 \\ 0 & P_2 \lambda P_2 \end{bmatrix}.
\end{aligned}
$$

又由命题 6.6.1(1) 知

$$
\begin{aligned}
&(f_1(a) - af_1(1) - a\tau^{-1}(g_1(1)))m - mg_1(a) \\
&= (f_1(a)m - mg_1(a)) - a(f_1(1)m - mg_1(1)) = 0,
\end{aligned}
$$

从而 $f_1(a) - a(f_1(1) - \tau^{-1}(g_1(1))) \oplus g_1(a) \in Z(U)$. 类似地, 由命题 6.6.1(2) 与性质 6.6.1(4) 知

$$(f_3(b)) \oplus (g_3(b) - b(\tau(f_1(1)) - g_1(1))) \in Z(U), \quad (P_1 \lambda P_1) \oplus P_2 \lambda P_2 \in Z(U),$$

而 $f_2(m) \oplus g_2(m) \in Z(U)$, 从而 $h \begin{bmatrix} a & m \\ 0 & b \end{bmatrix} \in Z(U)$.

(1)⇒(3)　设 $L(c) = h(c) + cx$, 其中 $c = \begin{bmatrix} a & m \\ 0 & b \end{bmatrix} \in U$, 则可得 $x = x_A \oplus \tau(x_A) \in Z(U)$. 对于任意的 $m \in M$, 记 $\hat{m} = \begin{bmatrix} 0 & m \\ 0 & 0 \end{bmatrix} \in U$, 因为 $h(U) \subseteq Z(U)$, 则 $h(\hat{m})$ 具有形式 $a \oplus b$ 且 $\hat{m}x = \begin{bmatrix} 0 & m\tau(x_A) \\ 0 & 0 \end{bmatrix}$, 故

$$
\begin{aligned}
\hat{m}x + h(\hat{m}) &= L(\hat{m}) \\
&= \begin{bmatrix} f_1(0) + f_2(m) + f_3(0) + P_1\lambda P_1 & f_1(1)m - mg_1(1) \\ 0 & g_1(0) + g_2(m) + g_3(0) + P_2\lambda P_2 \end{bmatrix}.
\end{aligned}
$$

比较元素可得

$$
x_A m = m\tau(x_A) = f_1(1) - mg_1(1),
$$

即

$$
mg_1(1) = (f_1(1) - x_A)m, \quad f_1(1)m = m(\tau(x_A) + g_1(1)),
$$

从而

$$
f_1(1) \in P_1 Z(U) P_1, \quad g_1(1) \in P_2 Z(U) P_2.
$$

$$
\begin{aligned}
h(\hat{m}) &= \begin{bmatrix} f_1(0) + f_2(m) + f_3(0) + P_1\lambda P_1 & 0 \\ 0 & g_1(0) + g_2(m) + g_3(0) + P_2\lambda P_2 \end{bmatrix} \\
&= (f_2(m) \oplus g_2(m)) + (f_1(0) \oplus g_1(0)) \\
&\quad + (f_3(0) \oplus g_3(0)) + (P_1\lambda P_1 \oplus P_2\lambda P_2) \in Z(U).
\end{aligned}
$$

由性质 6.6.1(4) 知

$$
(f_1(0) \oplus g_1(0)) + (f_3(0) \oplus g_3(0)) + (P_1\lambda P_1 \oplus P_2\lambda P_2) \in Z(U),
$$

从而 $f_2(m) \oplus g_2(m) \in Z(U)$. 证毕.

定理 6.6.2　若三角代数 $U = \mathrm{Tri}\{A, M, B\}$ 满足以下三个条件:

(1) $Z(B) = P_2 Z(U) P_2$ 或 $A = [A, A]$;

(2) $Z(A) = P_1 Z(U) P_1$ 或 $B = [B, B]$;

(3) 存在 $m_0 \in M$ 使得 $Z(U) = \{a \oplus b : a \in Z(A), b \in Z(B), am_0 = m_0 b\}$,

则它上的每一个模线性可交换映射都是真可交换映射.

证明　一方面, 由命题 6.6.1 知 $g_1(A) \subseteq Z(B)$, 又由条件 (1) 可知 $Z(B) = P_2 Z(U) P_2$, 则 $g_1(A) = P_2 Z(U) P_2$. 而另一方面, 由引理 6.6.2 知

$$
A = [A, A] \subseteq g_1^{-1}(P_2 Z(U) P_2),
$$

从而 $g_1(A) \subseteq P_2 Z(U) P_2$. 故由条件 (1) 能推出 $g_1(A) \subseteq P_2 Z(U) P_2$. 类似地, 由条件 (2) 得 $f_3(B) \subseteq P_1 Z(U) P_1$. 由定理 6.6.1(2) 知只要证明 (3) 能推出 $f_2(m) \oplus g_2(m) \in Z(U)$, 即可证明定理 6.6.2.

由命题 6.6.1(2) 知: $f_2(m) \in Z(A), g_2(m) \in Z(B)$ 且 $f_2(m)m = mg_2(m)$. 因此由 $f_2(m_0)m_0 = m_0 g_2(m_0)$ 可得 $f_2(m_0) \oplus g_2(m_0) \in Z(U)$, 故对于任意的 $m \in M$, 有 $f_2(m_0)m = mg_2(m_0)$. 一方面,

$$
\begin{aligned}
& f(m_0 + m)(m_0 + m) \\
={} & (f_2(m_0) + f_2(m) + P_1 \lambda P_1)(m_0 + m) \\
={} & f_2(m_0)m_0 + f_2(m_0)m + f_2(m)m_0 + f_2(m)m + P_1 \lambda P_1 m_0 + P_1 \lambda P_1 m \\
={} & m_0 g_2(m_0) + m g_2(m_0) + m_0 g_2(m) + m g_2(m) + P_1 \lambda P_1 m_0 + P_1 \lambda P_1 m.
\end{aligned}
$$

而另一方面,

$$
\begin{aligned}
f(m_0 + m)(m_0 + m) &= (m_0 + m)g_2(m_0 + m) \\
&= (m_0 + m)(g_2(m_0) + g_2(m) + P_2 \lambda P_2) \\
&= m_0 g_2(m_0) + m g_2(m_0) + m_0 g_2(m) \\
&\quad + m g_2(m) + m_0 P_1 \lambda P_1 + P_1 \lambda P_1 m.
\end{aligned}
$$

比较以上两式可得 $f_2(m)m_0 - m_0 g_2(m) = 0$, 即 $f_2(m)m_0 = m_0 g_2(m)$. 由条件 (3) 可知, $f_2(m) \oplus g_2(m) \in Z(U)$. 证毕.

第7章 三角代数上的可导映射及其扰动分析

三角代数的概念首先由 Cheung 引入, 三角代数的基本例子是上三角矩阵代数和套代数. 导子是一类非常重要的变换, 在理论及应用上都有重要的意义. 近年来, 关于三角代数上导子的研究一直受到国内外学者的广泛关注. 本章主要根据三角代数上可导映射的一些基本概念, 研究三角代数上的可导映射及其扰动分析.

7.1 三角代数上可导映射的基本概念

本节中引入三角代数上导子理论中常用的一些基础知识和概念, 为阅读、理解后面章节的内容做好准备. 虽然三角代数的概念在第 6 章中已经给出, 但为了本章学习的需要, 我们将再次给出三角代数的基本概念.

设 A, B 是数域 $F(= R, C)$ 上的具有单位元的代数, M 既是左 A-模又是右 B-模 (此时, 称 M 是 (A, B)-双边模).

定义 7.1.1[50]　　如果

$$a \in A, aM = \{0\} \Rightarrow a = 0; \quad b \in B, Mb = \{0\} \Rightarrow b = 0,$$

则称 M 是 (A, B)-忠实双边模.

记

$$\text{Tri}\{A, M, B\} = \left\{ \begin{bmatrix} a & m \\ 0 & b \end{bmatrix} : a \in A, m \in M, b \in B \right\},$$

容易看出, 满足矩阵加法、数乘与乘法运算, 故 $\text{Tri}\{A, M, B\}$ 为一个代数, 称为三角代数.

定义 7.1.2　　设映射 δ 为代数 U 上的可加映射, 若对于任意的 $A, B \in U$ 都满足

$$\delta(AB) = \delta(A)B + A\delta(B),$$

则称 δ 为代数 U 上的导子.

定义 7.1.3　　设映射 δ 为代数 U 上的可加映射, 若对于任意的 $A \in U$ 满足

$$\delta(A^2) = \delta(A)A + A\delta(A),$$

则称 δ 为代数 U 上的 Jordan 导子.

定义 7.1.4 设 X, Y 为赋范线性空间, $T : X \to Y$ 为算子. 若对于任意的 $x_1, x_2 \in X$ 和 $\alpha_1, \alpha_2 \in \mathbf{R}$ 有

$$T(\alpha_1 x_1 + \alpha_2 x_2) = \alpha_1 T(x_1) + \alpha_2 T(x_2),$$

则称算子 T 为线性的.

定理 7.1.1 设 $U = \mathrm{Tri}\{A, M, B\}$ 为三角代数, 映射 δ 是一个从 U 到它自身的 Jordan 导子, 则三角代数 U 上的 Jordan 导子是三角代数 U 上的导子.

7.2 三角代数上 Jordan 内导子

我们已经知道套代数上的每个 Jordan 导子都是内导子[47], 因此自然就要问, 每个定义在三角代数上的 Jordan 导子是否也有类似的结论? 本节就重点讨论三角代数上的内导子.

定义 7.2.1[46-48] 设 J 为代数 U 上的可加映射, 若对于任意的 $A, B \in U$, 满足下列条件

$$J(AB) = J(A)B + AJ(B), \tag{7.2.1}$$

则称 J 为代数 U 上的导子. 若对于任意的 $X \in U$, 如果存在 $A \in U$, 使得

$$J(X) = [A, X] = AX - XA \tag{7.2.2}$$

成立, 则称 J 为代数 U 上的内导子.

定义 7.2.2[48] 设 J 为代数 U 上的可加映射, 若对于任意的 $A \in U$, 都有

$$J(A^2) = J(A)A + AJ(A), \tag{7.2.3}$$

则称 J 为代数 U 上的 Jordan 导子.

定义 7.2.3[48] 设 $U = \mathrm{Tri}\{A, M, B\}$ 为三角代数, 如果对于任意的 $a \in A, b \in B, m \in M$, 线性映射 $f : M \to M$ 满足 $f(am) = af(m); f(mb) = f(m)b$, 则称映射 f 为双模同态. 若存在 $a_0 \in Z(A), b_0 \in Z(B)$, 对于任意的 $m \in M$ 使得 $f(m) = a_0 m + m b_0$, 则称双模同态 $f : M \to M$ 具有标准形式, 其中 $Z(A), Z(B)$ 分别为代数 A, B 的中心.

定理 7.2.1 设 $U = \mathrm{Tri}\{A, M, B\}$ 为三角代数, 映射 J 是一个从 U 到它自身的 Jordan 导子, 则三角代数 U 上的 Jordan 导子是三角代数 U 上的导子.

为了证明定理 7.2.1, 我们需要几个步骤, 以下总假设 J 是一个从 U 到它自身的 Jordan 导子, 并记

$$P = \begin{bmatrix} 1 & 0 \\ 0 & 0 \end{bmatrix}, \quad Q = \begin{bmatrix} 0 & 0 \\ 0 & 1 \end{bmatrix},$$

而且 $J(P) = J(Q) = 0$.

第一步：设 $U = \mathrm{Tri}\{A, M, B\}$ 为三角代数, 映射 J 是一个从 U 到它自身的 Jordan 导子, 对于任意的 $A, B, C \in U$, 则以下三式成立:

(1) $J(AB + BA) = J(A)B + AJ(B) + J(B)A + AJ(A)$;

(2) $J(ABA) = J(A)BA + AJ(B)A + ABJ(A)$;

(3) $J(ABC + CBA) = J(A)BC + AJ(B)C + ABJ(C)$
$$+ J(C)BA + CJ(B)A + CBJ(A).$$

第二步：设 $U = \mathrm{Tri}\{A, M, B\}$ 为三角代数, 映射 J 是一个从 U 到它自身的 Jordan 导子, 对于任意的 $A, X \in U$, 则有

(1) $J(PA) = PJ(A), J(AQ) = J(A)Q$;

(2) $J(APXQ) = J(A)PXQ + AJ(PXQ)$;

(3) $J(PXQA) = J(PXQ)A + PXQJ(A)$.

事实上, 因为 $QAP = QJ(A)P = 0$. 故由第一步和 $J(P) = J(Q) = 0$ 可知

$$J(PAQ) = J(PAQ + QAP)$$
$$= J(P)AQ + PJ(A)Q + PAJ(Q) + J(Q)AP + QJ(A)P + QAJ(P)$$
$$= PJ(A)Q.$$

又因为

$$J(PAP) = J(P)AP + PJ(A)P + PAJ(P) = PJ(A)P,$$

结合上面两式, 就有

$$J(PA) = J(PAP) + J(PAQ) = PJ(A)P + PJ(A)Q = PJ(A).$$

同理可得

$$J(AQ) = J(A)Q. \tag{7.2.4}$$

又因为 $AP = PAP$, 我们由第一步和第二步中的 (1) 式可知

$$J(APXQ) = J(PAPXQ + PXQPA)$$
$$= J(PA)PXQ + PAJ(PXQ) + J(PXQ)PA + PXQJ(PA)$$
$$= PJ(A)PXQ + PAJ(PXQ)$$
$$= J(A)PXQ + AJ(PXQ).$$

同理可得

$$J(PXQA) = J(PXQ)A + PXQJ(A). \tag{7.2.5}$$

第三步: 若对于任意的 $A, B \in U$, 由第一步和第二步知, 一方面有

$$J(ABPXQ) = J(AB)PXQ + ABJ(PXQ).$$

另一方面, 由第二步和 $BP = PBP$ 知

$$J(ABPXQ) = J(A)BPXQ + AJ(BPXQ)$$
$$= J(A)BPXQ + A[J(B)PXQ + BJ(PXQ)]$$
$$= J(A)BPXQ + AJ(B)PXQ + ABJ(PXQ).$$

由上面两式知

$$[J(AB) - J(A)B - AJ(B)]PUQ = 0. \tag{7.2.6}$$

因为 $PUQ \in M, PUP \in A$, 故 PUQ 是左 PUP-模. 由 (7.2.6) 式可得

$$P[J(AB) - J(A)B - AJ(B)]P = 0. \tag{7.2.7}$$

类似地, 通过两种方法计算 $J(PXQAB)$ 可得

$$Q[J(AB) - J(A)B - AJ(B)]Q = 0. \tag{7.2.8}$$

最后, 仍需证明 $P[J(AB) - J(A)B - AJ(B)]Q = 0$. 事实上, 由第一步和第二步可得

$$PJ(AB)Q = J(PABQ) = J(PABQ + BQPA)$$
$$= J(PA)BQ + PAJ(BQ) + J(BQ)PA + BQJ(PA)$$
$$= PJ(A)BQ + PAJ(B)Q,$$

即得

$$J(AB) = J(A)B + AJ(B).$$

综上可知: 三角代数 U 上的 Jordan 导子是三角代数 U 上的导子. 证毕.

定理 7.2.2 设 $U = \mathrm{Tri}\{A, M, B\}$ 为三角代数, 若满足

(1) A 的所有导子都是内导子;

(2) B 的所有导子都是内导子;

(3) 每个双模同态映射 $f : M \to M$ 都具有标准形式,

则三角代数 U 上的导子都是三角代数 U 上的内导子.

证明上述定理需要以下的引理, 因为我们提到的导子的内在性问题已经被考虑, 所以这部分的引理将会被省略. 以下假设 d 是一个从三角代数 U 到它自身上的导子.

引理 7.2.1　若 d 是一个从三角代数 U 到自身上的导子, 则 d 具有以下的形式

$$d \begin{bmatrix} a & m \\ 0 & b \end{bmatrix} = \begin{bmatrix} d_1(a) & f(m) \\ 0 & d_2(b) \end{bmatrix},$$

其中 $d_1 : A \to A$ 是 A 的导子, $d_2 : B \to B$ 是 B 上的导子, $f : M \to M$ 是一个线性映射满足 $f(am) = d_1(a)m + af(m)$ 和 $f(mb) = f(m)b + md_2(b)$.

引理 7.2.2　若 d 是一个从三角代数 U 到自身上的导子, 则 $d = d_1 + d_2$, 其中 $d_1 : U \to U$ 是 U 上的内导子, $d_2 : U \to U$ 是 U 上的导子.

引理 7.2.3　若 $d' : U \to U$ 是三角代数 U 上的内导子当且仅当对于每个映射 $f : M \to M$, 存在 $a_0 \in A, b_0 \in B, m \in M$, 使得 $f(m) = a_0 m + m b_0$.

下面我们将应用上面的引理来证明定理 7.2.2.

定理 7.2.2 的证明　设 d 是一个从三角代数 U 到自身上的导子, $d' : U \to U$ 是三角代数 U 上的内导子. 由定理 7.2.2 的条件可知代数 A 和 B 上的每个导子都是内导子, 故不妨设 $d_1 : A \to A$ 和 $d_2 : B \to B$ 分别是代数 A 和 B 上的导子, 而且对于任意的 $a \in A, b \in B$, 存在 $a' \in A, b' \in B$ 使得有

$$d_1(a) = [a, a'], \quad d_2(b) = [b, b'].$$

设 $d'' = d - d'$, 那么由引理 7.2.1—引理 7.2.3 知: d'' 是三角代数 U 上的导子且具有以下形式

$$d'' \begin{bmatrix} a & m \\ 0 & b \end{bmatrix} = \begin{bmatrix} d_1(a) & f(m) \\ 0 & d_2(b) \end{bmatrix} - \begin{bmatrix} [a, a'] & a_0 m + m b_0 \\ 0 & [b, b'] \end{bmatrix} = \begin{bmatrix} 0 & g(m) \\ 0 & 0 \end{bmatrix}. \tag{7.2.9}$$

接下来验证 $g(m)$ 是否具有标准形式. 因为映射 $g : M \to M$ 满足

$$g(am) = ag(m), \quad g(mb) = g(m)b, \tag{7.2.10}$$

其中任意 $a \in A, b \in B, m \in M$, 故由定义 7.2.3 知: 必存在 $a_0 \in Z(A), b_0 \in Z(B)$ 使得

$$g(m) = a_0 m + m b_0. \tag{7.2.11}$$

又由引理 7.2.3 可知: d'' 是三角代数 U 上的内导子.

综上可知: 三角代数 U 上的导子是三角代数 U 上的内导子. 证毕.

定理 7.2.3　设 $U = \mathrm{Tri}\{A, M, B\}$ 为三角代数, 则 U 上的 Jordan 导子是 U 上的内导子.

证明　由定理 7.2.1 知: 三角代数 U 上的所有 Jordan 导子是三角代数 U 上的导子. 由定理 7.2.2 知: 三角代数 U 上的所有导子是三角代数 U 上的内导子. 故

由定理 7.2.1 和定理 7.2.2 可知三角代数 U 上的 Jordan 导子是三角代数 U 上的内导子. 证毕.

7.3 三角代数上的广义 Jordan 导子

定义 7.3.1[49]　设 R 是一个环且 $\delta : R \to R$ 是一个可加映射. 若存在导子 $\alpha : R \to R$ 使得对任意的 $x, y \in R$, 有 $\delta(xy) = \delta(x)y + x\alpha(y)$, 则称 δ 为 R 上的广义导子.

定义 7.3.2[49]　若存在 $a, b \in R$ 使得对任意的 $x \in R$, 有 $\delta(x) = ax + xb$, 则称 δ 为 R 上的广义内导子. 若存在 Jordan 导子 $\alpha : R \to R$ 使得对任意的 $x \in R$, 有

$$\delta(x^2) = \delta(x)x + x\alpha(x),$$

则称 δ 为 R 上的广义 Jordan 导子.

下面给出本节的重要结果.

定理 7.3.1　设 A, B 是 2-挠可交换环 R 上的含有单位元的代数, M 是 (A, B)-忠实双边模且 $U = \text{Tri}\{A, M, B\}$ 是三角代数, 则 U 上的每一个广义 Jordan 导子都是导子与广义内导子之和.

为了证明定理 7.3.1, 我们需要几个引理, 以下总假设 J 是一个从 U 到它自身的广义 Jordan 导子, 并记 $P = \begin{bmatrix} 1 & 0 \\ 0 & 0 \end{bmatrix}, Q = \begin{bmatrix} 0 & 0 \\ 0 & 1 \end{bmatrix}$.

引理 7.3.1　设 A, B 是 2-挠可交换环 R 上的含有单位元的代数, M 是 (A, B)-忠实双边模且 $U = \text{Tri}\{A, M, B\}$ 是三角代数, 则 U 上的每一个广义 Jordan 导子都是导子.

引理 7.3.2　设 A 是 2-挠可交换环 R 上的代数, α 是 A 的 Jordan 导子, ϕ 是从 U 到它自身的广义 Jordan 导子, 则

(1) 对任意的 $x, y \in A$, 有

$$\phi(xy + yx) = \phi(x)y + a\alpha(y) + \phi(y)x + y\alpha(x);$$

(2) 对任意的 $x, y \in A$, 有

$$\phi(xyx) = \phi(x)yx + x\alpha(y)x + xy\alpha(x);$$

(3) 对任意的 $x, y, z \in A$, 有

$$\phi(xzy + yzx) = \phi(x)zy + x\alpha(x)y + xz\alpha(y) + \phi(y)zx + y\alpha(z)x + yz\alpha(x).$$

证明　(1) 因为 ϕ 是从 U 到它自身的广义 Jordan 导子, 所以

$$\phi(x+y)^2 = \phi(x+y)(x+y) + (x+y)\alpha(x+y)$$
$$= \phi(x)x + \phi(x)y + \phi(y)x + \phi(y)y$$
$$+ x\alpha(x) + x\alpha(y) + y\alpha(x) + y\alpha(y).$$

另一方面,

$$\phi(x+y)^2 = \phi(x^2 + xy + yx + y^2)$$
$$= \phi(x)x + \phi(xy + yx) + \phi(y)y + x\alpha(x) + y\alpha(y).$$

以上两式相减得

$$\phi(xy + yx) = \phi(x)y + a\alpha(y) + \phi(y)x + y\alpha(x).$$

(2) 由 (1) 式得

$$\phi(x(x+y) + (xy+yx)x) = \phi(x)(xy+yx) + \phi(xy+yx)x$$
$$+ x\alpha(xy+yx) + (xy+yx)\alpha(x)$$
$$= \phi(x)xy + 2\phi(x)yx + \phi(y)x^2 + 2x\alpha(y)x + y\alpha(x)x$$
$$+ x\alpha(x)y + x^2\alpha(y) + 2xy\alpha(x) + yx\alpha(x).$$

另一方面,

$$\phi(x(xy+yx) + (xy+yx)x) = \phi(x^2y + yx^2) + 2\phi(xyx)$$
$$= \phi(x)xy + \phi(y)x^2 + y\alpha(x)x + x\alpha(x)y$$
$$+ x^2\alpha(y) + yx\alpha(x) + 2\phi(xyx).$$

以上两式相减得

$$\phi(xyx) = \phi(x)yx + x\alpha(y)x + xy\alpha(x).$$

(3) 由 (2) 式知

$$\phi((x+y)z(x+y)) = \phi(x+y)z(x+y) + (x+y)\alpha(z)(x+y) + (x+y)z\alpha(x+y)$$
$$= \phi(x)zx + \phi(x)zy + \phi(y)zx + \phi(y)zy + x\alpha(z)x + x\alpha(z)y$$
$$+ y\alpha(z)x + y\alpha(z)y + xz\alpha(x) + xz\alpha(y) + yz\alpha(x) + yz\alpha(y).$$

另一方面,

$$\phi((x+y)z(x+y)) = \phi(xzx) + \phi(yzy) + \phi(xzy + yzx)$$
$$= \phi(x)zx + \phi(y)zy + x\alpha(z)x + xz\alpha(x)$$
$$+ yz\alpha(y) + y\alpha(z)y + \phi(xzy + yzx).$$

以上两式相减得

$$\phi(xzy + yzx) = \phi(x)zy + x\alpha(x)y + xz\alpha(y) + \phi(y)zx + y\alpha(z)x + yz\alpha(x).$$

证毕.

引理 7.3.3 $J(P) = PJ(P) + J(Q)P$ 且 $J(Q) = QJ(P) + J(Q)Q$.

证明 由 $P = P^2$ 且 $Q = Q^2$ 可知

$$J(P) = J(P^2) = J(P)P + P\alpha(P),$$
$$J(Q) = J(Q^2) = J(Q)Q + Q\alpha(Q),$$

则

$$QJ(P) = QJ(P)P = 0 \quad \text{且} \quad J(Q)P = Q\alpha(Q)P = 0.$$

从而

$$J(P) = PJ(P) + QJ(P) = PJ(P) = PJ(P) + J(Q)P,$$
$$J(Q) = J(Q)Q + J(Q)P = J(Q)Q = QJ(P) + J(Q)Q.$$

证毕.

对每一个 $x \in U$, 我们定义

$$\alpha'(x) = \alpha(x) + J(P)x - xJ(P)$$

且

$$J'(x) = J(x) - [xJ(P) + J(Q)x],$$

则 α' 是 U 上的一个 Jordan 导子, 并且直接验证得

$$J'(x^2) = J'(x)x + x\alpha'(x).$$

从而 J' 仍是 U 上的一个广义 Jordan 导子, 且由引理 7.3.3 知, $J'(P) = J'(Q) = 0$.

引理 7.3.4 对任意 $X \in U$, 有 $J'(PX) = P\alpha'(X)$.

证明 由于对于任意的 $X \in U$, 有

$$QXP = QJ'(X)P = 0 \quad \text{且} \quad J'(P) = J'(Q) = 0,$$

从而由引理 7.3.2(2) 得

$$J'(PXQ) = J'(PXQ + QXP) = P\alpha'(X)Q + PX\alpha'(Q). \tag{7.3.1}$$

另一方面, 由引理 7.3.2(2) 可知

$$J'(PXP) = P\alpha'(X)P + PX\alpha'(P). \tag{7.3.2}$$

由 (7.3.1) 与 (7.3.2) 式, 则对于任意 $X \in U$, 有

$$J'(PX) = J'(PXP) + J'(PXQ) = P\alpha'(X) + PX\alpha'(I).$$

由于 α' 是 Jordan 导子, 则 $\alpha'(I) = 0$. 从而由上式知 $J'(PX) = P\alpha'(X)$. 证毕.

　　定理 7.3.1 的证明　由引理 7.3.2(2) 可知

$$J'(QXQ) = Q\alpha'(X)Q + QX\alpha'(Q).$$

由于 α' 是 Jordan 导子, 则

$$Q\alpha'(Q) = Q\alpha'(Q)Q = 0.$$

从而由 $QXQ = QX$ 得 $QX\alpha'(Q) = 0$. 于是

$$J'(QXQ) = Q\alpha'(X)Q + Q\alpha'(X).$$

因此由引理 7.3.4 得

$$J'(X) = J'(PX + QX) = P\alpha'(X) + J'(QXQ)$$
$$= P\alpha'(X) + Q\alpha'(X) = \alpha'(X).$$

这说明 J' 是一个 Jordan 导子, 由引理 7.3.1 知 J' 是一个导子. 因此,

$$J(x) = J'(x) + [xJ(P) + J(Q)x],$$

即 U 上的每一个广义 Jordan 导子都是导子与广义内导子之和. 证毕.

7.4　三角代数上广义 Jordan 左导子

　　设 Γ 是可交换环 R 上的一个代数, $Z(\Gamma)$ 为其中心. 如果 $\sigma(xy) = \sigma(x)y + x\sigma(y)$, $(\forall x, y \in \Gamma)$, 则称线性映射 $\sigma : \Gamma \to \Gamma$ 是一个导子; 如果映射 σ 满足 $\sigma(x^2) = \sigma(x)x + x\sigma(x)$, 则称它是一个 Jordan 导子; 如果 $\delta(xy) = x\delta(y) + y\delta(x)$, 称线性映射 $\delta : \Gamma \to \Gamma$ 是一个左导子; 如果映射 δ 满足 $\delta(x^2) = 2x\delta(x)(\forall x \in \Gamma)$, 则称它是一个 Jordan 左导子; 如果 φ 满足 $\varphi(xy) = x\varphi(y) + \delta(x)y$, 其中 δ 是从 Γ 到自身上的 Jordan 左导子, 则称 φ 是一个广义左导子; 如果满足 $\varphi(x^2) = x\varphi(x) + x\delta(x)$, 则称 φ 是一个广义 Jordan 左导子; 显然, 每个广义左导子都是广义 Jordan 左导子, 但反之并一定成立, 本节主要讨论三角代数上的广义 Jordan 左导子, 得出结论三角代数上的广义 Jordan 左导子都是广义左导子, 从而推广了三角代数上的 Jordan 左导子的主要结果.

定理 7.4.1[50] 设 $U = \mathrm{Tri}\{A, M, B\}$ 为三角代数, 映射 φ 是从 U 到自身上的广义 Jordan 左导子, 映射 δ 是从 U 到自身上的 Jordan 左导子, 则对于任意的 $x, y, z \in U$, 有

(1) $\varphi(xy + yx) = x\varphi(y) + y\varphi(x) + x\delta(y) + y\delta(x)$;

(2) $\varphi(xyx) = xy\varphi(x) + 2xy\delta(x) + x^2\delta(y) - yx\delta(x)$;

(3) $\varphi(xyz + zyx) = xy\varphi(z) + zy\varphi(x) + 2xy\delta(z) + 2zy\delta(x)$

$$+ xz\delta(y) + zx\delta(y) - yx\delta(z) - yz\delta(x).$$

证明 (1) 因为映射 φ 是 U 上的一个广义 Jordan 左导子, 因此就有 $\varphi(x^2) = x\varphi(x) + x\delta(x)$, 则

$$\varphi[(x+y)^2] = (x+y)\varphi(x+y) + (x+y)\delta(x+y)$$
$$= x\varphi(x) + x\varphi(y) + y\varphi(x) + y\varphi(y) + x\delta(x) + x\delta(y) + y\delta(x) + y\delta(y).$$

$$(7.4.1)$$

另一方面,

$$\varphi[(x+y)^2] = \varphi(x^2 + y^2 + xy + yx)$$
$$= x\varphi(x) + x\delta(x) + y\varphi(y) + y\delta(y) + \varphi(xy + yx). \qquad (7.4.2)$$

由 (7.4.1) 和 (7.4.2) 式可得

$$\varphi(xy + yx) = x\varphi(y) + y\varphi(x) + x\delta(y) + y\delta(x).$$

(2) 在等式 $\varphi(xy + yx) = x\varphi(y) + y\varphi(x) + x\delta(y) + y\delta(x)$ 中用 $xy + yx$ 替代 y 可得

$$\varphi[x(xy+yx)+(xy+yx)x] = x\varphi(xy+yx)+(xy+yx)\varphi(x)+x\delta(xy+yx)+(xy+yx)\delta(x).$$

$$(7.4.3)$$

又因为映射 δ 是三角代数 U 到它自身上的 Jordan 左导子, 故

$$\delta(xy + yx) = x\delta(y) + y\delta(x) + x\delta(y) + y\delta(x). \qquad (7.4.4)$$

由 (7.4.3) 和 (7.4.4) 式可得

$$\varphi[x(xy+yx)+(xy+yx)x] = x^2\varphi(y) + 2xy\varphi(x) + 4xy\delta(x)$$
$$+ 3x^2\delta(y) + yx\delta(x) + yx\varphi(x). \qquad (7.4.5)$$

另一方面

$$\varphi[x(xy+yx)+(xy+yx)x] = \varphi(x^2y+yx^2)+2\varphi(xyx)$$
$$= x^2\varphi(y)+yx\varphi(x)+3yx\delta(x)+x^2\delta(y)+2\varphi(xyx).$$

(7.4.6)

由 (7.4.5) 和 (7.4.6) 式可得

$$\varphi(xyx) = xy\varphi(x)+2xy\delta(x)+x^2\delta(y)-yx\delta(x).$$

(3) 在等式 $\varphi(xyx) = xy\varphi(x)+2xy\delta(x)+x^2\delta(y)-yx\delta(x)$ 中用 $x+z$ 替代 x 可得

$$\varphi[(x+z)y(x+z)] = xy\varphi(x)+xy\varphi(z)+zy\varphi(x)+zy\varphi(z)+2xy\delta(x)$$
$$+2xy\delta(z)+2zy\delta(x)+2zy\delta(z)+x^2\delta(y)+xz\delta(y)+zx\delta(y)$$
$$+z^2\delta(y)-yx\delta(x)-yx\delta(z)-yz\delta(x)-yz\delta(z).$$

(7.4.7)

另一方面

$$\varphi[(x+z)y(x+z)] = \varphi(xyz)+\varphi(zyz)+\varphi(xyz+zyx)$$
$$= xy\varphi(x)+x^2\delta(y)+2xy\delta(x)-yx\delta(x)+zy\varphi(z)$$
$$+z^2\delta(y)+2zy\delta(z)-yz\delta(z)+\varphi(xyz+zyx).$$

(7.4.8)

由 (7.4.7) 和 (7.4.8) 式可得

$$\varphi(xyz+zyx) = xy\varphi(z)+zy\varphi(x)+2xy\delta(z)+2zy\delta(x)$$
$$+xz\delta(y)+zx\delta(y)-yx\delta(z)-yz\delta(x).$$

证毕.

引理 7.4.1[50]　设 $U = \mathrm{Tri}\{A, M, B\}$ 为三角代数, 如果映射 δ 是从 U 到它自身上的 Jordan 导子, 则 U 上的每一个 Jordan 导子都是导子, 即对于任意的 $x, y \in U$, 有

$$\delta(xy) = \delta(x)y+x\delta(y).$$

引理 7.4.2　设 $U = \mathrm{Tri}\{A, M, B\}$ 为三角代数, ϕ 是从 U 到它自身上的一个线性可加映射, 对于任意的 $x, y \in U$, 则有

(1) 若 $\phi(x^2) = \phi(x)x$, 则 $\phi(xy) = \phi(x)y$;

(2) 若 $\phi(x^2) = x\phi(x)$, 则 $\phi(xy) = x\phi(y)$.

证明 (1) 因为 ϕ 是从 U 到它自身上的一个线性可加映射且满足 $\phi(x^2) = \phi(x)x$, 故

$$\phi(xy + yx) = \phi(x)y + \phi(y)x. \tag{7.4.9}$$

在 (7.4.9) 式中用 $xy + yx$ 替代 y 可得

$$\phi(x(xy + yx) + (xy + yx)x) = \phi(x)xy + \phi(x)yx + \phi(x)yx + \phi(y)x^2. \tag{7.4.10}$$

又因为

$$\begin{aligned}\phi(x(xy + yx) + (xy + yx)x) &= \phi(2xyx) + \phi(x^2y + yx^2)\\ &= 2\phi(xyx) + \phi(x)xy + \phi(y)x^2,\end{aligned} \tag{7.4.11}$$

由 (7.4.10) 和 (7.4.11) 式可得

$$\phi(xyx) = \phi(x)yx. \tag{7.4.12}$$

再在 (7.4.12) 式中用 $x + z$ 替代 x 可得

$$\begin{aligned}\phi[(x + z)y(x + z)] &= \phi(xyx) + \phi(xyz) + \phi(zyx) + \phi(zyz)\\ &= \phi(x)yx + \phi(xyz + zyx) + \phi(z)yz.\end{aligned} \tag{7.4.13}$$

另一方面

$$\begin{aligned}\phi[(x + z)y(x + z)] &= [\phi(x + z)]y(x + z)\\ &= \phi(x)yx + \phi(x)yz + \phi(z)yx + \phi(z)yz.\end{aligned} \tag{7.4.14}$$

由 (7.4.13) 和 (7.4.14) 式可得

$$\phi(xyz + zyx) = \phi(x)yz + \phi(z)yx. \tag{7.4.15}$$

由 (7.4.12) 式可得

$$\phi(xyzyx + yxzxy) = \phi[x(yzy)x + y(xzx)y] = \phi(x)yzyx + \phi(y)xzxy. \tag{7.4.16}$$

由 (7.4.15) 式可得

$$\phi(xyzyx + yxzxy) = \phi[(xy)z(yx) + (yx)z(xy)] = \phi(xy)zyx + \phi(yx)zxy. \tag{7.4.17}$$

综合 (7.4.16) 式和 (7.4.17) 式就有

$$[\phi(xy) - \phi(x)y]zyx + [\phi(yx) - \phi(y)x]zxy = 0. \tag{7.4.18}$$

不妨可设 $B(x,y) = \phi(xy) - \phi(x)y$, 则 (7.4.18) 式可写成 $B(x,y)zyx + B(y,x)zxy = 0$, 又结合 (7.4.9) 式易证得 $B(x,y) = -B(y,x)$, 即有 $B(x,y)z(yx - xy) = 0$. 又因为任意的 $x, y, z \in U$, 故 $z(yx - xy) \neq 0$, 则 $B(x,y) = 0$, 即 $\phi(xy) = \phi(x)y$.

类似于结论 (1), 同理可证结论 (2): 若 $\phi(x^2) = x\phi(x)$, 则 $\phi(xy) = x\phi(y)$ 成立. 证毕.

定理 7.4.2　设 $U = \text{Tri}\{A, M, B\}$ 为三角代数, 如果线性可加映射 φ 是 U 上的一个广义 Jordan 左导子, 则线性可加映射 φ 也是三角代数 U 上的一个广义左导子, 即满足

$$\varphi(xy) = x\varphi(y) + y\delta(x).$$

证明　对于该定理分两种情况证明.

(1) 若 $\delta = 0$ 时, 因为线性可加映射 φ 是 U 上的一个广义 Jordan 左导子, 即 $\varphi(x^2) = x\varphi(x)$, 由引理 7.4.2 中 (2) 可得 $\phi(xy) = x\phi(y)$, 因此线性可加映射 φ 是三角代数 U 上的一个广义左导子.

(2) 若 $\delta \neq 0$ 时, 因为 φ, δ, ϕ 都是 U 上的线性可加映射, 故不妨设 $\phi = \varphi - \delta$, 因此有

$$\begin{aligned}
\varphi(x^2) &= (\varphi - \delta)(x^2) = \varphi(x^2) - \delta(x^2) \\
&= x\varphi(x) + x\delta(x) - x\delta(x) - x\delta(x) \\
&= x\varphi(x) - x\delta(x) = x(\varphi(x) - \delta(x)) = x\phi(x) \quad (\forall x \in U).
\end{aligned}$$

则由引理 7.4.2 中 (2) 可得 $\phi(xy) = x\phi(y)$, 即 $(\varphi - \delta)(xy) = x[(\varphi - \delta)(y)]$, 展开可得

$$\varphi(xy) - \delta(xy) = x\varphi(y) - x\delta(y).$$

再由引理 7.4.1 可得 $\delta(xy) = \delta(x)y + x\delta(y)$, 故

$$\varphi(xy) = x\varphi(y) + \delta(x)y.$$

综上可知, 三角代数上的每一个广义 Jordan 左导子都是三角代数上的广义左导子. 证毕.

注　由定理 7.4.2 可知, 三角代数上的广义 Jordan 左导子和广义左导子互相等价.

7.5　三角代数上广义双导子的等价刻画

设 A 是可交换环 R 上的一个代数, $Z(A)$ 为其中心. 如果 $\sigma(xy) = \sigma(x)y + x\sigma(y)(\forall x, y \in A)$, 则称线性映射 $\sigma : A \to A$ 是一个导子; 如果 σ 满足 $\sigma(xy) =$

$\sigma(x)y + x\sigma(y) - x\sigma(I)y$ $(\forall x, y \in A)$, 则称它是一个广义导子; 如果双线性映射 ϕ : $A \times A \to A$ 在任一种情况下都是一个导子, 则称 ϕ 是一个双导子; 如果双线性映射 $\phi : A \times A \to A$ 在任一种情况下都是一个广义导子, 则称 ϕ 是一个广义双导子.

下面给出本节将用到的定义.

定义 7.5.1[51]　设 A 是可交换环 R 上的一个代数, $Z(A)$ 为其中心. 设 $\varphi : A \to A$ 是个映射. 若对于任意的 $\alpha, \beta \in R$ 及 $x, y \in A$, 有 $\varphi(\alpha x + \beta y) - \alpha\varphi(x) - \beta\varphi(y) \in Z(A)$, 则称 φ 为 A 上的模中心线性映射 (简称模线性映射).

引理 7.5.1[51]　设 A 是可交换环 R 上的一个有单位元的代数, 若映射 $\varphi : A \to A$ 是一个广义导子, 则存在 $T, S \in A$, 使得 $\varphi(X) = TX + XS$ 成立.

引理 7.5.2　设 $U = \mathrm{Tri}\{A, M, B\}$ 为三角代数, $Z(A)$ 为其中心, 若双线性映射 θ 是三角代数 U 上的一个双导子, 则存在 $\lambda \in Z(A)$, 使得 $\theta(x, y) = \lambda[x, y](\forall x, y \in A)$, 其中 $[x, y] = xy - yx$.

引理 7.5.3　设 $U = \mathrm{Tri}\{A, M, B\}$ 为三角代数, $\varphi_1, \varphi_2, \varphi_3, \varphi_4$ 是 U 上的映射, 如果满足 $\varphi_1(y)x + x\varphi_2(y) - \varphi_3(x)y - y\varphi_4(x) = 0$ $(\forall x, y \in U)$, 则

$$x[u, \varphi_2(yu) - \varphi_2(y)u] - y[u, \varphi_4(xu) - \varphi_4(x)u] = 0 \quad (\forall x, y \in U).$$

证明　不妨设 $f(x, y) = \varphi_1(y)x + x\varphi_2(y) - \varphi_3(x)y - y\varphi_4(x) = 0$, 则

$$x[u, \varphi_2(yu) - \varphi_2(y)u] - y[u, \varphi_4(xu) - \varphi_4(x)u]$$
$$= x[u\varphi_2(yu) - u\varphi_2(y)u - \varphi_2(yu)u + \varphi_2(y)u^2]$$
$$\quad - y[u\varphi_4(xu) - u\varphi_4(x)u - \varphi_4(xu)u + \varphi_4(x)u^2]$$
$$= x\varphi_2(y) - y\varphi_4(x)u^2 - (xu\varphi_2(y) + x\varphi_2(yu)$$
$$\quad - yu\varphi_4(x) - y\varphi_4(xu))u + xu\varphi_2(yu) - yu\varphi_4(xu)$$
$$= (\varphi_1(y)x + x\varphi_2(y) - \varphi_3(x)y - y\varphi_4(x))u^2$$
$$\quad - (\varphi_1(y)xu - \varphi_3(x)yu + xu\varphi_2(y) + x\varphi_2(yu)$$
$$\quad - yu\varphi_4(x) - y\varphi_4(xu) + \varphi_1(yu)x - \varphi_3(xu)y)u$$
$$\quad + (\varphi_1(yu)xu + xu\varphi_2(yu) - \varphi_3(xu)yu - yu\varphi_4(xu))$$
$$= f(x, y)u^2 - [f(xu, y) + f(x, yu)]u + f(xu, yu) = 0.$$

综上可知: $x[u, \varphi_2(yu) - \varphi_2(y)u] - y[u, \varphi_4(xu) - \varphi_4(x)u] = 0$ $(\forall x, y \in U)$. 证毕.

引理 7.5.4　设 $U = \mathrm{Tri}\{A, M, B\}$ 为三角代数, $Z(U)$ 为其中心, 映射 φ 是 U 上的一个模线性映射. 如果对于任意的 $u, y \in U$, 有 $[u, \varphi(yu) - \varphi(y)u] = 0$ 成立, 则存在 $A \in Z(U)$ 和映射 $\xi : U \to R$, 使得 $\varphi(u) = Au + \xi(u)$.

证明　因为 $[u, \varphi(yu) - \varphi(y)u] = 0$, 故令 $y = I$, 则有

$$[u, \varphi(u) - \varphi(I)u] = 0.$$

不妨设 $\delta(u) = \varphi(u) - \varphi(I)u$. 通过简单计算可以得到 $[\delta(u), u] = 0$. 则对于任意的 $u, v \in U, \alpha, \beta \in R$, 有

$$\begin{aligned}
\delta(\alpha u + \beta v) - \alpha\delta(u) - \beta\delta(v) &= \varphi(\alpha u + \beta v) - \varphi(I)(\alpha u + \beta v) \\
&\quad - \alpha(\varphi(u) - \varphi(I)u) - \beta(\varphi(v) - \varphi(I)v) \\
&= \varphi(\alpha u + \beta v) - \alpha\varphi(u) - \beta\varphi(v).
\end{aligned}$$

可见, 映射也是一个模线性映射.

另一方面, 用 $u + v$ 代替 u 代入 $[\delta(u), u] = 0$ 中, 就有 $[\delta(u + v), u + v] = 0$, 即 $[\delta(u), v] = [u, \delta(v)]$. 从而二元线性映射 $\theta : (u, v) \rightarrow [\delta(u), v]$ 是一个双导子, 即 $\theta(u, v) = [\delta(u), v]$. 再根据引理 7.5.2 知 $\theta(u, v) = \lambda[u, v]$, 则

$$\theta(u, v) = [\delta(u), v] = \lambda[u, v],$$

即 $[\delta(u) - \lambda u, v] = 0$, 故存在映射 $\xi : U \rightarrow R$, 使得 $\xi(u) = \delta(u) - \lambda u$, 又因为 $\delta(u) = \varphi(u) - \varphi(I)u$, 从而

$$\varphi(u) = (\lambda I + \varphi(I))u + \xi(u),$$

其中令 $A = \lambda I + \varphi(I) \in Z(U)$. 综上有 $\varphi(u) = Au + \xi(u)$. 证毕.

引理 7.5.5　设 $U = \text{Tri}\{A, M, BA\}$ 为三角代数, 映射 $\varphi_1, \varphi_2, \varphi_3, \varphi_4$ 是 U 上的模线性映射, 且满足 $\varphi_1(y)x + x\varphi_2(y) - \varphi_3(x)y - y\varphi_4(x) = 0$, 则存在 $A, B \in Z(U)$ 和映射 $\xi_1, \xi_2 : U \rightarrow R$, 使得

$$\varphi_1(x) = xB - \xi_1(x), \quad \varphi_2(x) = Ax + \xi_1(x),$$
$$\varphi_3(x) = xA - \xi_2(x), \quad \varphi_4(x) = Bx + \xi_2(x).$$

证明　**情况 1**　对于任意的 $x, y \in U$ 且 $x, y \neq 0, xy - yx = 0$. 由条件可知

$$\varphi_1(y)x + x\varphi_2(y) - \varphi_3(x)y - y\varphi_4(x) = 0,$$

即 $(\varphi_1(y) + \varphi_2(y))x - y(\varphi_3(x) + \varphi_4(x)) = 0$. 任取 $y_0 \in Z(U)$, 就有

$$(\varphi_1(y_0) + \varphi_2(y_0))x - y_0(\varphi_3(x) + \varphi_4(x)) = 0.$$

计算可得 $\varphi_3(x) + \varphi_4(x) = [y_0^{-1}(\varphi_1(y_0) + \varphi_2(y_0))]x = Ax$, 其中 $A = y_0^{-1}(\varphi_1(y_0) + \varphi_2(y_0))$. 将该结果代入前面可得 $(\varphi_1(y) + \varphi_2(y) - Ax)x = 0$, 即 $\varphi_1(y) + \varphi_2(y) = Ax$. 由上面可知, 不妨设

$$\varphi_4(x) = \xi_2(x), \quad \varphi_1(x) = -\xi_1(x), \quad B = 0,$$

就有

$$\varphi_1(x) = xB - \xi_1(x), \quad \varphi_2(x) = Ax + \xi_1(x),$$
$$\varphi_3(x) = xA - \xi_2(x), \quad \varphi_4(x) = Bx + \xi_2(x),$$

结论成立.

情况 2　对于任意的 $x, y \in U$ 且 $x, y \neq 0, xy - yx \neq 0$. 因为映射 $\varphi_1, \varphi_2, \varphi_3, \varphi_4$ 是 U 上的模线性映射, 且满足 $\varphi_1(y)x + x\varphi_2(y) - \varphi_3(x)y - y\varphi_4(x) = 0$, 故由引理 7.5.3 可得

$$x[u, \varphi_2(yu) - \varphi_2(y)u] - y[u, \varphi_4(xu) - \varphi_4(x)u] = 0. \tag{7.5.1}$$

不妨设

$$\delta_1(y) = [u, \varphi_2(yu) - \varphi_2(y)u], \quad \delta_2(x) = [u, \varphi_4(xu) - \varphi_4(x)u]. \tag{7.5.2}$$

将 (7.5.2) 式代入 (7.5.1) 式, 可得

$$x\delta_1(y) - y\delta_2(x) = 0. \tag{7.5.3}$$

在 (7.5.3) 式中分别令 $x = I$ 及 $y = I$, 则对于任意的 $x, y, u \in U$, 有

$$\delta_1(y) = y\delta_2(I), \quad \delta_2(x) = x\delta_1(I). \tag{7.5.4}$$

对于任意的 $z \in U$, 在 (7.5.3) 式中左乘 z, 可得 $zx\delta_1(y) - zy\delta_2(x) = 0$, 用 zx 替代 x 代入 (7.5.3) 式可得 $zx\delta_1(y) - y\delta_2(zx) = 0$, 由这两式就有

$$zy\delta_2(x) - y\delta_2(zx) = 0. \tag{7.5.5}$$

将 (7.5.4) 式代入 (7.5.5) 式, 可得 $[y, z]x\delta_1(I) = 0$, 因为由假设知 $[y, z]x \neq 0$, 故 $\delta_1(I) = 0$. 综上可得: $\delta_2(x) = x\delta_1(I) = 0$. 同理可得 $\delta_1(y) = 0$. 从而由 (7.5.2) 式可得

$$\delta_1(y) = [u, \varphi_2(yu) - \varphi_2(y)u] = 0,$$
$$\delta_2(x) = [u, \varphi_4(xu) - \varphi_4(x)u] = 0. \tag{7.5.6}$$

因此由引理 7.5.4 得

$$\varphi_2(x) = Ax + \xi_1(x), \quad \varphi_4(x) = Bx + \xi_2(x). \tag{7.5.7}$$

另一方面, 将 (7.5.7) 式代入等式 $\varphi_1(y)x + x\varphi_2(y) - \varphi_3(x)y - y\varphi_4(x) = 0$, 可得

$$(\varphi_3(x) - xA + \xi_2(x))y + (-\varphi_1(y) + yB - \xi_1(y))x = 0.$$

令 $\tau_1(x) = \varphi_3(x) - xA + \xi_2(x), \tau_2(x) = -\varphi_1(y) + yB - \xi_1(y)$, 即有

$$\tau_1(x)y + \tau_2(y)x = 0. \tag{7.5.8}$$

在 (7.5.8) 式中分别令 $x = I$ 及 $y = I$, 则对于任意的 $x, y \in U$, 有

$$\tau_2(y) = -\tau_1(I)y, \quad \tau_1(x) = -\tau_2(I)x. \tag{7.5.9}$$

对于任意的 $z \in U$, 在 (7.5.8) 式中右乘 z 可得 $\tau_1(x)yz + \tau_2(y)xz = 0$. 再用 yz 替代 y 可得 $\tau_1(x)yz + \tau_2(yz)x = 0$. 由这两式可得

$$\tau_2(y)xz - \tau_2(yz)x = 0. \tag{7.5.10}$$

再将 (7.5.9) 代入 (7.5.10) 可得 $\tau_1(I)y[x, z] = 0$, 又因为 $y[x, z] \neq 0$, 故 $\tau_1(I) = 0$. 同理可得 $\tau_2(I) = 0$. 从而有

$$\tau_1(x) = \varphi_3(x) - xA + \xi_2(x) = 0, \quad \tau_2(y) = -\varphi_1(y) + yB - \xi_1(y) = 0,$$

即

$$\varphi_1(x) = xB - \xi_1(x), \quad \varphi_3(x) = xA - \xi_2(x). \tag{7.5.11}$$

综上由 (7.5.7) 式和 (7.5.11) 式可知

$$\varphi_1(x) = xB - \xi_1(x), \quad \varphi_2(x) = Ax + \xi_1(x),$$
$$\varphi_3(x) = xA - \xi_2(x), \quad \varphi_4(x) = Bx + \xi_2(x),$$

结论成立. 证毕.

定理 7.5.1 设 $U = \mathrm{Tri}\{A, M, BA\}$ 为三角代数, $Z(U)$ 为其中心, 若二元线性映射 ϕ 是三角代数 U 上的一个广义双导子, 则存在 $A, B \in Z(U)$, 使得对于任意的 $x, y \in U$ 满足

$$\phi(x, y) = xAy + yBx.$$

证明 因为二元线性映射 ϕ 是三角代数 U 上的一个广义双导子, 故由广义双导子的定义可知: 映射 ϕ 在 y 固定的情况下就是一个广义双导子, 因此可由引理 7.5.1 知, 存在 $\varphi_1(y), \varphi_2(y) \in U$, 使得

$$\phi(x, y) = \varphi_1(y)x + x\varphi_2(y). \tag{7.5.12}$$

而且对于任意的 $u, v \in U, \alpha, \beta \in R$, 一方面有

$$\phi(x, \alpha u + \beta v) = \varphi_1(\alpha u + \beta v)x + x\varphi_2(\alpha u + \beta v). \tag{7.5.13}$$

另一方面, 有

$$\begin{aligned} \phi(x, \alpha u + \beta v) &= \phi(x, \alpha u) + \phi(x, \beta v) \\ &= \alpha\phi(x, u) + \beta\phi(x, v) \\ &= (\alpha\varphi_1(u) + \beta\varphi_1(v))x + x(\alpha\varphi_2(u) + \beta\varphi_2(v)). \end{aligned} \tag{7.5.14}$$

结合 (7.5.13) 式和 (7.5.14) 式可得

$$\varphi_1(\alpha u + \beta v)x + x\varphi_2(\alpha u + \beta v) = (\alpha\varphi_1(u) + \beta\varphi_1(v))x + x(\alpha\varphi_2(u) + \beta\varphi_2(v)).$$

整理得

$$[\varphi_1(\alpha u + \beta v) - \alpha\varphi_1(u) - \beta\varphi_1(v)]x + x[\varphi_2(\alpha u + \beta v) - \alpha\varphi_2(u) - \beta\varphi_2(v)] = 0, \tag{7.5.15}$$

特别地, 令 $x = I$, 有

$$[\varphi_1(\alpha u + \beta v) - \alpha\varphi_1(u) - \beta\varphi_1(v)] + [\varphi_2(\alpha u + \beta v) - \alpha\varphi_2(u) - \beta\varphi_2(v)] = 0,$$

即

$$\varphi_1(\alpha u + \beta v) - \alpha\varphi_1(u) - \beta\varphi_1(v) = -[\varphi_2(\alpha u + \beta v) - \alpha\varphi_2(u) - \beta\varphi_2(v)]. \tag{7.5.16}$$

从而由定义 7.5.2 知, 映射 $\varphi_1, \varphi_2 : U \to U$ 都是模线性映射.

又由广义双导子的定义知在固定 x 的情况下, ϕ 仍然是一个广义导子, 故可由引理 7.5.1 知, 存在 $\varphi_3(y), \varphi_4(y) \in U$, 使得

$$\phi(x, y) = \varphi_3(x)y + y\varphi_4(x). \tag{7.5.17}$$

类似于上述证明, 同理可证: 映射 $\varphi_3, \varphi_4 : U \to U$ 都是模线性映射. 从而, 映射 $\varphi_1, \varphi_2, \varphi_3, \varphi_4$ 都是三角代数 U 上的模线性映射.

再根据 (7.5.12) 式和 (7.5.17) 式可得

$$\varphi_3(x)y - x\varphi_2(y) - \varphi_1(y)x + y\varphi_4(x) = 0$$

由以上条件及引理 7.5.5 可得: 存在 $A, B \in Z(U)$ 和映射 $\xi_1, \xi_2 : U \to R$, 使得

$$\varphi_1(x) = xB - \xi_1(x), \quad \varphi_2(x) = Ax + \xi_1(x),$$
$$\varphi_3(x) = xA - \xi_2(x), \quad \varphi_4(x) = Bx + \xi_2(x). \tag{7.5.18}$$

将 (7.5.18) 式代入 (7.5.17) 式可得

$$\begin{aligned}
\phi(x, y) &= \varphi_3(x)y + y\varphi_4(x) \\
&= (xA - \xi_2(x))y + y(Bx + \xi_2(x)) \\
&= xAy + yBx.
\end{aligned}$$

结论成立. 证毕.

7.6　三角代数上的高阶 Jordan 导子系

设 $U = \mathrm{Tri}\{A, M, B\}$ 是三角代数. 本节主要利用算子论的方法讨论三角代数上的高阶 Jordan 导子系, 证明三角代数上的高阶 Jordan 导子系都是三角代数上的导子系, 从而给出三角代数上 Jordan 导子系的一种新的刻画.

7.6.1　基本概念

定义 7.6.1[52,53]　设 $D_n = \{\delta_0, \delta_1, \cdots, \delta_n\}$ 是代数 U 上的一簇可加映射且 $\delta_0 = I$(恒等映射). 若对于任意的 $A \in U$, 都有

$$\delta_m(A^2) = \sum_{k=0}^{m} \mathrm{C}_m^k \delta_k(A)\delta_{m-k}(A) \quad (m = 0, 1, 2, \cdots, n),$$

其中

$$\mathrm{C}_m^k = \frac{m(m-1)\cdots(m-k+1)}{k!},$$

则称 $D_n = \{\delta_0, \delta_1, \cdots, \delta_n\}$ 为代数 U 上的一个 n 阶 Jordan 导子系.

定义 7.6.2[52,53]　设 $D_n = \{\delta_0, \delta_1, \cdots, \delta_n\}$ 是代数 U 上的一簇可加映射且 $\delta_0 = I$(恒等映射). 若对于任意的 $A, B \in U$ 都有

$$\delta_m(AB) = \sum_{k=0}^{m} \mathrm{C}_m^k \delta_k(A)\delta_{m-k}(B) \quad (m = 0, 1, 2, \cdots, n),$$

则称 $D_n = \{\delta_0, \delta_1, \cdots, \delta_n\}$ 为代数 U 上的一个 n 阶导子系.

例 7.6.1 设

$$U = C^\infty[a,b] := \{f : [a,b] \to R : \forall x \in [a,b], f^{(n)}(x) \text{ 存在 } (n = 1, 2, \cdots)\},$$

则 U 成为实数域上的有单位元 1 的代数. 定义

$$(\delta_m(f))(x) = \frac{\mathrm{d}^m}{\mathrm{d}x^m} f(x), \quad \forall x \in [a,b] \quad (m = 1, 2, \cdots, n; \delta_0 = I),$$

则 $D_n = \{\delta_0, \delta_1, \cdots, \delta_n\}$ 为代数 U 上的一个 n 阶导子系.

事实上, 每个 $\delta_k : U \to U$ 都是线性映射且由高阶导数的 Newton-Leibnitz 公式知: 对任意的 $f, g \in U$ 及任意的 $m = 1, 2, \cdots, n$, 有

$$\delta_m(fg) = (fg)^m = \sum_{i=0}^m C_m^i f^{(i)} g^{(m-i)} = \sum_{i=0}^m C_m^i \delta_i(f)\delta_{m-i}(g).$$

7.6.2 三角代数上的高阶导子系的等价刻画

定理 7.6.1 设 $U = \mathrm{Tri}\{A, M, B\}$ 是三角代数, $\{\alpha_0, \alpha_1, \cdots, \alpha_n\}$ 为 A 上的 n 阶导子系, $\{\beta_0, \beta_1, \cdots, \beta_n\}$ 为 B 上的 n 阶导子系, $\{f_0, f_1, \cdots, f_n\}$ 为 M 上的一组可加映射. 定义映射 $\delta_k : U \to U(k = 0, 1, \cdots, n)$ 为

$$\delta_k \begin{bmatrix} a & m \\ 0 & b \end{bmatrix} = \begin{bmatrix} \alpha_k(a) & f_k(m) \\ 0 & \beta_k(b) \end{bmatrix}.$$

如果 $\forall a \in A, \forall b \in B, \forall m \in M$, 有

$$f_i(am) = \sum_{k=0}^i C_i^k \alpha_k(a) f_{i-k}(m), \quad f_i(mb) = \sum_{k=0}^i C_i^k f_k(m)\beta_{i-k}(b) \quad (i = 1, 2, \cdots, n),$$

则 $D_n = \{\delta_0, \delta_1, \cdots, \delta_n\}$ 为代数 U 上的一个 n 阶导子系.

证明 显然, 每个 δ_i 都是三角代数 U 上的可加映射, 对于三角代数 U 的任何元素

$$X = \begin{bmatrix} a_1 & m_1 \\ 0 & b_1 \end{bmatrix}, \quad Y = \begin{bmatrix} a_2 & m_2 \\ 0 & b_2 \end{bmatrix},$$

有

$$\delta_i(XY) = \begin{bmatrix} \alpha_1(a_1 a_2) & f_i(a_1 m_2 + m_1 b_2) \\ 0 & \beta_i(b_1 b_2) \end{bmatrix}$$

$$
= \begin{bmatrix} \sum_{k=0}^{i} \mathrm{C}_i^k \alpha_k(a_1)\alpha_{i-k}(a_2) & \sum_{k=0}^{i} \mathrm{C}_i^k \alpha_k(a_1)f_{i-k}(m_2) + \sum_{k=0}^{i} \mathrm{C}_i^k f_k(m_1)\beta_{i-k}(b_2) \\ 0 & \sum_{k=0}^{i} \mathrm{C}_i^k \beta_k(b_1)\beta_{i-k}(b_2) \end{bmatrix}
$$

$$
= \sum_{k=0}^{i} \mathrm{C}_i^k \begin{bmatrix} \alpha_k(a_1)\alpha_{i-k}(a_2) & \alpha_k(a_1)f_{i-k}(m_2) + f_k(m_1)\beta_{i-k}(b_2) \\ 0 & \beta_k(b_1)\beta_{i-k}(b_2) \end{bmatrix}
$$

$$
= \sum_{k=0}^{i} \mathrm{C}_i^k \begin{bmatrix} \alpha_k(a_1) & f_k(m_1) \\ 0 & \beta_k(b_1) \end{bmatrix} \begin{bmatrix} \alpha_{i-k}(a_2) & f_{i-k}(m_2) \\ 0 & \beta_{i-k}(b_2) \end{bmatrix}
$$

$$
= \sum_{k=0}^{i} \mathrm{C}_i^k \delta_k(X)\delta_{i-k}(Y),
$$

其中 $i = 1, 2, \cdots, n$. 所以 $D_n = \{\delta_0, \delta_1, \cdots, \delta_n\}$ 为三角代数 U 上的一个 n 阶导子系. 证毕.

定理 7.6.2　设 A 是一个有单位元的代数, $\{\theta_0, \theta_1, \cdots, \theta_n\}$ 为 A 上的一组可加映射且满足 $\theta_0 = I$, 若 $U = \mathrm{Tri}\{A, A, A\}$ 是三角代数, 映射 $\delta_k : U \to U(k = 0, 1, \cdots, n)$ 定义为

$$
\delta_k \begin{bmatrix} a & m \\ 0 & b \end{bmatrix} = \begin{bmatrix} \theta_k(a) & \theta_k(m) \\ 0 & \theta_k(b) \end{bmatrix}, \quad \forall a, b, m \in A,
$$

则 $D_n = \{\delta_0, \delta_1, \cdots, \delta_n\}$ 为代数 U 上的一个 n 阶导子系当且仅当 $\{\theta_0, \theta_1, \cdots, \theta_n\}$ 为代数 A 上的一个 n 阶导子系.

证明　充分性　设 $\{\theta_0, \theta_1, \cdots, \theta_n\}$ 为代数 A 上的一个 n 阶导子系. 对于三角代数 U 的任意元素

$$
X = \begin{bmatrix} a_1 & m_1 \\ 0 & b_1 \end{bmatrix}, \quad Y = \begin{bmatrix} a_2 & m_2 \\ 0 & b_2 \end{bmatrix},
$$

则

$$
\delta_i(XY) = \begin{bmatrix} \theta_1(a_1a_2) & \theta_i(a_1m_2 + m_1b_2) \\ 0 & \theta_i(b_1b_2) \end{bmatrix}
$$

$$
= \begin{bmatrix} \sum_{k=0}^{i} \mathrm{C}_i^k \theta_k(a_1)\theta_{i-k}(a_2) & \sum_{k=0}^{i} \mathrm{C}_i^k \theta_k(a_1)\theta_{i-k}(m_2) + \sum_{k=0}^{i} \mathrm{C}_i^k \theta_k(m_1)\theta_{i-k}(b_2) \\ 0 & \sum_{k=0}^{i} \mathrm{C}_i^k \theta_k(b_1)\theta_{i-k}(b_2) \end{bmatrix}
$$

$$
= \sum_{k=0}^{i} \mathrm{C}_i^k \begin{bmatrix} \theta_k(a_1)\theta_{i-k}(a_2) & \theta_k(a_1)\theta_{i-k}(m_2) + \theta_k(m_1)\theta_{i-k}(b_2) \\ 0 & \theta_k(b_1)\theta_{i-k}(b_2) \end{bmatrix}
$$

$$= \sum_{k=0}^{i} \mathrm{C}_i^k \begin{bmatrix} \theta_k(a_1) & \theta_k(m_1) \\ 0 & \theta_k(b_1) \end{bmatrix} \begin{bmatrix} \theta_{i-k}(a_2) & \theta_{i-k}(m_2) \\ 0 & \theta_{i-k}(b_2) \end{bmatrix}$$

$$= \sum_{k=0}^{i} \mathrm{C}_i^k \delta_k(X)\delta_{i-k}(Y),$$

其中 $i = 1, 2, \cdots, n$. 由定义知 $D_n = \{\delta_0, \delta_1, \cdots, \delta_n\}$ 为三角代数 U 上的一个 n 阶导子系.

必要性　设 $D_n = \{\delta_0, \delta_1, \cdots, \delta_n\}$ 为三角代数 U 上的一个 n 阶导子系, 则对于任意的 $a_1, a_2 \in A$, 令

$$X = \begin{bmatrix} a_1 & 0 \\ 0 & 0 \end{bmatrix}, \quad Y = \begin{bmatrix} a_2 & 0 \\ 0 & 0 \end{bmatrix},$$

则

$$\delta_i(XY) = \begin{bmatrix} \theta_1(a_1 a_2) & 0 \\ 0 & 0 \end{bmatrix},$$

且

$$\sum_{k=0}^{i} \mathrm{C}_i^k \delta_k(X)\delta_{i-k}(Y) = \sum_{k=0}^{i} \mathrm{C}_i^k \begin{bmatrix} \theta_k(a_1) & 0 \\ 0 & 0 \end{bmatrix} \begin{bmatrix} \theta_{i-k}(a_2) & 0 \\ 0 & 0 \end{bmatrix}$$

$$= \sum_{k=0}^{i} \mathrm{C}_i^k \begin{bmatrix} \theta_k(a_1)\theta_{i-k}(a_2) & 0 \\ 0 & 0 \end{bmatrix}$$

$$= \begin{bmatrix} \displaystyle\sum_{k=0}^{i} \mathrm{C}_i^k \theta_k(a_1)\theta_{i-k}(a_2) & 0 \\ 0 & 0 \end{bmatrix}.$$

因为 $\delta_i(XY) = \displaystyle\sum_{k=0}^{i} \mathrm{C}_i^k \delta_k(X)\delta_{i-k}(Y)$, 所以

$$\theta_i(a_1 a_2) = \sum_{k=0}^{i} \mathrm{C}_i^k \theta_k(a_1)\theta_{i-k}(a_2) \quad (i = 1, 2, \cdots, n),$$

故 $\{\theta_0, \theta_1, \cdots, \theta_n\}$ 为代数 A 上的一个 n 阶导子系. 证毕.

定理 7.6.3　设 $U = \mathrm{Tri}\{A, M, B\}$ 是三角代数, $D_n = \{\delta_0, \delta_1, \cdots, \delta_n\}$ 为三角代数 U 上的一个 n 阶 Jordan 导子系, 若有 $\delta_i(P) = \delta_i(Q) = 0(i = 1, 2, \cdots, n)$, 则 $D_n = \{\delta_0, \delta_1, \cdots, \delta_n\}$ 为三角代数 U 上的一个 n 阶导子系, 其中

$$P = \begin{bmatrix} 1 & 0 \\ 0 & 0 \end{bmatrix}, \quad Q = \begin{bmatrix} 0 & 0 \\ 0 & 1 \end{bmatrix}.$$

证明　分以下几步证明该定理.

第一步: 先证明, 对于任意的 $A, B, C \in U$, 以下三式成立, 其中 $i = 1, 2, \cdots, n$.

(1) $\delta_i(AB + BA) = \sum_{k=0}^{i} C_i^k(\delta_k(A)\delta_{i-k}(B) + \delta_k(B)\delta_{i-k}(A))$;

(2) $\delta_i(ABA) = \sum_{k=0}^{i} C_i^k \left(\sum_{j=0}^{k} C_k^j \delta_j(A)\delta_{k-j}(B)\delta_{i-k}(A) \right)$;

(3) $\delta_i(ABC + CBA) = \sum_{k=0}^{i} C_i^k \left(\sum_{j=0}^{k} C_k^j \delta_j(A)\delta_{k-j}(B)\delta_{i-k}(C) \right.$

$$\left. + \sum_{j=0}^{k} C_k^j \delta_j(C)\delta_{k-j}(B)\delta_{i-k}(A) \right).$$

由定义知,

$$\delta_i((A + B)^2) = \sum_{k=0}^{i} C_i^k(\delta_k(A + B)\delta_{i-k}(A + B))$$

$$= \sum_{k=0}^{i} C_i^k(\delta_k(A)\delta_{i-k}(A) + \delta_k(A)\delta_{i-k}(B) + \delta_k(B)\delta_{i-k}(A) + \delta_k(B)\delta_{i-k}(B)).$$

另一方面,

$$\delta_i((A + B)^2) = \delta_i(A^2 + AB + BA + B^2)$$

$$= \sum_{k=0}^{i} C_i^k \delta_k(A)\delta_{i-k}(A) + \delta_i(AB + BA) + \sum_{k=0}^{i} C_i^k \delta_k(B)\delta_{i-k}(B).$$

比较以上两个表达式, 可知

$$\delta_i(AB + BA) = \sum_{k=0}^{i} C_i^k(\delta_k(A)\delta_{i-k}(B) + \delta_k(B)\delta_{i-k}(A)), \quad \forall A, B \in U. \tag{7.6.1}$$

令 $S = \delta_i(A(AB + BA) + (AB + BA)A)$, 则由 (7.6.1) 式可知

$$S = \sum_{k=0}^{i} C_i^k(\delta_k(A)\delta_{i-k}(AB + BA) + \delta_k(AB + BA)\delta_{i-k}(A))$$

$$= \sum_{k=0}^{i} C_i^k \left(\sum_{j=0}^{i-k} C_{i-k}^j \delta_k(A)(\delta_j(A)\delta_{i-k-j}(B) + \delta_j(B)\delta_{i-k-j}(A)) \right.$$

$$\left. + \sum_{j=0}^{k} C_k^j(\delta_j(A)\delta_{k-j}(B) + \delta_j(B)\delta_{k-j}(A))\delta_{i-k}(A) \right).$$

另一方面, 有

$$
\begin{aligned}
S &= \delta_i(A^2B + 2ABA + BA^2) \\
&= \sum_{k=0}^{i} \mathrm{C}_i^k (\delta_k(A^2)\delta_{i-k}(B) + \delta_k(B)\delta_{i-k}(A^2)) + 2\delta_i(ABA) \\
&= \sum_{k=0}^{i} \mathrm{C}_i^k \left(\sum_{j=0}^{k} \mathrm{C}_k^j \delta_j(A)\delta_{k-j}(A)\delta_{i-k}(B) \right. \\
&\quad \left. + \sum_{j=0}^{i-k} \mathrm{C}_{i-k}^j \delta_k(B)\delta_j(A)\delta_{i-k-j}(A) \right) + 2\delta_i(ABA).
\end{aligned}
$$

比较上面两个等式, 得

$$
\delta_i(ABA) = \sum_{k=0}^{i} \mathrm{C}_i^k \left(\sum_{j=0}^{k} \mathrm{C}_k^j \delta_j(A)\delta_{k-j}(B)\delta_{i-k}(A) \right), \quad \forall A, B \in U. \tag{7.6.2}
$$

在 (7.6.2) 式中用 $A+C$ 代替 A 可得

$$
\begin{aligned}
\delta_i(ABC + CBA) &= \sum_{k=0}^{i} \mathrm{C}_i^k \left(\sum_{j=0}^{k} \mathrm{C}_k^j \delta_j(A)\delta_{k-j}(B)\delta_{i-k}(C) \right. \\
&\quad \left. + \sum_{j=0}^{k} \mathrm{C}_k^j \delta_j(C)\delta_{k-j}(B)\delta_{i-k}(A) \right).
\end{aligned}
$$

第二步: 证明, 对于任意的 $A \in U$, 若 $\delta_i(P) = \delta_i(Q) = 0$, 有 $\delta_i(PA) = P\delta_i(A)$; $\delta_i(AQ) = \delta_i(A)Q$, 其中 $i = 1, 2, \cdots, n$.

因为 $Q\delta_i(A)P = 0$, 由第一步 $\delta_i(P) = \delta_i(Q) = 0$, 知

$$
\begin{aligned}
\delta_i(PAQ) &= \delta_i(PAQ + QAP) \\
&= \sum_{k=0}^{i} \mathrm{C}_i^k \left(\sum_{j=0}^{k} \mathrm{C}_k^j \delta_j(P)\delta_{k-j}(A)\delta_{i-k}(Q) + \sum_{j=0}^{k} \mathrm{C}_k^j \delta_j(Q)\delta_{k-j}(A)\delta_{i-k}(P) \right) \\
&= P\delta_i(A)Q.
\end{aligned}
$$

$$
\delta_i(PAP) = \sum_{k=0}^{i} \mathrm{C}_i^k \left(\sum_{j=0}^{k} \mathrm{C}_k^j \delta_j(P)\delta_{k-j}(A)\delta_{i-k}(P) \right) = P\delta_i(A)P.
$$

结合上面两个等式可得

$$
\delta_i(PA) = \delta_i(PAP + PAQ) = \delta_i(PAP) + \delta_i(PAQ)
$$

$$= P\delta_i(A)Q + P\delta_i(A)P = P\delta_i(A).$$

同理可得 $\delta_i(AQ) = \delta_i(A)Q$. 故命题得证.

第三步: 对于任意的 $A, X \in U$, 以下等式成立, 其中 $i = 1, 2, \cdots, n$.

(1) $\delta_i(APXQ) = \sum\limits_{k=0}^{i} C_i^k \delta_k(A)\delta_{i-k}(PXQ)$;

(2) $\delta_i(PXQA) = \sum\limits_{k=0}^{i} C_i^k \delta_k(PXQ)\delta_{i-k}(A)$.

因为 $AP = PAP$, 由第二步和第三步知

$$\begin{aligned}
P\delta_i(APXQ) &= \delta_i(PAPXQ) \\
&= \delta_i(PAPXQ + PXQPA) \\
&= \sum_{k=0}^{i} C_i^k(\delta_k(PA)\delta_{i-k}(PXQ) + \delta_k(PXQ)\delta_{i-k}(PA)) \\
&= \sum_{k=0}^{i} C_i^k \delta_k(PA)\delta_{i-k}(PXQ) \\
&= P\sum_{k=0}^{i} C_i^k \delta_k(A)\delta_{i-k}(PXQ).
\end{aligned}$$

综上可知

$$\delta_i(APXQ) = \sum_{k=0}^{i} C_i^k \delta_k(A)\delta_{i-k}(PXQ).$$

类似可证

$$\delta_i(PXQA) = \sum_{k=0}^{i} C_i^k \delta_k(PXQ)\delta_{i-k}(A).$$

第四步: 对任意 $A, B, X \in U$, 由第一步到第三步知, 一方面有

$$\begin{aligned}
\delta_i(ABPXQ) &= \sum_{k=0}^{i} C_i^k \delta_k(AB)\delta_{i-k}(PXQ) \\
&= \sum_{k=0}^{i-1} C_i^k \delta_k(AB)\delta_{i-k}(PXQ) + \delta_i(AB)PXQ.
\end{aligned}$$

另一方面, 由第三步和 $BP = PBP$ 知

$$\delta_i(ABPXQ) = \sum_{k=0}^{i} C_i^k \delta_k(A)\delta_{i-k}(BPXQ)$$

$$= \sum_{k=0}^{i} \mathrm{C}_i^k \delta_k(A) \sum_{j=0}^{i-k} \mathrm{C}_{i-k}^j \delta_j(B) \delta_{i-k-j}(PXQ)$$

$$= \sum_{k=0}^{i} \mathrm{C}_i^k \left(\sum_{j=0}^{i-k} \mathrm{C}_{i-k}^j \delta_k(A) \delta_k(B) \delta_{i-k-j}(PXQ) \right)$$

$$= \sum_{k=0}^{i-1} \mathrm{C}_i^k \delta_k(AB) \delta_{i-k}(PXQ) + \sum_{k=0}^{i} \mathrm{C}_i^k \delta_k(A) \delta_{i-k}(B) PXQ.$$

由上面两个等式, 即得

$$\left[\delta_i(AB) - \sum_{k=0}^{i} \mathrm{C}_i^k \delta_k(A) \delta_{i-k}(B) \right] PXQ = 0, \quad \forall X \in U. \tag{7.6.3}$$

因为 $PUQ \in M, PUP \in A$, 故 PUQ 是左 PUP-模. 由 (7.6.3) 式可得

$$P \left[\delta_i(AB) - \sum_{k=0}^{i} \mathrm{C}_i^k \delta_k(A) \delta_{i-k}(B) \right] P = 0 \quad (i = 1, 2, \cdots, n). \tag{7.6.4}$$

类似地, 通过两种方法计算 $\delta_i(PXQAB)$ 可得

$$Q \left[\delta_i(AB) - \sum_{k=0}^{i} \mathrm{C}_i^k \delta_k(A) \delta_{i-k}(B) \right] Q = 0 \quad (i = 1, 2, \cdots, n). \tag{7.6.5}$$

最后, 仍需证明 $P \left[\delta_i(AB) - \sum_{k=0}^{i} \mathrm{C}_i^k \delta_k(A) \delta_{i-k}(B) \right] Q = 0$. 事实上, 由第一步到第三步可得

$$P\delta_i(AB)Q = \delta_i(PABQ)$$

$$= \delta_i(PABQ + BQPA)$$

$$= \sum_{k=0}^{i} \mathrm{C}_i^k (\delta_k(PA)\delta_{i-k}(BQ) + \delta_k(BQ)\delta_{i-k}(PA))$$

$$= \sum_{k=0}^{i} \mathrm{C}_i^k \delta_k(PA)\delta_{i-k}(BQ)$$

$$= P \left(\sum_{k=0}^{i} \mathrm{C}_i^k \delta_k(A)\delta_{i-k}(B) \right) Q,$$

即得

$$P \left[\delta_i(AB) - \sum_{k=0}^{i} \mathrm{C}_i^k \delta_k(A) \delta_{i-k}(B) \right] Q = 0 \quad (i = 1, 2, \cdots, n). \tag{7.6.6}$$

比较等式 (7.6.4)—(7.6.6) 式, 得到

$$\delta_i(AB) = \sum_{k=0}^{i} C_i^k \delta_k(A) \delta_{i-k}(B) \quad (i = 1, 2, \cdots, n).$$

综上可知: 三角代数 U 上的 n 阶 Jordan 导子系 $D_n = \{\delta_0, \delta_1, \cdots, \delta_n\}$ 是三角代数 U 上的一个 n 阶导子系. 证毕.

注   由定理 7.6.3 和推论知三角代数 U 上的 n 阶 Jordan 导子系和 n 阶导子系是互相等价的.

7.7   三角代数上与高阶导子有关的函数方程
Hyers-Ulam-Rassias 稳定性

本节在已有的理论基础上, 着重研究三角代数上与高阶导子有关的函数方程的 Hyers-Ulam-Rassias 稳定性问题, 可以发现利用稳定性方法研究扰动问题, 一般情况下, 要找到一个个扰动不变条件比较困难, 但如果借助稳定性的处理问题的方法, 将会使此问题简化, 在一定程度上可以把它归结为稳定性的应用.

7.7.1   基本概念

数学的几乎所有领域内, 都能够提出这样一个基本问题: 什么时候近似满足某一性质的数学对象一定在确实具有这种性质的数学对象附近?

如果把注意力转向泛函方程时, 这个问题就具体化为: 在什么情况下, 和已知的方程稍微不同的方程的解一定在给定方程的解的附近? 或者说, 如果用一个泛函不等式来代替某个泛函方程, 即对泛函方程做了一点扰动, 那么什么时候满足这个不等式的解就在这个具体方程的解的附近邻域内?

算子方程的稳定性问题起源于这样一个基本问题. 本节研究了三角代数上与高阶导子有关的函数方程的 Hyers-Ulam-Rassias 稳定性问题.

如果 $\varepsilon > 0$, 而且 $f : Z \to Y$ 是一个映射, Z 是一个赋范空间, Y 是一个 Banach 空间, 使得 $\|f(x+y) - f(x) - f(y)\| \leqslant \varepsilon$, 能够推出存在一个唯一的可加映射 $T : Z \to Y$, 使得 $\|f(x) - T(x)\| \leqslant \varepsilon$, 则称 $f(x+y) = f(x) + f(y)$ 是 Hyers-Ulam-Rassias 稳定的.

首先给出 Jordan 三元高阶环导子的广义 Hyers-Ulam-Rassias 稳定性的定义.

定义 7.7.1[54-57]   如果对于任意的 $n \geqslant 0, x, y, z \in A$, 从代数 A 到代数 B 可加映射列 $F = \{f_0, f_1, \cdots, f_n, \cdots\}$ 满足

$$\|f_n(x) + af_n(y) + af_n(z)\| \leqslant \left\| af_n\left(\frac{x}{a} + y + z\right) \right\| + \phi(x, y, z) \tag{7.7.1}$$

且

$$\left\| f_n(xyx) - \sum_{k=0}^{n} \mathrm{C}_n^k \left(\sum_{j=0}^{k} \mathrm{C}_k^j f_j(x) f_{k-j}(y) f_{n-k}(x) \right) \right\| \leqslant \varphi(x, y, x), \tag{7.7.2}$$

则称 $F = \{f_0, f_1, \cdots, f_n, \cdots\}$ 是从代数 A 到代数 B 的近似 Jordan 三元高阶导子系.

定义 7.7.2[54-57]　若代数 A 到代数 B 可加映射 $F = \{f_0, f_1, \cdots, f_n, \cdots\}$, 对于任意的 $x, y, z \in A$, 满足函数等式

$$f_n(xyx) = \sum_{k=0}^{n} \mathrm{C}_n^k \left(\sum_{j=0}^{k} \mathrm{C}_k^j f_j(x) f_{k-j}(y) f_{n-k}(x) \right), \tag{7.7.3}$$

则可加映射 $F = \{f_0, f_1, \cdots, f_n, \cdots\}$ 为 Jordan 三元高阶导子系.

7.7.2　三角代数上与高阶导子有关的函数方程的稳定性

由稳定性的定义知, 数学的几乎所有领域内都能够提出一个基本问题: 什么时候近似满足某种性质的数学对象一定在确定具有这种性质的数学对象的附近? 对此问题有许多学者已经进行了深入研究. 受此启发, 下面研究三角代数上与高阶导子有关的函数方程的稳定性问题, 即方程的整体扰动.

定理 7.7.1　若 A, B 是一个三角代数, 映射 $\phi, \varphi : A^3 \to [0, \infty)$ 满足条件:

$$\rho(x) = \sum_{j=0}^{\infty} a^j \left[\phi \left(\frac{x}{a^j}, -\frac{x}{a^{j+1}}, 0 \right) + \phi \left(0, \frac{x}{a^{j+1}}, -\frac{x}{a^{j+1}} \right) \right] < \infty \quad (\forall x \in A),$$

而且

$$\lim_{s \to \infty} a^s \phi \left(\frac{-x-y}{a^{s-1}}, \frac{x}{a^s}, \frac{y}{a^s} \right) = 0, \quad \lim_{s \to \infty} a^{2s} \varphi \left(\frac{x}{a^s}, y, \frac{x}{a^s} \right) = 0 \quad (\forall x, y \in A).$$

如果 $F = \{f_0, f_1, \cdots, f_n, \cdots\}$ 是从三角代数 A 到三角代数 B 满足条件 (7.7.1) 和 (7.7.2) 的映射系, 则存在唯一的 Jordan 三元高阶导子系 $H = \{L_0, L_1, \cdots, L_n, \cdots\}$, 使得对于任意 $x \in A$,

$$\|L_n(x) - f_n(x)\| \leqslant \rho(x) \quad (n = 0, 1, \cdots) \tag{7.7.4}$$

且

$$\sum_{k=0}^{n} \mathrm{C}_n^k \left(\sum_{j=0}^{k} L_j(x) \{ f_{k-j}(y) - L_{k-j}(y) \} L_{n-k}(y) \right) = 0 \quad (n = 0, 1, \cdots). \tag{7.7.5}$$

证明　（1）令 $x = y = z = 0$，代入 (7.7.1) 式得 $\|f_n(0)\| \leqslant \dfrac{1}{a+1}\phi(0,0,0)$. 又因为 $\lim\limits_{s\to\infty} a^s\phi(0,0,0) = 0$，故 $\phi(0,0,0) = 0$. 由上述过程可知 $f_n(0) = 0$.

（2）将 $y = -\dfrac{x}{a}, z = 0$ 代入 (7.7.1) 式可得

$$\left\| f_n(x) + af_n\left(-\frac{x}{a}\right) \right\| \leqslant \phi\left(x, -\frac{x}{a}, 0\right). \tag{7.7.6}$$

（3）将 $x = 0, y = x, z = -x$ 代入 (7.7.1) 式可得

$$\| f_n(x) + f_n(-x) \| \leqslant \frac{1}{a}\phi(0, x, -x). \tag{7.7.7}$$

因此

$$
\begin{aligned}
\left\| a^l f_n\left(\frac{x}{a^l}\right) - a^m f_n\left(\frac{x}{a^m}\right) \right\| &\leqslant \sum_{j=l}^{m-1} \left\| a^j f_n\left(\frac{x}{a^j}\right) - a^{j+1} f_n\left(\frac{x}{a^{j+1}}\right) \right\| \\
&= \sum_{j=l}^{m-1} \left\| a^j f_n\left(\frac{x}{a^j}\right) + a^{j+1} f_n\left(-\frac{x}{a^{j+1}}\right) - a^{j+1} f_n\left(-\frac{x}{a^{j+1}}\right) \right. \\
&\qquad\quad \left. - a^{j+1} f_n\left(\frac{x}{a^{j+1}}\right) \right\| \\
&= \sum_{j=l}^{m-1} \left[\left\| a^j f_n\left(\frac{x}{a^j}\right) + a^{j+1} f_n\left(-\frac{x}{a^{j+1}}\right) \right\| \right. \\
&\qquad\quad \left. + \left\| a^{j+1} f_n\left(-\frac{x}{a^{j+1}}\right) + a^{j+1} f_n\left(\frac{x}{a^{j+1}}\right) \right\| \right] \\
&\leqslant \sum_{j=l}^{m-1} a^j \left[\phi\left(\frac{x}{a^j}, -\frac{x}{a^{j+1}}, 0\right) + \phi\left(0, \frac{x}{a^{j+1}}, -\frac{x}{a^{j+1}}\right) \right] \\
&< \infty,
\end{aligned}
$$

其中 $m \in \mathbf{N}^+, l \in \mathbf{N}^+, m > l, \forall x \in A$. 故序列 $\left\{ a^s f_n\left(\dfrac{x}{a^s}\right) \right\}$ 为 B 中的 Cauchy 列，由于 B 是完备的，所以该 Cauchy 列收敛. 因此，可定义映射 $L_n : A \to B$ 为

$$L_n(x) := \lim_{s\to\infty} a^s f_n\left(\frac{x}{a^s}\right) \quad (n = 0, 1, \cdots) \quad (\forall x \in A). \tag{7.7.8}$$

（4）下面证明 L_n 是可加的. 由 (7.7.7) 和 (7.7.8) 式可知

$$
\begin{aligned}
\| L_n(x) + L_n(-x) \| &= \lim_{s\to\infty} a^s \left\| f_n\left(\frac{x}{a^s}\right) + f_n\left(-\frac{x}{a^s}\right) \right\| \\
&\leqslant \lim_{s\to\infty} a^{s-1} \phi\left(0, \frac{x}{a^s}, -\frac{x}{a^s}\right) = 0,
\end{aligned}
$$

故有

$$L_n(-x) = -L_n(x).$$

由 (7.7.1), (7.7.6), (7.7.7) 式知

$$\|L_n(x) + L_n(y) - L_n(x+y)\| = \lim_{s\to\infty} a^s \left\| f_n\left(\frac{x}{a^s}\right) + f_n\left(\frac{y}{a^s}\right) + f_n\left(\frac{-x-y}{a^s}\right) \right\|$$

$$\leqslant \lim_{s\to\infty} a^s \left\| \frac{1}{a} f_n\left(\frac{-x-y}{a^{s-1}}\right) + f_n\left(\frac{x}{a^s}\right) + f_n\left(\frac{y}{a^s}\right) \right\|$$

$$+ \lim_{s\to\infty} a^s \left\| f_n(\frac{-x-y}{a^s}) + \frac{1}{a} f_n\left(\frac{x+y}{a^{s-1}}\right) \right\|$$

$$+ \lim_{s\to\infty} a^{s-1} \left\| f_n\left(\frac{-x-y}{a^{s-1}}\right) + \frac{1}{a} f_n\left(\frac{x+y}{a^{s-1}}\right) \right\|$$

$$\leqslant \lim_{s\to\infty} a^{s-1} \phi\left(\frac{-x-y}{a^s}, \frac{x}{a^s}, \frac{y}{a^s}\right)$$

$$+ \lim_{s\to\infty} a^{s-1} \phi\left(\frac{x+y}{a^{s-1}}, \frac{-x-y}{a^s}, 0\right)$$

$$+ \lim_{s\to\infty} a^{s-2} \phi\left(0, \frac{-x-y}{a^{s-1}}, \frac{x+y}{a^{s-1}}\right) = 0.$$

因此

$$L_n(x+y) = L_n(x) + L_n(y) \quad (n = 0, 1, 2, \cdots, \forall x, y \in A).$$

(5) 下面证明 L_n 的唯一性.

假定 $T_n : A \to B$ 是一个可加映射而且满足式 (7.7.4), 即

$$\|L_n(x) - T_n(x)\| = a^s \left\| L_n\left(\frac{x}{a^s}\right) - T_n\left(\frac{x}{a^s}\right) \right\|$$

$$\leqslant a^s \left[\left\| L_n\left(\frac{x}{a^s}\right) - f_n\left(\frac{x}{a^s}\right) \right\| + \left\| T_n\left(\frac{x}{a^s}\right) - f_n\left(\frac{x}{a^s}\right) \right\| \right]$$

$$\leqslant 2a^s \rho\left(\frac{x}{a^s}\right) \to 0 \quad (n \to \infty),$$

其中 $n = 0, 1, \cdots, \forall x \in A$. 因此当 $s \to \infty$ 时, 就有 $L_n(x) = T_n(x)$. 故映射 L_n 是唯一的.

(6) 下面验证序列 $H = \{L_0, L_1, \cdots, L_n, \cdots\}$ 满足等式

$$L_n(xyx) = \sum_{k=0}^{n} C_n^k \left(\sum_{j=0}^{k} C_k^j L_j(x) L_{k-j}(y) L_{n-k}(x) \right) \quad (\forall x \in A). \qquad (7.7.9)$$

对于任意的 $x, y \in A$, 定义函数 $\Delta_n : A^3 \to B$ 为

$$\Delta_n(xyx) = f_n(xyx) - \sum_{k=0}^{n} C_n^k \left(\sum_{j=0}^{k} C_k^j f_j(x) f_{k-j}(y) f_{n-k}(x) \right). \qquad (7.7.10)$$

易见

$$\lim_{s\to\infty} a^{2s}\Delta_n\left(\frac{x}{a^s}, y, \frac{x}{a^s}\right) = 0. \tag{7.7.11}$$

利用 (7.7.8)—(7.7.11),

$$\begin{aligned}
L_n(xyx) &= \lim_{s\to\infty} a^{2s} f_n\left(\frac{x}{a^s}, y, \frac{x}{a^s}\right) \\
&= \lim_{s\to\infty} a^{2s}\left[\sum_{k=0}^{n} C_n^k\left(\sum_{j=0}^{k} C_k^j f_j\left(\frac{x}{a^s}\right) f_{k-j}(y) f_{n-k}\left(\frac{x}{a^s}\right)\right) + \Delta_n\left(\frac{x}{a^s}, y, \frac{x}{a^s}\right)\right] \\
&= \lim_{s\to\infty} \sum_{k=0}^{n} C_n^k\left(\sum_{j=0}^{k} C_k^j a^s f_j\left(\frac{x}{a^s}\right) f_{k-j}(y) a^s f_{n-k}\left(\frac{x}{a^s}\right)\right) \\
&\quad + \lim_{s\to\infty} a^{2s}\Delta_n\left(\frac{x}{a^s}, y, \frac{x}{a^s}\right) \\
&= \sum_{k=0}^{n} C_n^k\left(\sum_{j=0}^{k} L_j(x) f_{k-j}(y) L_{n-k}(x)\right).
\end{aligned}$$

综上可知

$$L_n(xyx) = \sum_{k=0}^{n} C_n^k\left(\sum_{j=0}^{k} L_j(x) f_{k-j}(y) L_{n-k}(x)\right). \tag{7.7.12}$$

如果固定 $s \in \mathbf{N}^+$, 利用 (7.7.12) 式及映射 L_n 的可加性, 可得

$$\begin{aligned}
&\sum_{k=0}^{n} C_n^k\left(\sum_{j=0}^{k} C_k^j L_j(x) f_{k-j}\left(\frac{y}{a^{2s}}\right) L_{n-k}(x)\right) \\
&= L_n\left(x\cdot\frac{y}{a^{2s}}\cdot x\right) = L_n\left(\frac{x}{a^s}\cdot y\cdot\frac{x}{a^s}\right) \\
&= \sum_{k=0}^{n} C_n^k\left(\sum_{j=0}^{k} L_j\left(\frac{x}{a^{2s}}\right) f_{k-j}(y) L_{n-k}\left(\frac{x}{a^{2s}}\right)\right) \\
&= \frac{1}{a^{2s}}\sum_{k=0}^{n} C_n^k\left(\sum_{j=0}^{k} L_j(x) f_{k-j}(y) L_{n-k}(x)\right),
\end{aligned}$$

可见

$$\begin{aligned}
&\sum_{k=0}^{n} C_n^k\left(\sum_{j=0}^{k} C_k^j L_j(x) f_{k-j}(y) L_{n-k}(x)\right) \\
&= a^{2s}\sum_{k=0}^{n} C_n^k\left(\sum_{j=0}^{k} C_k^j L_j(x) f_{k-j}\left(\frac{y}{a^{2s}}\right) L_{n-k}(x)\right). \tag{7.7.13}
\end{aligned}$$

在方程 (7.7.13) 两边同时令 $s \to \infty$, 可得

$$
\sum_{k=0}^{n} \mathrm{C}_n^k \left(\sum_{j=0}^{k} \mathrm{C}_k^j L_j(x) f_{k-j}(y) L_{n-k}(x) \right)
$$

$$
= \sum_{k=0}^{n} \mathrm{C}_n^k \left(\sum_{j=0}^{k} \mathrm{C}_k^j L_j(x) L_{k-j} \left(\frac{y}{a^{2s}} \right) L_{n-k}(x) \right). \tag{7.7.14}
$$

由 (7.7.12)—(7.7.14) 可知: 序列 H 满足 (7.7.9) 式. 另外, 根据 (7.7.14) 得到 (7.7.5) 式, 即

$$
L_n(xyx) = \sum_{k=0}^{n} \mathrm{C}_n^k \left(\sum_{j=0}^{k} \mathrm{C}_k^j L_j(x) f_{k-j}(y) L_{n-k}(x) \right)
$$

$$
= \sum_{k=0}^{n} \mathrm{C}_n^k \left(\sum_{j=0}^{k} \mathrm{C}_k^j L_j(x) L_{k-j}(y) L_{n-k}(x) \right).
$$

综上可知

$$
\sum_{k=0}^{n} \mathrm{C}_n^k \left(\sum_{j=0}^{k} \mathrm{C}_k^j L_j(x) \{ f_{k-j}(y) - L_{k-j}(y) \} L_{n-k}(x) \right) = 0 \quad (\forall x, y \in A).
$$

证毕.

定理 7.7.2　若 A, B 是一个三角代数, 映射 $\phi, \varphi : A^3 \to [0, \infty)$ 满足条件:

$$
\sum_{j=0}^{\infty} \frac{1}{a^j} \left[\phi(-a^{j+1}x, a^j x, 0) + \frac{1}{a} \phi(0, a^{j+1}x, -a^{j+1}x) \right] < \infty \quad (\forall x \in A),
$$

而且

$$
\lim_{s \to \infty} \frac{1}{a^s} \phi(a^{s+1}(-x-y), a^s x, a^s y) = 0, \quad \lim_{s \to \infty} \frac{1}{a^s} \varphi(a^s x, y, a^s x) = 0 \quad (\forall x, y \in A).
$$

如果 $F = \{ f_0, f_1, \cdots, f_n, \cdots \}$ 是从三角代数 A 到三角代数 B 满足条件 (7.7.1) 和 (7.7.2) 的映射系, 则存在唯一的 Jordan 三元高阶导子系 $H = \{ L_0, L_1, \cdots, L_n, \cdots \}$, 使得对于任意 $x \in A$,

$$
\| L_n(x) - f_n(x) \| \leqslant \eta(x) \quad (n = 0, 1, \cdots) \tag{7.7.15}
$$

且

$$
\sum_{k=0}^{n} \mathrm{C}_n^k \left(\sum_{j=0}^{k} L_j(x) \{ f_{k-j}(y) - L_{k-j}(y) \} L_{n-k}(y) \right) = 0 \quad (n = 0, 1, \cdots), \tag{7.7.16}
$$

其中

$$\eta(x) = \sum_{j=0}^{\infty} \frac{1}{a^{j+1}} \left[\phi(-a^{j+1}x, a^j x, 0) + \frac{1}{a}\phi(0, a^{j+1}x, -a^{j+1}x) + \frac{2a^2+a+1}{a^2+a}\phi(0,0,0) \right].$$

证明　(1) 令 $x = y = z = 0$, 代入 (7.7.1) 式得

$$\|f_n(0)\| \leqslant \frac{1}{a+1}\phi(0,0,0). \tag{7.7.17}$$

(2) 将 $y = -\dfrac{x}{a}, z = 0$ 代入 (7.7.2) 式可得

$$\left\| \frac{1}{a}f_n(x) + f_n\left(-\frac{x}{a}\right) \right\| \leqslant \frac{1}{a}\phi\left(x, -\frac{x}{a}, 0\right) + \frac{2}{a+1}\phi(0,0,0). \tag{7.7.18}$$

(3) 令 $x = 0, y = x, z = -x$ 代入 (7.7.1) 式可得

$$\|f_n(x) + f_n(-x)\| \leqslant \frac{1}{a}\phi(0, x, -x) + \frac{1}{a}\phi(0,0,0). \tag{7.7.19}$$

因此

$$\left\| \frac{1}{a^l}f_n(a^l x) - \frac{1}{a^m}f_n(a^m x) \right\| \leqslant \sum_{j=l}^{m-1} \left\| \frac{1}{a^j}f_n(a^j x) - \frac{1}{a^{j+1}}f_n(a^{j+1}x) \right\|$$

$$= \sum_{j=l}^{m-1} \left\| \frac{1}{a^j}f_n(a^j x) + \frac{1}{a^{j+1}}f_n(-a^{j+1}x) - \frac{1}{a^{j+1}}f_n(-a^{j+1}x) - \frac{1}{a^{j+1}}f_n(a^{j+1}x) \right\|$$

$$\leqslant \sum_{j=l}^{m-1} \left[\left\| \frac{1}{a^j}f_n(a^j x) + \frac{1}{a^{j+1}}f_n(-a^{j+1}x) \right\| + \left\| \frac{1}{a^{j+1}}f_n(-a^{j+1}x) + \frac{1}{a^{j+1}}f_n(a^{j+1}x) \right\| \right]$$

$$\leqslant \sum_{j=l}^{m-1} \frac{1}{a^{j+1}} \left[\phi(-a^{j+1}x, a^j x, 0) + \frac{1}{a}\phi(0, a^{j+1}x, -a^{j+1}x) + \frac{2a^2+a+1}{a^2+a}\phi(0,0,0) \right]$$

$$< \infty,$$

其中 $m \in \mathbf{N}^+, l \in \mathbf{N}^+, m > l, \forall x \in A$. 故序列 $\left\{ \dfrac{1}{a^s}f_n(a^s x) \right\}$ 为 B 中的 Cauchy 列, 由于 B 是完备的, 所以该 Cauchy 列收敛. 因此, 可定义映射 $L_n : A \to B$ 为

$$L_n(x) := \lim_{s \to \infty} \frac{1}{a^s}f_n(a^s x) \quad (n = 0, 1, \cdots, \forall x \in A). \tag{7.7.20}$$

当 $l = 0, m \to \infty$ 时, 有

$$\|L_n(x) - f_n(x)\| \leqslant \eta(x) \quad (n = 0, 1, \cdots) \tag{7.7.21}$$

成立.

(4) 下面证明 L_n 是可加的. 由 (7.7.20) 式可知

$$\|L_n(x) + L_n(-x)\| = \lim_{s \to \infty} \frac{1}{a^s} \|f_n(a^s x) + f_n(-a^s x)\|$$
$$\leqslant \lim_{s \to \infty} \frac{x}{a^{s+1}} [\phi(0, a^s x, -a^s x) + \phi(0,0,0)] = 0.$$

故有

$$L_n(-x) = -L_n(x). \tag{7.7.22}$$

由 (7.7.1), (7.7.18) 以及 (7.7.19) 式可知

$$\|L_n(x) + L_n(y) - L_n(x+y)\|$$
$$= \lim_{s \to \infty} \frac{1}{a^s} \|f_n(a^s x) + f_n(a^s y) + f_n(a^s(-x-y))\|$$
$$\leqslant \lim_{s \to \infty} \frac{1}{a^s} \|f_n(a^s x) + f_n(a^s y) + f_n(a^s(-x-y))\|$$
$$\leqslant \lim_{s \to \infty} \frac{1}{a^s} \left\| \frac{1}{a} f_n(a^s(-x-y)) + f_n(a^s x) + f_n(a^s y) \right\|$$
$$+ \lim_{s \to \infty} \frac{1}{a^s} \left\| f_n(a^s(-x-y)) + \frac{1}{a} f_n(a^s(x+y)) \right\|$$
$$+ \lim_{s \to \infty} \frac{1}{a^{s+1}} \left\| f_n(a^{s+1}(-x-y)) + \frac{1}{a} f_n(a^{s+1}(x+y)) \right\|$$
$$\leqslant \lim_{s \to \infty} \frac{1}{a^{s+1}} \left[\phi(a^{s+1}(-x-y), a^s x, a^s y) + \frac{a}{a+1} \phi(0,0,0) \right]$$
$$+ \lim_{s \to \infty} \frac{1}{a^{s+1}} \left[\phi(a^{s+1}(x+y), a^s(-x-y), 0) + \frac{2a}{a+1} \phi(0,0,0) \right]$$
$$+ \lim_{s \to \infty} \frac{1}{a^{s+2}} [\phi(0, a^{s+1}(-x-y), a^{s+1}(x+y)) + \phi(0,0,0)]$$
$$= 0.$$

因此

$$L_n(x+y) = L_n(x) + L_n(y) \quad (n = 0, 1, 2, \cdots, \forall x, y \in A). \tag{7.7.23}$$

(5) 下面证明 L_n 的唯一性.

假定 $T_n : A \to B$ 是一个可加映射而且满足式 (7.7.4), 即

$$\|L_n(x) - T_n(x)\| = \frac{1}{a^s} \|L_n(a^s x) - T_n(a^s x)\|$$
$$\leqslant \frac{1}{a^s} [\|L_n(a^s x) - f_n(a^s x)\| + \|T_n(a^s x) - f_n(a^s x)\|]$$
$$\leqslant \frac{2}{a^s} \eta(a^s x) \to 0,$$

其中 $n = 0, 1, \cdots, \forall x \in A$. 因此当 $s \to \infty$ 时, 就有 $L_n(x) = T_n(x)$. 故映射 L_n 是唯一的.

(6) 下面验证序列 $H = \{L_0, L_1, \cdots, L_n, \cdots\}$ 满足等式

$$L_n(xyx) = \sum_{k=0}^{n} C_n^k \left(\sum_{j=0}^{k} C_k^j L_j(x) L_{k-j}(y) L_{n-k}(x) \right) \quad (\forall x \in A). \tag{7.7.24}$$

对于任意的 $x, y \in A$, 定义函数 $\Delta_n : A^3 \to B$ 为

$$\Delta_n(xyx) = f_n(xyx) - \sum_{k=0}^{n} C_n^k \left(\sum_{j=0}^{k} C_k^j f_j(x) f_{k-j}(y) f_{n-k}(x) \right), \tag{7.7.25}$$

则易知

$$\lim_{s \to \infty} \frac{1}{a^{2s}} \Delta_n(a^s x, y, a^s x) = 0.$$

在利用 (7.7.8)—(7.7.9) 式可得

$$L_n(xyx) = \lim_{s \to \infty} \frac{1}{a^{2s}} f_n(a^s x, y, a^s x)$$

$$= \lim_{s \to \infty} \frac{1}{a^{2s}} \left[\sum_{k=0}^{n} C_n^k \left(\sum_{j=0}^{k} C_k^j f_j(a^s x) f_{k-j}(y) f_{n-k}(a^s x) \right) + \Delta_n(a^s x, y, a^s x) \right]$$

$$= \lim_{s \to \infty} \sum_{k=0}^{n} C_n^k \left(\sum_{j=0}^{k} C_k^j \frac{1}{a^s} f_j(a^s x) f_{k-j}(y) \frac{1}{a^s} f_{n-k}(a^s x) \right) + \lim_{s \to \infty} \frac{1}{a^{2s}} \Delta_n(a^s x, y, a^s x)$$

$$= \sum_{k=0}^{n} C_n^k \left(\sum_{j=0}^{k} L_j(x) f_{k-j}(y) L_{n-k}(x) \right).$$

综上可知

$$L_n(xyx) = \sum_{k=0}^{n} C_n^k \left(\sum_{j=0}^{k} L_j(x) f_{k-j}(y) L_{n-k}(x) \right). \tag{7.7.26}$$

如果固定 $s \in \mathbf{N}^+$, 利用 (7.7.26) 式及映射 L_n 的可加性, 可得

$$\sum_{k=0}^{n} C_n^k \left(\sum_{j=0}^{k} C_k^j L_j(x) f_{k-j}(a^{2s} y) L_{n-k}(x) \right)$$

$$= L_n(x \cdot a^{2s} y \cdot x) = L_n(a^s x \cdot y \cdot a^s x)$$

$$= \sum_{k=0}^{n} C_n^k \left(\sum_{j=0}^{k} C_k^j L_j(a^s x) f_{k-j}(y) L_{n-k}(a^s x) \right)$$

$$= a^{2s} \sum_{k=0}^{n} \mathrm{C}_n^k \left(\sum_{j=0}^{k} \mathrm{C}_k^j L_j(x) f_{k-j}(y) L_{n-k}(x) \right).$$

可见

$$\sum_{k=0}^{n} \mathrm{C}_n^k \left(\sum_{j=0}^{k} \mathrm{C}_k^j L_j(x) f_{k-j}(y) L_{n-k}(x) \right)$$

$$= \frac{1}{a^{2s}} \sum_{k=0}^{n} \mathrm{C}_n^k \left(\sum_{j=0}^{k} \mathrm{C}_k^j L_j(x) f_{k-j}(a^{2s}y) L_{n-k}(x) \right). \tag{7.7.27}$$

在方程 (7.7.27) 两边同时令 $s \to \infty$, 可得

$$\sum_{k=0}^{n} \mathrm{C}_n^k \left(\sum_{j=0}^{k} \mathrm{C}_k^j L_j(x) f_{k-j}(y) L_{n-k}(x) \right) = \sum_{k=0}^{n} \mathrm{C}_n^k \left(\sum_{j=0}^{k} \mathrm{C}_k^j L_j(x) L_{k-j}(y) L_{n-k}(x) \right).$$
$$\tag{7.7.28}$$

故由 (7.7.27), (7.7.28) 可知: 序列 H 满足 (7.7.24) 式. 另外

$$L_n(xyx) = \sum_{k=0}^{n} \mathrm{C}_n^k \left(\sum_{j=0}^{k} \mathrm{C}_k^j L_j(x) f_{k-j}(y) L_{n-k}(x) \right)$$

$$= \sum_{k=0}^{n} \mathrm{C}_n^k \left(\sum_{j=0}^{k} \mathrm{C}_k^j L_j(x) L_{k-j} \left(\frac{y}{a^{2s}} \right) L_{n-k}(x) \right).$$

综上可知

$$\sum_{k=0}^{n} \mathrm{C}_n^k \left(\sum_{j=0}^{k} \mathrm{C}_k^j L_j(x) \{ f_{k-j}(y) - L_{k-j}(y) \} L_{n-k}(x) \right) = 0 \quad (\forall x, y \in A). \tag{7.7.29}$$

证毕.

由此定理发现可以利用稳定性方法来研究扰动问题, 一般情况下, 要找一个扰动不变条件比较困难, 但如果借助稳定性的处理问题的方法, 将会使此问题简化, 在一定程度上可以把它归结为稳定性的应用.

参 考 文 献

[1] Pavelka J. On fuzzy logic(I),(II),(III)[J]. Z. Math. Logik Grundlag. Math., 1979, 25(1): 45-52; 25(2): 119-134; 25(4): 447-464.

[2] 孙道德, 王敏生. 离散数学 [M]. 合肥: 中国科学技术大学出版社, 2010.

[3] Szász G. Derivations of lattices[J]. Acta Sci. Math. (Szeged), 1975, 37(3): 149-154.

[4] Posner E. Derivations in prime rings[J]. Proc. Amer. Math. Soc., 1957, 8(6): 1093-1100.

[5] 刘莉君. 布尔代数上 triple-δ-导子的特征和刻画 [J]. 山东大学学报 (理学版), 2017, 52(11): 95-99.

[6] 王国俊. 非经典数理逻辑与近似推理 [M]. 北京: 科学出版社, 2008.

[7] 周红军. 概率计量逻辑及其应用 [M]. 北京: 科学出版社, 2015.

[8] Turunen E. Mathematics behind Fuzzy Logic[M]. Heidelberg: Springer-Verlag, 1999.

[9] Ward M, Dilworth R P. Residuated lattices[J]. Transactions of the American Mathematical Societ., 1939, 45(3): 335-354.

[10] Burris S, Sankappanaver H P. A Course in Universal Algebra[M]. New York, Berlin: Spinger-Verlag, 1981.

[11] Abdel-Hamid A, Morsi N. Representation of prelinear residuated algebras[J]. International Journal of Computational Cognition, 2007, 5(3): 1-8.

[12] Chang C C. Algebraic analysis of many-valued logics[J]. Trans. Math. Soc., 1958, 88: 467-490.

[13] Panti G. Varieties of MV-algebras[J]. J. Applied Non-Classical Logic, 1999, 9: 141-157.

[14] 徐扬. 格蕴涵代数 [J]. 西南交通大学学报, 1993, 28(1): 20-26.

[15] Blount K, Tsinakis C. The structure of residuated lattices[J]. Int. J. Algebra Computer, 2003, 13(4): 437-461.

[16] 王国俊. MV-代数, BL-代数, R_0-代数与多值逻辑 [J]. 模糊系统与数学, 2002, 16(2): 1-15.

[17] Ceven Y, Ozturk M. On f-derivations of lattices[J]. Bull. Korean Math. Soc., 2008, 45(4): 701-707.

[18] Ozden D, Ozturk M. Permuting tri-derivations in prime and semi-prime gamma rings[J]. Kyungpook Math., 2006, 46(2): 153-167.

[19] Ozturk M, Yazarh H. Permuting tri-derivations in lattices[J]. Quaest. Math., 2009, 32(3): 415-425.

[20] Krnavek J. A note on derivations on basic algebras[J]. Soft Computing, 2015, 19(5): 1765-1771.

[21] He P F, Xin X L. On derivations and their fixed point sets in residuated lattices[J]. Fuzzy Sets and Systems, 2016, 303(2): 97-113.

[22] Zhu Y Q, Xu Y. On filter theory of residuated lattices[J]. Inform. Sci., 2010, 180: 3614-3632.

[23] Busneag D, Piciu D. Some types of filters in residuated lattices[J]. Soft Computer, 2014, 18(5): 825-837.

[24] Ma Z M. MTL-filter and their characterizations in residuated lattices[J]. Computer Engineering and Application, 2012, 48(20): 64-66.

[25] Lianzhen L, Kaitai L. Boolean filter and positive implicative filter of residuated lattices [J]. Information Sciences, 2007, 177: 5725-5738.

[26] 刘莉君. 剩余格上 n-重正蕴涵滤子的特征及刻画 [J]. 山东大学学报 (理学版), 2017, 52(8): 48-52.

[27] 刘莉君. 剩余格上几类 n-重滤子的刻画 [J]. 陕西理工大学学报, 2017, 33(3): 81-84.

[28] Lin L Z. Fuzzy boolean filter and positive implicative filter of BL-algebras[J]. Fuzzy Sets and Systems, 2005, 152: 333-348.

[29] Wang W, Saeid A B. Solutions to open problems on fuzzy filter of BL-algebras[J]. International Journal of Computational Intelligence Systems, 2015, 1: 106-113.

[30] Busneag D, Piciu D. A new approach for classification of filter in residuated lattices[J]. Fuzzy Sets and Systems, 2015, 26: 121-130.

[31] Haveshki M, Eslami E. n-fold filter in BL-algebras[J]. Math. Log. Quart., 2008, 54(2): 178-186.

[32] 刘莉君. 剩余格上几类 n 重模糊滤子的等价刻画 [J]. 西南大学学报 (自然科学版), 2017, 39(9): 107-112.

[33] Borzooei R A. Fuzzy n-fold fantastic filters in BL-algebras[J]. Neural Comouting and Application, 2014, 18: 378-385.

[34] 刘莉君. 剩余格上几类 n-重模糊滤子的相互关系 [J]. 吉林大学学报 (理学版), 2017, 55(5): 1117-1122.

[35] 刘莉君. 剩余格上的几类 n-重模糊滤子的系统结构 [J]. 武汉大学学报 (理学版), 2017, 63(6): 538-542.

[36] Hao J X, Wu H B. Fuzzy implicative filters of noncommutative residuated lattices and their properties[J]. J. Shandong Univ. Nat. Sci., 2010, 45(10): 61-65.

[37] Davidson K R. Nest algebras[J]. Pitman Research Notes in Mathematics Series, 1988, 6(5): 657-687.

[38] Arazy J, Solel B. Isometries of non-self-adjoint operator algebras[J]. J. Funt. Anal., 1990, 90: 284-305.

[39] Moore R L, Trent T. Isometries of nest algebras[J]. J. Funct. Anal., 1989, 86: 180-209.

[40] Kadison R V, Singer I M. Triangular operator algebras[J]. Amer. J. Math., 1960, 82(1): 227-259.

[41] Erdos J A. Some results on triangular operator algebras[J]. Amer. J. Math., 1967, 89: 85-93.

[42] Brešar M, Šěmrl P. Elementary operators[J]. Proc. Roy. Soc. Edinburgh Sect. A, 1999, 129(6): 1115-1135.

[43] Molnár L, Semel P. Elementary operators on standard operator algebras[J]. Linear and Multilinear Algebras, 2002, 50(4): 315-319.

[44] Ji P. Jordan maps on triangular algebras[J]. Linear Algebras Appl., 2007, 426(4): 190-198.

[45] Cheng W S. Commuting maps of triangular algebras[J]. London Math. Soc., 2001, 63: 117-127.

[46] Cheng W S. Lie derivations of triangular algebras[J]. Linear and Multilinear Algebras, 2003, 51: 299-310.

[47] Zhang J H. Jordan derivations of nest algebras[J]. Acta Math. Sinica, 1998, 41: 205-212.

[48] 刘莉君. 三角代数上的 Jordan 内导子 [J]. 陕西理工学院学报, 2010, 26(2): 68-71.

[49] Zhang J H, Yu W Y. Jordan derivations of triangular algebras[J]. Linear Algebras and its Applications, 2006, 419(4): 251-255.

[50] 刘莉君. 三角代数上广义 Jordan 左导子 [J]. 陕西理工学院学报, 2015, 31(4): 68-70.

[51] 刘莉君. 三角代数上广义双导子的等价刻画 [J]. 华南师范大学学报, 2016, 48(1): 123-125.

[52] 刘莉君, 曹怀信. 三角代数上的 n 阶导子系 [J]. 纺织高校基础科学学报, 2010, 23(2): 1-11.

[53] 刘莉君. 关于三角矩阵代数上的导子系 [J]. 陕西理工学院学报, 2011, 27(2): 66-69.

[54] 刘莉君. Banach 代数上的高阶 Jordan-triple 导子系的广义 Hyers-Ulam-Rassias 稳定性 [J]. 纯粹数学与应用数学, 2011, 27(5): 643-649.

[55] 刘莉君. 高阶 Jordan-triple 导子系的刻画与扰动 [J]. 广西民族大学学报, 2011, 17(4): 61-64.

[56] 刘莉君. 三角代数上与高阶导子系有关的函数方程的稳定性 [J]. 纺织高校基础科学学报, 2011, 24(4): 510-516.

[57] Ferrero M, Haetinger C. Higher derivations and a theorem by Herstein[J]. Quaestiones Mathematicae, 2002, 25: 249-257.